채소 여행기

ISBN 978-89-314-6901-1

독자님의 의견을 받습니다.
이 책을 구입한 독자님은 영진닷컴의 가장 중요한 비평가이자 조언가입니다. 저희 책의 장점과 문제점이 무엇인지, 어떤 책이 출판되기를 바라는지, 책을 더욱 알차게 꾸밀 수 있는 아이디어가 있으면 팩스나 이메일, 또는 우편으로 연락주시기 바랍니다. 의견을 주실 때에는 책 제목 및 독자님의 성함과 연락처(전화번호나 이메일)를 꼭 남겨 주시기 바랍니다. 독자님의 의견에 대해 바로 답변을 드리고, 또 독자님의 의견을 다음 책에 충분히 반영하도록 늘 노력하겠습니다.

주 소 : (우)08507 서울특별시 금천구 가산디지털1로 128 STX-V 타워 4층 401호
이메일 : support@youngjin.com
※ 파본이나 잘못된 도서는 구입처에서 교환 및 환불해드립니다.

STAFF
저자 애덤 알렉산더 | **번역** 최지은 | **총괄** 김태경 | **진행** 윤지선 | **디자인·편집** 김효정
영업 박준용, 임용수, 김도현 | **마케팅** 이승희, 김근주, 조민영, 김민지, 김도연, 김진희, 이현아
제작 황장협 | **인쇄** 제이엠

채소 여행기

YoungJin.com Y.
영진닷컴

Contents

서문

이 책은 재미있다. 채소를 더 진지하게 받아들이고 채소를 문화적 자산으로 보자는 유혹적인 글이다. 음식에 관한 내용도 매우 풍부한데, 글쓴이가 개인 종자 도서관에 70가지 품종의 토마토 씨앗을 보관하고 있기 때문이다! 게다가 이 사람은 (옛날 식물 사냥꾼처럼) 방송국 일이나 가족 휴가로 여행을 가면 세계 어디에서나 기본 음식의 토종 품종 씨앗을 찾아냈다. 당신이나 내가 여행지에서 사진과 수영, 추억을 얻는다면, 애덤 알렉산더는 그에 더해 채소와 사랑에 빠져 수확물까지 얻는다. 그는 음식 문화의 구조를 이해하기 위해 시장과 정원과 사람들을 조사한다.

그는 수십 년간의 여행으로 쌓인 이야기를 우리에게 신나게 풀어놓는다. 어느 순간 우리는 중동이나 동아시아에 있고, 다음 순간에는 라틴이나 북미에 있게 될 것이다. 책에 나오는 채소와 이야기는 전 세계에 걸쳐 있지만, 이야기는 늘 애덤이 자신의 넓은 정원에서 발견한 것 일부를 길러보고 싶다는 열망으로 귀결된다. 그렇게 기른 채소를 그 자리에서 바로 먹거나 주방으로 가져가 요리한다. 애덤의 규칙은 다음과 같이 요약할 수 있다. 눈으로 보기, 묻기, 실험하기, 저장하기, 요리하기, 판단하기, 주변과 공유하기. 그에게는 채소가 우리에게 주는 것(맛, 건강, 다양성, 즐거움)을 즐기려는 탐구심과 욕망의 정신이 뚜렷하다. 물론, 다른 사람들과 함께 실천하고, 관대하게 나누려는 마음 또한 가득하다. 씨앗은 소유하거나 독점하거나 그로써 이익을 얻는 것이 아니라 집단의 농산물 재배를 위해 공유하는 것이다. 애덤은 씨앗을 직접 길러보고 보관하고 나눈다. 씨앗은 조용한 혁명가들이 준 공통된 선물이다. 그들이 '종자 보존자'라는 용어 아래 전 세계에서 모은 것이다. 그의 이야기는 언제나 그에게 씨앗을 주거나 보내준 이 사람 또는 저 사람에게 초점이 맞춰져 있다. 당연히 해당 지역 사람들이 자급자족하기 위해 기르는 작물의 씨앗을 찾는 데에도 집중한다.

나는 채소가 제대로 찬양받지 못한 영웅이며, 어디에서나 건강한 음식 경제의 기반이 된다는 애덤의 의견에 동의한다. 채소는 어디에서나 사회적이고 건강한 삶을 이어주는 접착제이다. 아마도 이누이트족 등 채소가 거의 자랄 수 없는 기후에서 사는 사람들만 예외일 것이다. 채소가 그렇게 중요하다면, 왜 우리는 채소를 단순한 원예의 실용적인 부분으로만 볼까? 그런 질문을 할 수 있을 것이다. 왜 사람들은 채소가 가득한 풍요의 뿔(과일, 꽃 등을 넘치게 채운 뿔[역주])이 있는 가게 앞에 서서 창문 너머로 군침을 흘리지 않을까? 케이크 가게나 옷 가게 앞에서는 군침을 삼키면서 말이다. 이것은 중요한 질문이다. 비만과 식이 관련 질병이 어떻게 세계를 지배해 왔는지를 이해하기 위한 핵심이다. 이 일은 한 세기도 채 되지 않아 일어났고 생존 수단이었던 음식은 어느덧 조기 사망의 주요 원인이 되었다. 우리는 물과 토지를 사용하는 주요 동인과 기후 변화와 생물 다양성 상실에 대해서도 알아야 한다. 채소의 지위 상실과 다시 제자리로 돌아오는 기쁨을 이해하는 것은 사실 우리 인간이 우리의 우선순위를 제대로 세우고 있는지를 시험하는 주제이다.

부분적으로 이 점은 말해야겠다. 채소의 중요성이 감소한 것은 분별없는 사람들이 패스트푸드로 몰려든 것과 관련 있다. 이제 우리는 스스로 자초한 지나친 (그리고 잘못된) 소비의 폐해가 무엇인지 안다. 나쁜 뉴스에 맞서 농식품 시스템에 좋은 소식도 있다. 과일과 견과류처럼 채소의 생산과 소비의 앞에도 긍정적인 전망과 이야기가 있다. 그러나 이 책에서 아름답게 포장하고 있듯이 현실은 다르다. 소박하던 채소와 채소 씨는 산업화되고 특허가 부여되고 아무 맛이 나지 않는 허울뿐인 영양분이 되고 있다.

이제 채소들은 21세기 챔피언을 갖게 되었다. 애덤이 등장한 것이다. 더 다양하고 희귀한 품종을 먹자. 그러면 논밭과 정원의 생물 다양성 재건에 일상적으로 기여하는 셈이다. 적지 않은 도움이 될 것이다.

지금 세계의 상황은 아주 다급하게 챔피언들을 필요로 한다. 텃밭 가꾸기, 농사짓기, 원예(그 차이는 대부분 규모와 기술에 있다)는 21세기에 들어와 분명 생물 다양성을 밭이나 정원으로, 그리고 우리 목구멍 아래로 가져오고 있다. 20세기 농업 자본주의와 대규모 농사는 다양성을 제한했다. 우리가 수 세기, 아니 천 년 이상 보호하고 정성스럽게 경작해온 다양한 품종들을 지켜주지 못했다. 그리고 마케팅의 힘과 빠른 쾌락을 선호하는 우리 인간의 성향으로 과일과 채소의 역할은 더욱 소외됐다. 우리는 과일과 채소가 기쁨을 줄 때만 '값이 나가는' 위치에 가둬두는 것 같다. 이것은 바뀔 것이고 바뀌어야 한다.

수십 년 동안 생물 다양성을 보존하고 늘리는 것과 좋은 요리와 건강의 중심에 식물을 두는 것이 중요하다는 논쟁과 자료가 쌓여갔다. 그러나 정치에서는 우려가 될 정도로 언급되지 않았다. 예를 들어 1992년 국제연합(UN)이 식물다양성협약(Convention on Biological Diversity)에 합의했을 때, 식물 다양성이 감소하고 있다는 데이터와 이것을 되돌려야 한다는 필요성이 제기되었는데도 다양성은 계속 감소되었고, 심지어 가속화되었다. 동물(대부분 소)과 곡물 생산이 늘면서 1차 생산자(농부, 토지 소유자, 상품 거래자)는 식량 생산을 주도하는 핵심 모델을 좁은 범주로 한정시켰다. 대형 슈퍼마켓이나 가공업자가 설정한 계약서와 설명서에 부분적으로 맞춰 재배 범위를 좁힌 것이다. 이것이 바로 '식품 유통망'과 같은 단어가 식품 분석 언어에 들어온 이유이다. 상인들의 복잡한 연결망이 땅을 이용하는 방식을 결정한다.

원예사들을 앞으로 불러보자. 애덤의 주장에 따르면, 그들은 과거로부터 우리가 물려받은 씨앗의 다양성을 보존할 수 있다. 겉모양보다 맛과 지역 적합성을 더 중시하며, 잘 관리된 소규모 원예에 무료 또는 저비용으로 노동을 제공할 수 있다. 이 책이 멋진 점은 저자가 가장 낮은 가격으로 효율과 대량 생산을 추구하는 식품 유통망의 주요 담론을 완전히 뒤집는다는 것이다. 저자는 그 대신 다양한 식물을 섭취하는 즐거움과 중요성에 집중하는 것이 어떻겠느냐고 제안한다. 프로이트의 쾌락 원칙을 텃밭에 대입한 것이다. 당신이나 내가 70가지 품종의 토마토를 모두 재배할 수는 없겠지만, 아무런 맛이 나지 않는, '세계 어디를 가나 똑같은 토마토'보다 더 나은 것을 기르고 음미할 수는 있지 않을까? 우리는 왜 실험하지 않을까? 채소는 재미있다. 엑스박스 게임기나 원자력 발전소, 내 데이터를 감시하고 있는 인공위성 없이도 즐길 수 있는 즐거움이다! 어린아이들이 씨앗을 심고 기르는 즐거움을 바라보라!

제목 그대로(원서 제목은 The Seed Detective, 씨앗 탐정) 이 책은 만만치 않은 탐정 수사의 기록물이다. 애덤은 질문한다. 추적한다. 증거를 골똘히 생각한다. 불확실한 것을 알아내고자 애쓴다. 거짓 단서로 만족하지 않는다. 뚜껑을 연다. 끈질기게 진리를 추구한다. 그렇다, 채소에 대해 배우다 보면 그 진실과 가치를 알게 된다. 그중 많은 것이 너무 쉽게 간과된다. 당근, 리크(큰 부추처럼 생긴 채소[역주]), 배추속(屬) 식물(양배추, 케일, 방울양배추), 상추 등 '푸른 채소'는 쉽게 구매되고 낭비되는 경향이 있는데, 그런 태도가 우리의 문화를 원래 자리에서 밀어냈다. 애덤은 아무 맛이 나지 않는다는 굴욕에서 채소를 구하고자 한다. 세상에는 좋은 채소, 그저 그런 채소, 질 낮은 채소가 있다. 그렇다면 가장 맛 좋은 채소를 재배해서 먹으면 어떨까? 당신은 일부 채소는 시도해볼 수 있겠다고 생각할지도 모른다. 소수만 즐기는 듯하다가 점점 더 널리 사랑받고 있는 아스파라거스, 치커리, 적색 치커리 또는 서부가 새롭게 빠진 칠리 같은 채소에 말이다. 하지만 그렇지 않다. 우리 모두에게 최선은 알렉산더의 교리다. 못할게 뭔가? 우리는 대규모 농업이 낳은 잘못된 경제를 충분히 알기 때문에 기후 변화와 정치 변동의 시대의 식품 공급에 대해 다시 생각할 수 있다. 재고를 오래 보관하지 않고 그때그때 상품을 공급하는 대규모 소매업이 처음 설계자들이 예상했던 것보다 취약하다는 것도 우리는 안다. 운송, 비행기, 트럭, 기차와 같은 물류 산업은 현재 위성 기반이며, 이미 랜섬웨어와 사이버 보안 취약에 따라 증가하는 혼란의 영향 하에 있다. 이 사실을 종자 보존자에게 알리자!

이 책은 현대 하이퍼마켓(까르푸, 이마트 등 다양한 상품을 저가로 판매하는 대형마트역주) 경제의 기술 세계에서 벗어난다. 느린 속도로 수 세기에 걸친 종자 개발, 맛의 확산, 세대를 걸친 농민들의 끈질긴 실험에 대해 이야기한다. 채소, 씨앗 그리고 다양성을 주제로 쓸 수 있는 글의 범위는 엄청나다. 대신 애덤은 지역별로 분류한 14가지 채소를 중심으로 우리를 탐정의 길로 인도한다. 이 책은 곧잘 유전학과 문화적 교류라는 복잡한 이야기로 빠진다. 복잡하긴 해도 오히려 그것이 이 책의 고유한 특징이 되며, 그 바탕엔 저자 개인의 열정과 학식이 있다. 애덤은 이야기와 기록을 전하고 방대한 지식을 요약하며, 그 모든 것이 채소와 채소의 역사의 즐거움을 알아가는 방식으로 서술된다! 누군가는 이렇게 생각할 수 있다. 채소가 무슨 대수냐고. 그냥 우리가 먹는 단순한 식물 아니냐고. 글쎄, 만약 당신이 그렇게 생각한다면 이 책이 당신의 생각을 바로잡아줄 것이다. 식물은 놀랍다. 우리가 먹는 채소는 더욱 그렇다. 채소는 인간과 식물의 섬세하고 지속적인 상호작용을 나타낸다.

채소에 대해 거의 이야기하지 않는 지금, 이 책은 선물과도 같다. 과학 논문과 과학 도서는 하늘에 닿을 정도로 많지만, 이만큼 접근하기 쉽고 지식이 많으며 매혹적인 책은 드물다. 당신도 나만큼 즐기길 바란다. 읽고 먹고 생각하고 시도해보라. 채소를 기르면 당신 또는 우리의 식단에 활력을 불어넣을 수 있다. 오래전 농민이 사라진 영국 입장에서 보면, 이 책에 묘사된 양식과 접근 방법은 고귀하게 끝난 농민 생활의 마지막을 그대로 보여준다. 식량을 재배하는 진정한 목적은 삶을 향상시키기 위해서다. 만약 씨앗이 소유되고 특허받고 복제된다면 그것은 절도나 마찬가지다. 만약 씨앗을 소유하고 재배했는데, 그 목적이 오직 사람이 먹고 나누기 위해서라면 그것은 문화다. 즉, 원예다. 그리고 우리에게는 더 많은 원예가 필요하다. 이 책은 채소를 직접 기르는 기쁨과 일상을 되살린다. 우리가 다시 원예에 참여하도록 격려한다. 다른 사람들이 농사짓는 모습을 텔레비전으로 보는 방식이 아니라, 삶을 살아가는 수단으로써, 즉 자기 자신이나 가족 또는 친구가 먹을 것을 기르는 진정한 경로로 참여하기를 바란다.

사실 식사를 할 때, 알아차리지는 못하지만 우리는 거의 항상 여행을 떠난다. 모든 인류 역사는 우리가 먹는 것(그리고 먹지 않는 것)과 관련이 있기 때문이다. 영국인은 씨앗과 맛의 흐름에 특별한 빚을 지고 있다. 영국의 제국주의 역사와 함께 수 세기 동안 완고한 식물 사냥꾼들의 군대와 큐 왕립 식물원(Kew Gardens)은 훌륭한 저장소이자 문지기 역할을 해왔다. 이는 수천 종의 식물이 영국을 드나들었다는 것을 의미한다. 이 책은 우리가 그러한 식물을 충분히 섭취하고 있지 않다고 지적한다. 사실 애덤이 이런저런 식물이나 씨앗에 흥미를 느꼈다고 적은 많은 개인적인 이야기는 종자를 보호하자는 것에 그치지 않고 기르기 위해 노력하는 데까지 나아간다. 바로 이런 점이 이 책을 보물로 만든다. 애덤은 이 일을 탐정의 일이라고 부를지 몰라도 사실은 요리 원예업이다. 종자를 찾자. 기르자. 지켜보자. 거기서 자란 식품을 먹자.

팀 랭(Tim Lang)
런던시티대학교 식품 정책 명예교수
2022년 4월

들어가며

1988년 가을이었다. 방은 넓고, 단색 리놀륨(건물 바닥재 소재 역주)은 하도 삐걱거려서 몇 년이나 교체를 미룬 듯했다. 하얀 벽타일은 깨지고 긁혀서 한번 제대로 손볼 필요가 있었다. 나와 나의 러시아어 통역사는 도네츠크에 있는, 어느 무너질 것 같은 공산당 호텔 주방을 장악하기로 했을 때 이런 풍경을 만났다. 도네츠크는 우크라이나 동부에 있는 가난한 소련의 철강 및 석탄 도시다. 주방에는 아무도 보이지 않았다. 직원들이 손님이 우리뿐인 데다가 우리가 외국 영화 제작자라 이곳에 머물러서는 안 된다고 생각하고 파업에 들어간 것이었다. 나는 그 버려진 주방에 들어서는 바로 이 순간 여정이 시작되었다는 사실을 알아채지 못했다. 우리가 기르고 먹는 것들과 맺는 본능적인 관계를 이해하고 바라보는 방식을 완전히 바꿔줄 발견을 하는 여정 말이다.

첫 번째 만남

구소련의 정치 붕괴로 경제가 무너지면서 도네츠크의 슈퍼마켓 선반은 텅 비었다. 농산물 시장에 재고는 충분했지만 대다수 시민들이 감당할 수 없는 가격이었다. 암시장에서는 공식 환율보다 달러를 루블로 훨씬 싸게 바꿀 수 있었다. 그래서 적어도 나에게는 바람이 차갑게 부는 중앙 시장에서 쇼핑하는 것이 멋지고 값싼 모험이었다. 그곳에서 나는 나의 씨앗 사냥 인생에서 가장 중요한 인물이 될 사람을 만났고, 그때부터 세계 곳곳에서 식품 시장을 뒤질 때마다 그와 같은 개인 상인을 찾았다. 그들의 노점에는 예외 없이 맛있고 귀하며 특별한 것이 있었다. 어느 나라에서든 그들은, 내 생각에 가장 친숙한 모습을 하고 있다. 바로 '완벽한 할머니'의 모습으로, 주로 키는 작지만 강력한 존재감을 뿜어낸다.

이 위대하고 놀라운 재배자들은 전 세계 시장에 있다. 그들은 자신이 아주 오랫동안 재배해온 채소와 과일을 판다. 돈이 많지 않기 때문에 상인에게서 비싼 씨앗을 사오지 않는다. 농작물에서 직접 씨앗을 구하며, 그 작물들은 대대로 내려오는 집안의 작은 땅에서 기른 것일 테다. 가끔 그러한 소박한 채소 중에 요리에 넣을 수 있는 보석이 있다. 도네츠크에서 그러한 물건을 처음 발견했다. 불타는 심장 같은, 테니스공만 한 피망이었다. 울퉁불퉁하고 영화배우의 입술처럼 빨간, 학명이 캐시컴 아늄(Capsicum annuum)인, 이 단순한 채소가 말 그대로 내 인생을 바꿔놓았다.

이 소박한 우크라이나산 피망을 처음 주방으로 데려왔을 때, 나는 무엇을 기대해야 할지 몰랐지만 한 입 베어 먹자마자 흠칫 놀라고 말았다. 어렸을 때부터 열심히 채소를 길러온 나는 시골에 살든 도시에 살든 늘 내가 먹을 채소를 기르는 텃밭이 있었다. 하지만 그날까지 내가 뿌린 것은 모두 상업적으로 구매한 씨앗이었다. 나는 이 특별한 피망의 씨앗을 집으로 가져가기로 결심했고, 다음 해에 키울 수 있을지 확인해보기로 했다. 결과물은 대단했다. 지금도 나는 풍성한 수확물에서 나온 씨앗을 저장하고 다른 원예사들에게 나눠주고 있다.*

30년 전, 나는 채소가 희귀해지거나 멸종 위기에 처할 거라고는 생각해보지 않았다. 채소가 고유한 음식 문화의 사회적 전통에 뿌리 박혀 있어서 자기들만의 이야기가 있을 거라고도 생각하지 못했다. 내 것과 의심할 여지없이 똑같은 피망이 우크라이나의 비옥한 검은 토양에서 지금도 자라고 있다. 그리고 피망을 키우는 할머니들에게는 각자 자기만의 조리법이 있다. 통통한 피망은 국민 채소니까.

씨앗 탐정 되기

도네츠크 중앙 시장에서 우연히 할머니 상인을 만난 뒤, 나는 촬영으로 전 세계를 돌아다니면서도 언제나 핑계를 대서 탈출해 지역

* 타국에서 씨앗을 가져오는 것에 대해서는 마지막 장에서 다룬다. 이와 관련하여 개인과 기관에 적용되는 법률은 무엇이고 그것이 내가 씨앗을 수집하는 것에 어떤 영향을 끼쳤는지 이야기하겠다.

시장을 샅샅이 뒤졌다. 처음에는 칠리, 콩, 토마토를 찾았는데, 그때는 지금처럼 분별력이 없어서 상업 품종과 지역 품종을 구분하는 데 몇 년이 걸렸다. 한두 해가 지나자 스스로 씨앗 탐정이 된 것 같았다. 나는 지역 품종을 추적했는데, 무엇보다도 열매가 맛있으며 내 정원에서 기를 수 있는 것이어야 했다. 영국과 멀리 떨어진 여러 나라에서 일했고, 종종 그곳은 분쟁에 처해 있거나 중요한 사회적 격변과 변화를 겪고 있었다. 나는 지역 식단의 본질적인 부분을 차지하는 많은 채소가 영원히 사라질 위기에 처해 있다는 것을 깨달았다. 채소는 멸종되어서는 안 됐다. 차츰 나는 지역 시장이나 여행에서 만난 농부, 원예사, 요리사 등에게서 가져온 다양한 품종들로 도서관을 짓기 시작했다. 품종이 늘어나자 이 작물들이 어떻게 오늘날 먹는 즐거움을 더 풍성하게 해주는 다양한 음식 문화로 유입되었는지 더욱 궁금해졌다. 우리가 얼마나 오래 이 작물들과 생활해 왔는지, 만약 있다면, 인류 역사에서 그들의 위치는 어디인지 알고 싶었다.

왜 종자를 보존하는가?

비록 처음에는 요리에 대한 호기심과 이웃의 텃밭에는 없는 특별한 것을 키우려는 열망으로 채소를 모으기 시작했지만, 머지않아 나는 종자 보존이 왜 이리도 중요한지 이해하게 되었다. 특히 상업적으로 구할 수 없는, 자연 수분된, 전통적인 지역 품종은 더욱 보존해야 한다(이 이야기는 책 전반에 걸쳐 더 자세히 알아본다). 오늘날 우리가 먹는 것은 식물을 재배한 결과이다. 약 12,000 년 전, 석기 시대 수렵채집인들은 땅에 정착하고 농사를 짓고 씨앗을 보관했고, 그때부터 식물이 선택되고 번식되는 과정은 필연적으로 시작되었다. 이처럼 인간이 식량을 공급하는 방식의 획기적인 변화는 재배해서 먹는 음식과 우리가 맺는 관계에서 매우 중요한 핵심이 되었다. 수렵채집을 하다가 농사를 짓게 된 원인을 규정하는 것은 여전히 격렬한 논쟁을 불러일으키는 주제이다. 그러나 기후 변화, 먹이 감소(그리고 어려워진 사냥 난도), 인구 증가가 모두 요인이었을 것이다. 농부가 원하는 특성이 들어간 식물을 선별해 씨앗을 보관하고 나눈 뒤 이듬해 파종하는 것이 농업 발전의 초석이 됐다. 나 역시 도네츠크 시장에서 우연히 그 사랑스러운 피망을 만난 이후부터 그 일을 해오고 있다. 이 행위는 종족으로서 생존의 가장 핵심이 되는 여정을 완성한다. 최초의 재배자들과 나를 이어주는 연결고리이자, 삶에서 끝없이 반복되는 마법 같은 생명의 고리다. 나는 농작물의 씨앗을 보존하면 어떤 음식을 먹을지 선택할 때 더 깊이 생각하게 된다고 믿는다.

그러나 우리의 여정에는 이상한 역설이 있다. 앞으로 우리는 규모가 작고, 부족 중심적이며, 씨앗을 찾아 이동하는 수렵채집인부터 한 곳에 정착해서 씨앗을 보관하고 기르는 신석기 농부까지 살펴볼 텐데, 수렵채집인은 매우 다양한 종류의 식량을 찾아냈지만, 정착하여 농업을 시작하자 식물 다양성이 줄었다. 땅에 잘 맞는 제한된 수의 작물에 생존을 의존했기 때문이다. 그 이후로 식용 작물의 유전적 다양성은 계속 줄어들었다. 천 년 이상의 시간을 거치면서, 농부들은 신중하게 선택하여 먹을 수 있는 식물의 종을 수백, 심지어 수천 종에서 쉽게 기를 수 있는 몇 가지 종으로 줄였다. 이들은 영리한 전략을 사용했다. 예를 들어 기후나 해충이 수확량에 미치는 영향을 줄이기 위해 여러 종류의 작물을 재배했다. 그러나 기근은 최초의 문명을 지속적으로 따라다녔고, 인간은 더 많은 독창성을 발휘해 기근을 예방하거나 완화해야 했다. 조건이 좋은 해에 잉여 농산물을 만들어놓고 씨앗을 저장하는 일은 말 그대로 삶과 죽음이 달린 문제였다.

어디서부터 잘못되었나?

재배 식량과의 이러한 본능적인 관계는 꾸준히 약화되고 있다. 특히 서구 사회에서 그렇다. 현대로 빠르게 나아가면서 특히 영국인은 땅과 완전히 멀어졌다. 물론 영국인은 영국 음식 문화의 토대인 웨일스 양고기나 체다 치즈에 대해 침 튀겨가며 말할 수 있다. 영국에는 잉글랜드 토종 사과인 콕스 오렌지 피핀과 사과 크럼블(밀가루, 버터, 설탕을 섞은 반죽을 과일에 올리고 오븐에 구워내는 디저트[역주])을 만들 때 제격인 브램리 사과도 있다. 두 가지만 언급했지만, 많은 사람들이 자기가 먹는 채소가 어디에서 왔는지, 식탁에 올라오기까지 어떤 여정을 겪었는지 거의 모르며 나는 그때마다 늘 놀란다. 감자 몇 종류 빼고, 우리가 이름을 댈 수 있는 채소종이 몇 개나 되는가?

아마도 영국인이 땅과 멀어진 것은 영국이 가장 처음으로 산업화한 나라이고, 250년 이상의 시간을 거치면서 대대로 영국인들이 농촌에서 점점 먼 곳으로 이주했기 때문일 것이다. 극소수 영국인만이 시골에 가족이 있다. 이게 바로 땅과 훨씬 더 가깝게 연결되어 있는 다른 나라 사람들과 다른 점이다. 그 나라 사람들은 먹을 것을 직접 기르는 친척이 있다. 멀리 볼 필요도 없다. 유럽 마을의 시장에 가보면, 대부분 가장 눈에 잘 띄는 자리에 지역 품종의 제철 과일과 채소가 있다. 이것들은 대개 특정 요리의 재료가 된다. 물건을 사러 온 사람들은 과일과 채소의 이름은 물론이고 생산 지역까지 알고 있다. 지역 품종은 치즈, 샤퀴트리(고기와 고기 부속물 등으로 만드는 가공식품역주), 와인, 맥주, 사과주와 함께 그 나라의 국가 정체성의 본질적인 부분이다. 다른 것은 영국인도 알지만, 채소에 대해서라면 잘 모른다. 더 중요한 것은, 영국인들은 자신들의 미뢰가 무슨 맛을 놓치고 있는지조차 모른다.

우리는 땅과 계속 멀어지고 있다. 땅이 제공해주는 것도 지속적으로 줄어드는데, 이는 도시화가 진행되고 농부가 최소한의 보상을 받고 최대한의 위험을 감수하는 농업의 수직 구조 통합 시스템으로 변화한 덕분에 농작물의 종류가 단순화되었기 때문이다. 농부가 최소한의 보상을 받고 최대한의 위험을 감수하는 농업의 수직 구조 통합 시스템 때문이다. 제2차 세계대전 이후 시작된 이 시스템은 소수의 다국적 화학 비료 사업과 슈퍼마켓의 패권이 지배하고 있다. 영국은 더 이상 식량을 다른 나라에 의존할 수 없다는 의식을 갖고 (1930년대 영국인이 먹는 모든 것의 30퍼센트 미만이 가정에서 생산되었다) 제2차 세계대전이 도래하면서 좀 더 자급자족할 필요가 있다는 생각을 하게 되었고, 그 생각에 힘입어 집약적인 형태의 농업이 표준으로 자리 잡았다. 어떻게 하면 같은 땅에서 더 얻을 수 있을까? 나라를 먹여 살리기 위해 더 많은 화학 비료를 쓰고, 수확량이 많은 새로운 작물을 개발하자는 의견에 누가 반대할 수 있을까? 생산량은 적지만 지역 재래종을 기르던 옛날 방식은 사라졌다. 재래종은 변덕스러운 영국 기후에 잘 적응했고 지역 식량 경제의 기반이었으며 농부는 직접 그 종자를 보존했다. 하지만 이제 생산량이 많은 품종이 새로운 주인공이 되었다. 이런 품종은 대형 종자 회사에서 만들어낸다. 회사가 지적 재산권을 소유하고 있기에 농민들은 직접 종자를 보존할 수 없다.

식품을 생산하는 이러한 접근 방식은 화학 집약적이며 많이 투입하여 많이 생산하는 농업이다. 농약, 살균제, 제초제에 의존해 그것 없이는 자랄 수 없는 작물을 보호한다. 그리고 지금 우리가 그 대가를 지불하고 있다. 토양이 척박해지고 침식하는 현상과 (척박한 땅에 영양소와 물이 있을 리가 없다) 큰 면적에 한 종류의 농작물을 기르는 단일 재배에 의존하는 식량 시스템은 문제를 악화시킬 뿐이다. 더 전통적인 재배 방식의 일환으로, 채소를 포함한 모든 경작 가능한 작물의 현지에서 생산된 종자에서 전통 품종을 복원하면 토지의 황폐화를 빠르게, 효과적인 비용으로 되돌릴 수 있다. 토양을 재생하면 흙 안에 더 많은 탄소와 미생물을 저장할 수 있다. 그러면 환경을 파괴하지 않고도 농작물은 지속적으로 더 잘 자랄 것이다. 이는 우리 식량 안보와 환경, 그리고 건강에 필수적이다. 100년 전 정원 가꾸기 책에는 채소 씨앗을 저장하는 방법이 소개되어 있었다. 그땐 그게 정원 가꾸는 일의 일부였는데, 이제 그 전통은 거의 사라졌다.

우리는 어쩌다 이 지경이 된 걸까? 전 세계가 식량을 생산하는 방식은 제2차 세계대전이 끝나갈 무렵 멕시코에서 시작된, 소위 녹색 혁명(Green Revolution)으로 완전히 바뀌었다. 종종 녹색 혁명의 아버지로 불리는 농학자 노먼 볼로그(Norman Borlaug, 1914-2009)는 1940년대 전반에 멕시코의 밀 생산량을 늘리기 위해 새로운 밀 품종을 개발하고 있었다. 1944년 멕시코는 소비하는 밀의 양 절반을 수입하고 있었는데, 불과 12년 뒤 멕시코는 밀을 자급자족할 수 있게 되었고 곧 밀 수출국으로 변모했다. 인도와 파키스탄에서도 비슷한 성공이 이어졌다. 볼로그가 개발한 밀 품종은 수확량을 두 배 이상 증가시켰다. 말할 것도 없이 수백만 명이 기아에서 구조되었고, 그의 위대한 업적 덕에 세계는 필요한 식량을 전보다 더 충분하게 생산할 수 있게 되었다. 하지만 필연적으로 녹색 혁명은 지금 우리 모두가 지불하고 있는 환경적이고 경제적인 대가를 낳았다.

선진 농업 경제, 특히 미국의 농업 경제 역시 생산량이 많은 새로운 재배 품종을 받아들였다. 심지어 제2차 세계대전 이전에는 밀 절반을 수입했던 영국도 지금은 필요한 양의 80퍼센트를 재배하고 있다. 비록 대부분은 소의 먹이로 쓰이지만 말이다. 사실 영국의 자급자족 능력은 1970년대에 정점을 찍었는데, 그때 영국은 자국민이 먹는 밀의 75퍼센트를 생산했다. 지금 이 숫자는 60퍼센트로 떨어졌고, 감소 중이다. 영국은 여전히 과일과 채소의 50퍼센트를 EU에 의존한다. 그런데도 영국 정치인들 사이에서는 다른 나라가 영국을 위해 식량을 재배하게 하는 구시대적 식민지 강박관념이 재유행하고 있는 것 같다. 영국은 앞으로 다른 나라에서 낮은 환경적 기준으로 생산된 값싼 식량을 수입하게 될 것이라 예상할 수 있다. 이는 식량 경쟁이 심해지는 시대에 위험한 전략이며, 이제 영국은 스스로 먹을 것을 재배하려고 노력해야 한다.

볼로그는 식물 육종가로서 자신이 한 일에 한계가 있다는 선견지명을 갖고 있었다. 1970년 노벨 평화상을 받은 그는 수상 소감에서 자신의 업적이 일시적인 것이며, 금세기 말까지 충분한 식량을 제공해 숨 돌릴 시간을 만든 것뿐이라고 인정했다. 반세기가 지난 지금, 세계 인구는 (2020년 기준) 37억 명에서 78억 명으로 두 배 이상 늘어났다. 녹색 혁명은 길을 잃었다. 혁명 전 밀 중심의 음식 문화가 아니었던 나라들, 예를 들어 인도, 파키스탄, 그리고 많은 아프리카 국가들이 지금은 현대 밀 품종에 의존하고 있다. 멕시코는 세계에서 가장 중요한 탄수화물 공급원인 옥수수가 처음 재배된 곳인데도 지금은 옥수수 수백만 톤을 수입해서 먹고 있다. 그리고 이러한 수입은 지속 불가능한 집약적 농업 기술의 결과로 땅을 더욱 척박하게 만들고 기후에 영향을 주고 있다. 음식 문화가 밀 기반이 아니었던 사회는 농작물 다양성을 잃거나 잃어가고 있다. 그로 인해 토양 회복력과 식량 안보가 약해지고 더 나아가 토종이 아닌 식품에 의존해야 하는 위험을 안게 되었다. 또한 토종 작물을 재배하면서 쌓아온 고유한 음식 문화도 잃어가고 있다.

큰일이 난 것은 아니다

아직 괜찮다. 음식 문화는 회복력이 대단하다. 예를 들어 나는 인도에서 데시(desi, 재래종) 농작물이 인도 요리의 기본이 되는 것을 목격했다. 특정 품종이 사라진 것처럼 보였을 때조차 완전히 사라지지 않는 것을 발견할 수 있었다. 나는 최근 수십 년 동안 미국 유기농 농부들의 작업에서 영감을 받고 있다. 이들 농부들은 다양한 채소 품종을 미국 음식 문화에 다시 들여오고 있다. 이 품종들은 미국 원주민 요리와 400년 동안 유럽에 소개되었던 종들에 뿌리를 두고 있다. 요즘 미국 어느 마을이든 농산물 시장은 감각의 향연이자 미국 음식 유산의 풍부함을 멋지게 축하하는 자리다.

지금은 '더 푸른 혁명'(Greener Revolution) 또는 '늘 푸른 혁명'(Evergreen Revolution)에 대한 요구가 있다. 늘 푸른 혁명은 인도의 녹색 혁명 선구자 중 한 사람인 만콤푸 스와미나탄(Mankombu Swaminathan)이 주장한 것이다. 이것은 진정한 녹색 혁명으로, 책임 있는 토지 관리와 지속 가능성 및 생물 다양성 보존을 식량 안보 관리의 최전선과 중심에 둔다. 농부들은 보수적인 집단이지만, 그들이 지난 80년 동안 해온 모든 일은 정부가 요구한 것이다. 이제는 농부들이 사고하고 작업하는 방식을 다시 설정할 수 있도록 지도와 지원을 제공하는 도전이 필요하다. 농부는 자기 땅을 사랑하고 아끼지만, 교육과 이해 그리고 실용적이고 경제적으로 지속 가능한 해결책이 절실한 상황이다.

씨앗 탐정이 하는 일

이 글을 쓰고 있는 지금, 나의 서재 뒤 차고의 냉장고 두 대에는 항아리와 상자가 잔뜩 있다. 그 안에는 499종의 채소 씨앗 봉투가 가득하다. 안타깝게도 더는 상업적으로 구할 수 없는 씨앗이다. 콩, 완두콩, 토마토, 칠리, 상추, 리크, 양배추, 무, 당근, 비트, 파스닙(설탕당근이라고도 부르는 뿌리채소역주), 순무, 사탕옥수수, 양파, 시금치, 허브, 쿠르젯, 스쿼시(호박의 일종역주) 등이다. 나는 매년 적어도 70개의 다른 품종을 재배한다. 그 이유는 첫째, 그냥 먹고 싶어서, 둘째는 종자 보관함에 새 씨앗을 보충하기 위해서다. 나는 유산 종자 도서관(Heritage Seed Library)에서 종자 보존자로서 농작물을 기르고 있다. 그중 몇 가지 씨앗은 다른 회원들과 나눌 것이고, 다른 몇 가지 씨앗은 열정적이고 호기심 많은 원예사들과 나누려고 한다. 나의 임무는 예나 지금이나 씨앗을 보존하는 것이다. 나를 위해서지만, 가장 중요한 목표는 내게 씨앗을 줬던 사람들에게 돌려주는 것이고, 영국에 있는 유산 종자 도서관과 세계 각국의 다른 도서관과 유전자 은행에 보탬이 되는 것이다.

한여름부터 초겨울까지, 나는 콩과 완두콩의 마른 꼬투리를 수확하고, 익은 토마토와 썩어가는 오이에서 씨앗을 건져내고, 씨앗을 씻어서 모든 창턱에 말려두는 나날을 보낸다. 상추씨를 솜털 덮개에서 가려내기 위해 키질을 하고, 양배추 씨앗 주머니와 무 씨앗 꼬투리를 탈곡하기 위해 그 위에서 방방 위아래로 뛴다. 술이 당기는 일이다! 겨울은 스쿼시를 즐기는 계절이다. 다음 봄에 씨를 뿌리기 위해 열매의 스펀지 같은 중심에서 씨앗을 숟가락으로 박박 긁어낸다.

기를 작물을 찾고 그것의 씨앗을 모으고 사람들과 나누는 일은 나라는 사람을 정의하는 방법의 일부가 되었다. 초기 농부들처럼 나는 말린 콩과 완두콩, 칠리를 보관한다. 토마토를 담아둔 병과 천연 조미료와 절인 채소는 내년 농사가 흉작이 들더라도 든든한 식량이 되어준다. 집에 저장해둔 씨앗이 충분하기 때문에 나는 항상 좋은 채소를 많이 재배할 수 있다.

직접 씨앗을 보관하고 기르는 일은 개인 수준에서도 중요하다. 왜냐하면 더 많은 사람이 씨앗을 보관하면 그렇게 자란 농작물이 지역 환경에 적응하게 되기 때문이다. 현대 품종과 비교했을 때, 자연 수분해서 나온 품종과 재래종은 유전적으로 다양해질수록 더 다양한 환경에서 번성할 수 있다. 이러한 적응 능력으로 재래종은 강해질 수 있다. 이는 곧 재래종이 지역 식량 경제 시장에서 가능성을 가질 수 있다는 것을 의미한다. 시장 상인이 기르거나 소규모 농장에서 재배한 지역 품종은 채소와 우리 문화를 강하게 연결하며 고급 상품으로 판매된다. 사람들은 자신들처럼 지역의 이야기를 가지고 있는 채소를 사는 것을 좋아한다. 직접 기른 채소에서 씨앗을 직접 얻으면 좋은 점이 또 있다. 다음 해에 씨앗이 더 잘, 더 빨리 발아하여 더 활력 있는 식물로 자라고, 시간이 지날수록 지역의 날씨 조건에 맞게 더 큰 회복력을 갖게 된다는 점이다. 판매할 수도 있다. 유기농 종자, 특히 토종 품종은 세계적으로 공급은 부족한데 수요는 많다. 지금이 바로 원예사들이 씨앗을 다양화하고 저장해서 다른 사람들에게 판매할 기회이다. 때때로 직접 씨앗을 보관하다 보면, 우연히 또는 고의로 한 종의 두 가지 품종을 교배하게 된다. 그리고 이는 우리 국가 문화의 일부가 된다. 이 점은 깍지콩(껍질째 먹는 콩[역주])인 파세오루스 코키네우스(Phaseolus coccineus, 붉은 강낭콩의 학명[역주])와 영국인들의 관계에 대해 이야기하는 장에서 확인할 수 있다.

유산과 가보를 위해 싸우다

유산과 가보는 무엇인가? 우리는 유산을 사람, 그리고 장소와 연관 짓는다. 같은 방식으로 대대로 내려온 씨앗은 지역, 그리고 요리와 연관된다. 가보는 집안 대대로 내려오는 무언가를 의미하며, 가보처럼 내려온 채소도 마찬가지로 개인과 집안과 연결된다. 미국에서는 유산과 가보, 이 두 단어가 상호 호환된다. 정의가 어떻게 되든 간에 이렇게 오랫동안 내려온 모든 종류의 채소는 곤충이나 바람에 의해 자연 수분된 것이거나 자가 수분한 것이다. 영국에서는 더 이상 시장에 없고 재배되지도 않는 자연 수분 상업 품종을 유산으로 분류한다. 일대잡종(잡종 1세대[역주]) 종자(다른 부모에게서 인위적으로 교배한 종자)를 자연 수분 품종처럼 취급해서 기르면 부모와 다른 자손이 나올 것이다. 내가 일대잡종 종자를 보관하지 않는 이유다.

다른 사람들은 아닐지 몰라도 내 마음 깊은 곳 어딘가에는 초기 농부가 숨어 있다. 나는 매일 아침 정원에 들어갈 때 모든 식물들에게 기분 좋은 아침이라고 인사한다. 또 식물들의 몸이 좋지 않은지 걱정한다. 특히 한창 수확기에 잘 자라고 있다면 칭찬한다. 마치 양치기가 양들과 교감하듯 식물과 교감한다. 염려하고 사랑한다. 비록 어떤 증거도 없지만, 나는 이러한 감정적 유대감을 초기 농부들도 경험했을 거라고 굳게 믿는다. 일 년 중 단 하루도 내 채소밭에서 맛있고 영양가 높은 무언가를 찾을 수 없는 날이 없다. 물론 채소들은 집에 저장해둔 씨앗에서 자란 것이다. 채소를 수확할 때면 이 채소를 처음 발견하게 해준 사람들과 장소에 대한 기억이 떠오른다.

인간과 연결하다

이 책을 쓴 이유는 희귀하고 특이하고 맛있는 채소들을 길러 먹고, 씨앗을 보관하고 나누는 즐거움과 열정을 나누고 싶었기 때문이다. 동료 원예가들과 음식 애호가들과 대화를 나누면서 나는 사람들이 접시에 담긴 농작물의 역사에 대해 더 배우고 싶어 한다는 것을 알게 되었다. 특히 지역적인 이야기나 재미있는 이야기가 있는 농작물이라면 더욱 호기심을 드러냈다.

사람들은 내게 집에 저장해둔 씨앗으로 채소를 재배하면서 얻은 즐거움과 자부심을 셀 수도 없이 자주 말해주었다. 성공하고 실패했던 이야기를 말하는 그들의 표정은 신이 나 있었고, 특히 경작의 한 과정을 마쳤다는 기쁨이 커 보였다. 집에 보관해둔 씨앗을 뿌리고, 농작물을 수확해서 부엌에서 요리하는 경작의 한 서클은 모든 노력을 가치 있게 만든다. 나는 우리가 기르고 즐기는 품종이 점점 더 다양해지기를 바란다. 신데렐라 같은 우리 음식 문화와 더 친밀하고 개인적인 관계를 맺으면, 작물을 기르고 더 잘 먹고 더 많이 즐기려는 욕구가 더 커질 것이다. 그러나 무엇보다 중요한 것은 맛이다. 지역 땅에서 자라고 수확되어 빠르게 소비되는, 내가 직접 기른 채소는 슈퍼마켓에서 파는 것보다 어떤 것 하나 모자란 게 없다.

채소에 대한 호기심은 우리 미뢰에 새로운 채소의 맛을 맛보게 하겠다는 열정을 불러온다. 친애하는 독자 여러분들이 이 책을 읽고 우리 일상의 일부인 농작물이 어디에서 시작되었고, 어떻게 우리 자아감에 중요한 역할을 하게 되었는지를 새롭고 신선한 호기심으로 바라보기를 바란다. 이러한 채소들이 야생 부모로부터 배양되는 놀라운 여정을 더 잘 이해하고 알게 되기를 바란다. 그러면 아마도 우리는 접시에 놓인 완두콩들을 다시는 이전과 같은 방식으로 보지 않고 경이

로움을 느끼게 될 것이다. 만약 당신이 이 책을 읽고 (그럴 여건이 돼서) 채소를 기르고 수확해서, 맛있고 희귀하고 멸종 위기에 처한, 오래된 재래종을 먹게 된다면, 나는 내 임무를 다한 것이다. 뿌리고 나누고 저장할 농작물을 찾는 것은 씨앗이 싹터 재배되어 식탁에 오르기까지의 끊어지지 않는 실을 만드는 과정이다. 이 실은 그 반대 과정으로도 이어진다. 이 과정은 이야깃거리가 풍성한, 정말 사랑스러운 일이다. 당신은 이어지는 이 책에서 채소에 관한 많은 이야기를 발견하게 될 것이다(적어도 그러기를 바란다). 그리고 그 이야기가 당신을 미소 짓게 할 것이라 믿는다. 이야기 중에는 대니얼 오로크(Daniel O'Rourke)라는 완두콩 품종의 지극히 인간적인 이야기도 있다.

모든 것이 시작된 곳

앞으로 만나게 될 채소는 14종으로, 두 부분으로 나뉜다. 일부는 웨일스에 있는 내 정원 동쪽에 기원을 두고 있고, 나머지는 서쪽에서 온 것이다. 1부에 나오는 대부분의 채소는 지중해 가장자리와 중동 일부, 즉 비옥한 초승달이라고 알려진 지대에서 최초로 기르던 것들이다. 2부에 나오는 채소는 주로 대서양 반대편에 있는 두 이웃 지역에서 왔다. 메소아메리카와 중앙아메리카, 멕시코 남반부, 남아메리카 북부 페루, 에콰도르, 볼리바아를 포함하는 지역이다. 이 지역은 오늘날 다양성 중심지(Centres of Diversity)라고 불리는 여덟 개 지역 중 세 곳을 차지한다. 다양성 중심지는 러시아 식물학자인 니콜라이 바빌로프(Nikolai Vavilov, 1887-1943)가 정리한 개념이다. 바빌로프는 20세기 초 레닌그라드(지금의 상트페테르부르크)에 세계에서 가장 큰 종자 은행인 전러시아 식물 산업 연구소(All-Russian Research Institute of Plant Industry)를 설립했다. 그가 확인한 다양성 중심지에는 신석기 시대의 세계에서 가장 뛰어난 식물 재배사들이 살았으며, 식량 세계화에 있어 근본적으로 중요한 지역이다. 우리는 하루도 빠짐없이 그 지역 중 한 곳에서 탄생한 무언가를 먹는다.[1] 오늘날 바빌로프의 모델은 도전을 받고 있고, 다양성 중심지에 몇 곳이 추가되었다. 그렇게 처음 여덟 개 지역에 오스트랄라시아(오스트레일리아, 뉴질랜드, 서남 태평양 제도 전체역주)와 아프리카가 추가되었다.[2]

농업은 구릉, 산악, 열대 또는 아열대 지역에서 시작되었다. 농작물을 지역 환경에 맞춰 기르던 시대에는 천연 자원이 풍부했을 것이다. 지금은 이런 지역 중 여러 곳에서 가뭄이 나타나고 있지만, 12,000년 전에는 모두 비가 풍부하게 내리는 파릇파릇한 지역이었다. 농부들은 탄수화물과 단백질이 풍부한 식물을 재배했다. 예를 들어 메소아메리카에서는 옥수수와 콩을, 비옥한 초승달 지역에서는 밀과 병아리콩을 길렀다.[3] 12,000년 동안 이 농작물 중 많은 종이 우리 식탁까지 온 여정은 밭에서 따서 부엌으로 가지고 오는 것처럼 단순하고 짧은 여행이 아니었다. 당신이 읽게 될 주제인 채소는 지난 200년 동안 세대를 거쳐 농부들이 씨앗을 보관할 작물을 체계적으로 선택한 결과로 존재하는 것이다. 이러한 활동은 인간 행동의 모든 영역을 포함한다.

노골적인 절도, 이중성과 교활함, 끝없는 호기심, 타고난 천재성, 결단력, 가혹한 고지식함까지 말이다.

요즘 유전자 은행과 도서관은 세계적으로 연결되어 있다. 이들 기관은 더는 상업적으로 구할 수 없는 채소 종자를 보존하고 보급하는 일에 전념한다. 세계 식량 안보를 위해 필요한 매우 중요한 일이다. 우리가 먹는 작물의 유전적 다양성은 이곳에서 유지된다. 오래된 품종이 상업적으로 판매되는 경우는 드물기 때문에 원예사들은 이들 기관에 가입해 씨앗을 구한다. 씨앗 교환은 요즘 나의 정원 가꾸기 활동에서 중요한 행사가 되었다. 내 정원에는 놀라운 이야기가 가득하고, 영혼의 뿌리가 같은, 길러볼 만한 다양한 채소 품종이 가득하다. 내가 보관하는 씨앗 대부분은 종자 도서관과 실향민을 위한 것이다. 그들이 고향에서 건너온 농작물을 재배했으면 한다.

* * *

만약 정말 맛있는 채소를 먹고 싶다면, 직접 재배하거나 직접 재배하는 사람한테 얻어야 한다. 채소밭을 돌아다니는 것만큼 내가 사랑하는 일은 없다. 채소밭에서 갓 뽑은 당근이나 아삭아삭하고 알싸한 무를 맛본다. 흙을 털어내기에는 바짓가랑이만 한 곳이 없다. 바지에 쓱쓱 흙을 털어내고 나면 우선 천국의 냄새를 맡은 뒤 한 입 베어 문다. 여름 햇살로 따듯해진 넝쿨에서 토마토를 딴다. 입안에서 잘 익은 토마토의 맛과 과즙이 터진다. 통통해진 완두콩을 따서 미친 듯이 먹는다. 깍지에서 막 나온 깊고 달콤한 맛에 행복하게 흠뻑 취한다. 때로는 갓 따서 찐 사탕옥수수에 녹인 버터를 듬뿍 바른 뒤 턱에 다 묻혀가며 먹는다. 마지막으로 씨앗까지 보관하면 완벽한 재배의 한 과정이 마무리된다.

채소는 아름답다. 식물학적으로나 미적으로나. 채소의 진화와 채소가 우리와 맺는 미식 관계는 우리 자신의 진화와 자아감의 핵심이다. 이는 우리 대부분이 한 번도 진지하게 생각해보지 않은 인간 이야기의 한 단면이다. 내게 수확 시기는 사진첩을 펼치는 순간과 같다. 몇 년 동안 만난 할머니 재배사들의 여러 모습이 떠오른다. 특정 채소가 그녀에게 중요한 이유, 그리고 이제 그것이 어떻게 내 이야기의 일부가 되었는지를 떠오르게 한다.

1부

동쪽에서 온 손님

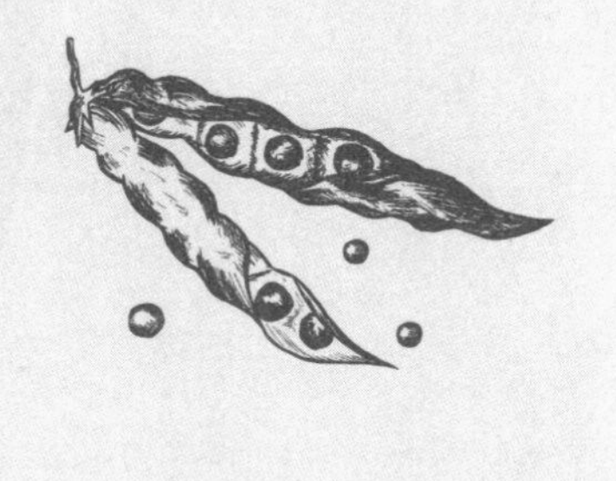

역사학자 메리 비어드(Mary Beard)는 2,500년 전 로마인이 음식을 세계화시키기 시작했다고 주장한다.[1] 로마는 음식 문화를 제국주의 '브랜드'의 일부로 수출한 최초의 사회였다. 양배추, 케일, 콜리플라워, 브로콜리, 아스파라거스, 상추 심지어 리크까지, 로마인들이 기르는 채소와 함께 로마 요리는 광대한 로마제국 전역과 그 너머에 걸쳐 모든 이들이 즐겨 먹는 것이었다. 1부는 우리가 로마인들에게 감사해야 할 채소들의 이야기다.

나는 이 책을 쓰면서 자연계를 관찰했던 위대한 인물들과 많은 시간을 함께 보냈다. 많은 인물이 비옥한 초승달 지역에서 자라는 채소와 우리 사이의 사회문화적 관계를 서술할 때 자주 등장할 것이다. 예를 들어 헤로도토스(Herodotus, 기원전 c.484-425)는 역사의 아버지로 불리며, 작품《역사(Histories)》로 잘 알려진 인물이다. 지리학자이기도 했는데, 그의 관측은 현대 음식 문화에도 통찰력을 준다. 플라이니 디 엘더(Pliny the Elder, 23-79)는 로마 철학자로, 네로 황제 시대에 살았고 농업과 작물에 관해 광범위한 기록을 남겼다. 디오스코리데스(Dioscorides, c.40-90)는 그리스 식물학자다. 16세기 과학적 사고의 혁명이 일어나기 전까지 식물의 기원과 식물의 의학적, 요리용 사용에 관해 지적이며 학문적인 사고를 뒷받침하는 업적을 남겼다. 이 세 사람은 고대부터 가장 잘 알려진 기록자이다.

초기 유럽 음식 문화를 발전시킨 아랍인의 농업에 관한 사고와 혁신의 영향을 결코 과소평가해서는 안 된다. 8세기 무어인(8세기경 이베리아반도를 정복한 이슬람교도[역주])이 스페인을 정복한 시기에 매우 정교하고 훌륭하게 설계된 관개 시스템이 만들어졌다. 그로서 샤프란, 살구, 아티초크(국화과 식물로 식재료로 쓰임[역주]), 캐럽(초콜릿 맛이 나는 갈색 콩과 식물[역주]), 설탕, 가지, 자몽, 당근, 고수, 쌀과 같은 과일과 야채가 건조한 지역에서 재배될 수 있었다. 이 작물들은 스페인 요리의 기본 재료가 되었고 지금도 남아 있다. 이븐 알 아우왐(Ibn al-ʻAwwām)은 12세기 후반 스페인 남부 세비야에서 지주로서 삶의 대부분을 보냈다. 그는 기술이 매우 좋고 아는 것이 많은 농학자로서 《농업의 책(Kitāb al-filā-ḥah)》을 썼다. 이 책은 농업에 관해 아랍어로 저술된 가장 좋은 책일 뿐만 아니라 모든 언어로 쓰인 모든 중세 저작을 통틀어서도 가장 중요한 도서 중 하나다.

로마가 멸망하고 천 년 뒤에도, 유럽의 학자와 철학자들은 여전히 디오스코리데스가 식물 세계를 완벽히 묘사했다고 믿었다. 디오스코리데스는 1세기 중반에 그의 중요한 저서인《약물에 대하여(De materia medica)》를 썼다. 유럽인이 신대륙을 발견한 지 몇십 년이 지난 뒤에서야 렘베르토 도도엔스(Rembert Dodoens, 1517-1585)와 같은 식물학자들이 왜 우리가 먹는 작물을 과학적으로 분류하고 묘사해야 하는지를 다시 중요하게 생각하기 시작했다. 오토 브룬펠스(Otto Brunfels), 제롬 보크(Jerome Bock), 레온하르트 푹스(Leonhart Fuchs, 1501-1566)의 생각을 이어받은 것이었다. 특히 레온하르트 푹스는 도도엔스의 생각에 큰 영향을 끼쳤다. 아마도 그들 중 가장 잘 알려진 인물은 칼 린네(Carl Linnaeus, 1707-1778)일 것이다. 스웨덴에서 태어나 식물학자, 동물학자, 분류학자로 일하며 오늘날의 생물 명명 체계를 공식화한 린네는 분류학의 아버지로 불리며, 그 시대에 가장 찬사받는 과학자였다. 그의 천재성은 오늘날까지 전해지고 있으며 의심할 여지없이 다음 세대로도 이어질 것이다.

음식의 세계화 혁명은 16세기 두 가지 주요한 기술 혁신과 함께 일어났다. 하나는 인쇄기 발명이고, 다른 하나는 목판 삽화이다. 채소와 채소가 우리 삶에서 차지하는 위치는 이집트 시대부터 충분히 묘사되고 그려졌지만, 과학 지식을 쌓으려는 의도로 등장한 보타닉 아트는 15세기 중반 요하네스 구텐베르크(Johannes Gutenberg, c.1400-1468)가 인쇄기를 발명하면서 처음으로 일반 대중이 접할 수 있게 되었다. 늘 사랑하는 것은 아니어도, 우리는 언제나 우리가 기르는 작물과 친밀하게 연결되어 있다. 이제 우리는 채소의 과학적, 미적, 문화적 가치에 대해서도 감탄할 수 있다. 채소 전문가는 더이상 농부, 원예사, 약사 또는 의사가 아니다. 이 역할은 수집가, 식물학자, 농학자가 이어받았다. 원예는 과학이 되었다. 여기에 한 가지 사실을 추가하자면, 전 세계는 유럽 강대국의 정교한 글로벌 통신 및 유통 네트워크로 인해 조각조각 나뉘었고, 갑자기 세계는 서로의 향토 음식을 먹을 수 있게 되었다. 그러나 이 시기, 즉 식용 작물의 중요성과 경이로움을 알고자 하는 우리의 호기심이 지적, 문화적 인식을 지배했던 이 시기는 3세기 남짓 지속되었을 뿐이다. 19세기 초반부터 식량을 기르는 일은 산업화의 한 과정이 되었다. 이제 이 놀라운 농작물은 우리 대다수에게 그저 단순한 음식일 뿐이다. 얼마나 슬픈 일인가?

완두콩 네 개의 이야기 또는 네 편의 믿기 힘든 이야기

나는 언제나 완두콩을 꿀에 발라 먹는다.
평생을 그래왔다.
그러면 완두콩 맛이 이상해지지만
칼에 잘 붙게 할 수 있다.
- 작자 미상

새해 첫날, 나는 과거 라오스의 수도이자 도시 전체가 세계 문화 유산으로 지정된 루앙 프라방에 있었다. 메콩강 위에 있는 인기 관광지인 이 도시는 특히 야시장이 유명한데, 이곳은 기념품을 사려는 관광객들의 성지나 다름없다. 근방에는 현지인들이 다니는 완전히 다른 시장이 하나 있다. 바로 포시 시장(Phosi market)인데, 도시에서 가장 큰 시장으로 지역 사람들이 필요로 하는 모든 것을 다 판매한다. 여기서 나는 약 30년 전 도네츠크에서 처음 만난 분과 같은 할머니 판매자를 찾고 있었다. 할머니가 자신의 정원에서 무슨 보석을 캐서 팔러 나오셨는지 볼 생각이었다. 내 옆에는 참을성이 많은 통역사가 동행하고 있었다. 그 젊은 통역사는 휴대폰과 거의 한몸이 되어서는 채소 씨앗을 사는 데는 조금도 관심을 보이지 않았다. 하지만 공손한 라오인이었기에 마른 고추 더미 속을 뒤적거리고 가판대의 금속 지지대에 매달려 있는 작은 씨앗 주머니를 쳐다보는 나를 느릿느릿 뒤따라왔다. 씨앗 주머니는 건강에 좋은 크리스마스트리 장식 같았다. 나는 할머니 판매업자를 금세 찾아낼 수 있었다. 할머니는 예쁜 누빔 코트와 앞치마를 입고, 그 위에는 주황색 숄을 단정하게 두르고 있었다(겨울이었다). 백발의, 누군가의 할머니인, 키가 4피트(약 120센티미터[역주]) 보다 크지 않은 할머니는 집에서 기른 마늘과 샬롯(작은 양파의 일종[역주])이 담긴 플라스틱 바구니가 가득한 좌판 뒤쪽에 앉아 있었다. 고리에 매달린 작은 씨앗 주머니는 테니스공보다 작았고, 그 안에는 완두콩 씨앗이 있었다. 씨앗을 보니, 주름이 잡혀 있고 갈색과 보라색으로 얼룩덜룩했다. 흥미로웠다. 그러고는 평생 잊을 수 없는 대화를 나누기 시작했다.

나 (통역사가 전달) 이거 완두콩 씨앗인가요?

누군가의 할머니(이하 할머니) (매우 짜증난다는 목소리로, 아주 작고 멍청한 아이에게 말하듯이) 당연하지.

나 키가 얼마나 자랄까요? (중요한 질문이었다. 왜냐하면 전통적인 품종이나 오래된 품종은 키가 크지만, 현대 품종은 키가 작기 때문이다.)

할머니 커.

나 그렇군요, 할머니보다 크게 자랄까요? (역시 중요했다. 4피트인 현대 품종도 작은 편에 속하기 때문이다.)

할머니 (바보 천치를 가르치듯) 당연하지.

나 이거 할머니가 기르신 거예요?

할머니 (이제 미친놈을 만났다고 확신하는 얼굴로) 당연하지.

나 그러니까 직접 보관해둔 씨앗에서 기르셨다고요?

할머니 (얼마나 더 참아야 하는지 갑갑해하는 기색이었다) 당연하지.

나 아주 오랫동안 기르셨고요?

할머니 (우쭐한 목소리로) 당연하지.

나 (한 가지 대답만 정해놓고 말하는 것이 아닌가 의심하며)

할머니 당연하지.

나 할머니의 어머니도 기르셨고요?

할머니 당연하지.

나 할머니는 콩의 어느 부분을 드세요?

할머니 (단단히 미친놈을 만났다고 생각하는 것이 분명한 목소리로) 전부.

이쯤 사라져주기 위해 나는 씨앗 주머니 하나를 달라고 하고 1페니 동전 몇 개를 건넸다. 더는 물어볼 엄두가 나지 않았다. 아무리 독실한 불교 신자도 때로는 난폭해질 수 있으니 말이다. 도시를 떠나기 전 한 씨앗 가게에 들렀는데, 판매대에 있는 씨앗은 모두 태국과 중국에서 자란 현대 품종이었다. 나는 이 완두콩이 루앙 프라방에서 자란 진품이라는 것을 직감으로 알 수 있었다. 특별한 씨앗을 구했다는 확신이 들었다. 씨앗이 보라색이니 완두콩 꽃은 아마도 보라색일 것 같지만, 직접 길러봐야 진실을 알게 되겠지.

라오스의 겨울은 영국의 기분 좋은 여름 같다. 더 덥지만. 그래서 이번에 구한 씨앗이 새로운 환경에서도 즐겁게 자라줄 것이라는 확신이 들었다. 늦봄, 씨앗을 짧게 한 줄로 뿌리고 무엇이 나오는지 지켜봤다. 우선 씨앗은 모두 발아했고 그 다음 덩굴이 자랐다. 자라고 또 자랐다. 그물 같이 늘어난 덩굴을 양쪽으로 잡아당겨 늘인 뒤, 7피트(약 2미터역주) 높이의 막대기에 닿게 해서 위로 들썽들썽 올라가게 했다. 그러고 나자 꽃이 피기 시작했다. 완두콩들이 해낸 것이다. 한여름이 되자 두 가지 톤의 보라색 꽃이 바다를 이루었고 꽃이 지고 나자 꼬투리가 한가득 매달렸다. 그때 그 할머니 판매자가 한 말이 떠올랐다. 할머니는 콩을 전부 다 먹는다고 했다. 그래서 나는 콩을 깍지완두(껍질째 조리해 먹는 완두콩역주)처럼 수확했고 수확물을 한 아름 얻었다. 완두콩은 굉장히 맛있었다. 달고 부드럽고 맛이 풍성했다. 심어둔 콩은 계속 꽃을 피웠다. 먹는 속도보다 자라는 속도가 빠를 정도였다. 소녀의 홍조(Maiden's Blush)처럼 분홍빛을 띤 초록색 꼬투리를 덩굴에서 따서 바로 볶아 먹으면 정말 맛있고, 꼬투리가 완전히 성숙할 때까지 기다렸다가 수확해서 껍질을 벗겨 먹어도 신선한 꼬투리 채로 먹는 것보다 달거나 부드럽지는 않지만 그래도 꽤 맛있었다. 여름이 끝나자 씨앗을 1킬로그램 넘게 저장할 수 있었고, 친구와 이웃들에게 여기저기 나눠줬다. 그야말로 위대한 발견이었다. 나는 꼬투리에 물든 사랑스러운 분홍빛을 보고 완두콩에 '메이든스 블러쉬

(Maiden's Blush)'라는 이름을 붙여줬다. 인도차이나에서 자손 대대로 계속 자랄 이 콩은 이제 나의 음식 유산의 일부가 되었다.

고대 기원

완두 또는 정원완두라고 부르는 피숨 사티붐(Pisum sativum, 완두콩의 학명역주)은 세 가지 야생종으로 구성된 작은 속(屬, 생물 분류의 단위역주)에서 나와 재배되었다. 세 가지 야생종은 지중해와 근동, 그리고 비옥한 초승달 지대 일부가 원산지이다. 초기 완두콩이 재배되었다는 최초의 고고학적 증거는 8,500년 이상 거슬러 올라가 신석기 시대 정착지인 근동 전역에서 발견된다. 오늘날 우리가 먹는 모든 완두콩의 야생종 부모는 꼬여서 자라는(다른 식물을 기어오르는 것을 좋아했다) 겨울 일년생(일 년에 한 번만 열매를 맺는 것역주) 식물이다. P. 후밀레(P. humile) 또는 P. 시리아쿰(P. syriacum)으로 부르는 이 야생종은 시리아에서 처음 발견되었다. P. 후밀레는 서쪽으로는 그리스, 아나톨리아, 발칸 남부, 동쪽으로는 요르단, 오늘날의 이스라엘, 시리아, 나일 삼각주 일부까지 퍼졌다. 야생 완두콩은 서로 교배가 가능하여 새로운 잡종을 만들 수 있었다. 오늘날 우리가 먹는 완두콩은 뚜렷이 구별되지만 굉장히 밀접하게 연관된 두 개의 종에서 나온 것이다. 하나는 P. 사티붐 변종 알벤스(P. sativum var. arvense)로, 건조해질 때 수확하며 주로 작고 둥글고 매끄러운 씨앗을 가지고 있다. 다른 하나는 P. 사티붐 변종 사티붐(P. sativum var. sativum)으

로, 녹색 완두콩이며, 깍지완두와 스냅 완두(콩깍지째 먹는 콩의 일종역주)와 친척 관계다.[1]

인간은 수천 년 동안 몇 달, 심지어 몇 년 동안 저장 가능한 건조식품으로 완두콩을 재배하고 수확해왔다. 단백질이 풍부하여 고기가 부족할 때나 농작물이 흉작이거나 기근이 들 때에 중요한 대비책이었다. 처음 재배하기 시작한 지 2,000년 만에 완두콩은 비옥한 초승달 지대 전체와 북동 아프리카, 서유럽, 인도 아대륙에서 흔하게 볼 수 있는 음식이 되었고, 세계화된 음식의 초기 사례가 되었다. 이때 P. 시리아쿰이 야생 덩굴 완두콩 종인 P. 사티붐 아종 엘라셔스(P. sativum subsp. elatius)와 교배한 것으로 보인다. 지중해 동부 지역의 습한 곳에서 자라던 엘라셔스는 새로운 잡종인 P. 사티붐이라는 현대 완두콩을 낳았다. 그 후 지금으로부터 약 2,200년 전 중국으로 건너가 서기 600년에 널리 재배되었고, 일본 음식 문화의 일부가 되기까지 했다. 세 번째 종은 P. 알벤스 변종 압시니쿰(P. arvense var. abyssinicum)으로 에티오피아에서 독립적으로 재배되고 자란 종이다.[2] 현지에서는 데코코(dekoko, 작은 씨앗) 또는 야게레 아터(yagere ater, 내 나라의 콩)라고 부르는데, 나는 이 독특한 콩을 아직 맛보지 못했다. 먹어본 사람 말로는 신선할 때 먹으면 아주 달고 독특한 맛이 나는 데다, 꽃은 빨간색과 보라색이어서 텃밭을 예쁘게 장식해주기까지 한다. 안타깝게도 이 종은 심각한 멸종 위기 단계이고 머지않아 밭에서 전혀 찾아보지 못할지도 모른다. 하지만 수천 년 동안 에티오피아 요리와 음식 문화의 핵심이었던 만큼 앞으로도 계속 기르고 먹을 수 있도록 지켜야 하는 것은 분명하다.

이름에 담긴 이야기

재배된 완두콩은 로마인들이 생각했을 때 요리 재료로서 큰 가치를 지니지 않았지만, 1세기에 편찬된 요리책인 《요리의 기술(De re coquinaria)》에는 완두콩을 사용하는 요리법이 14개 담겨 있었다. 요리법을 보면, 완두콩은 주로 물에 불려 끓인 뒤 접시에 올랐다. 영국에서 완두콩은 수천 년 동안 중요한 음식이었는데, 약 천 년 전 노르만 정복 당시 기록에서 비로소 처음 언급되었다. 그 무렵 완두콩은 이미 널리 경작되고 있었고, 특히 수도원에서 많이 길렀다. 그중 정원완두의 품종인 헤이스팅스(Hastings)는 15세기 중반에 존 리드게이트(John Lydgate)라고 불리는 베네딕토회 수도사인 베리 세인트 에드먼즈(Bury St Edmunds)가 쓴 어느 시에서 처음 언급되었다. 똑같은 완두콩이 1486년 루앙 대주교 정원에서도 자라고 있었다.

칼린 완두콩(Carlin pea)은 16세기 영국에서 처음 기록되었고 지금도 재배되고 있다. 칼린 완두콩은 다양한 이름으로 불리는데, 그중 하나가 비둘기 완두콩(Pigeon pea)이다. 이런 이름이 붙은 이유는 수도사들이 이 콩을 비둘기에게 먹이로 주었기 때문이다. 다른 이름을 몇 개 더 말해보자면, 갈색 오소리(Brown Badger), 갈색 완두콩, 검은 완두콩, 단풍나무 완두콩(Maple pea) 등이 있다.[3] 칼린 완두콩은 랭

커셔(잉글랜드 북서부에 있는 카운티[역주])와 잉글랜드 북동부 전역에서 재배되었다. 사람들은 이 콩을 종려주일(예수가 십자가를 지기 위해 예루살렘에 입성한 날을 기리는 주일[편집자주])의 전 주인 칼린 선데이(사순절 다섯 번째 일요일[역주])에 먹었다. 르네상스 시대의 약초 의학서에도 여러 완두콩 품종이 묘사되어 있다. 예를 들어 경협종 완두(꼬투리가 단단한 완두[역주])는 으깬 완두콩 스프를 만들 때 쓰고, 헤이스팅스 같은 정원 완두는 껍질을 벗겨 신선하게 먹는다. 그러나 대부분의 경우 완두콩은 건조해질 때까지 기다렸다가 수확했다. 이러한 풍습은 17세기까지 이어졌는데, 점차 부유하고 안목 있는 시민들이 새로운 품종을 널리 즐기기 시작하면서 완두콩을 깍지완두처럼 통째로 먹거나 껍질을 까서 그 안의 신선한 초록색 씨앗을 먹었다.

재배사들 간의 전투

재배용 완두콩은 자가 수정하는 식물로, 수정하기 위해 다른 꽃에서 온 꽃가루가 필요하지 않다. 따라서 우연한 돌연변이나 교차 수분, 교잡이 거의 일어나지 않는다. 이는 곧 이러한 일이 일어났을 때, 독자 생존이 가능한 새로운 잡종이 새로운 품종으로서 빠르게 증식할 수 있다는 것을 의미한다. 즉, 완두콩은 안정적으로 동일한 자손을 만들어낼 수 있다. 그 결과, 완두콩은 광범위한 기후와 서식지에서 번성하였고, 매우 다양한 모습으로 나타나게 되었다.

완두콩을 인공적으로 교차 수분한 최초의 기록은 1787년 영국의 식물학자이자 원예가인 토머스 앤드류 나이트(Thomas Andrew Knight)가 남겼다. 그가 개발한 품종들은 조상이 되어 이후 새 품종으로 끝없이 이어졌다. 19세기 서유럽과 미국은 완두콩을 강박적으로 재배했다. 농부, 식물 재배사, 아마추어로 구성된 다양한 집단이 수백 종의 다양한 품종을 개발했다. 빅토리아 시대, 영국의 사람들은 부유하든 가난하든 완두콩을 기르고 보여주고 먹는 것을 좋아했다. 혁명 이후 프랑스 시민과 미국 시민들, 특히 자신의 새로운 열정에 투자하는 것을 더없이 기뻐했던 사람들처럼 그랬다. 소박한 완두콩 교배가 많은 사기꾼과 도둑들에게 이토록 많은 흥미를 주었다는 것은 놀랄 일이 아니다. 이들은 서로를 속이고 순진한 대중을 속였다.

진지한 식물 교배가 이후 백 년 넘게 이어졌다. 19세기 말 미국 농무부(USDA)는 상업적으로 재배되는 완두콩 품종이 총 408개라고 기록했다. 1983년에는 그 수가 25개로 줄어 90퍼센트가 사라졌는데, 이렇게 유전적 다양성이 감소하는 것은 완두콩만이 아니다. 모든 식용 작물이 비슷한 상황이며, 이는 인간 생존에 실존적 위협을 주고 있다.

신원을 오인한 사례

네 편의 키 큰 완두콩 이야기 중 두 번째 이야기는 상품을 판매할 때, 왜 진실이 좋은 이야기를 방해하게 놔두면 안 되는지를 완벽하게 보여준다. 이상하고 대단한 야채를 재배하며, 씨앗을 보관하고, 동료 정원사들과 씨앗을 공유하는 사람은 나 한 명만이 아니다. 또 다른 사람으로 리암 가프니(Liam Gaffney)가 있다. 그는 스코틀랜드에 사는 아일랜드 사람으로, 그와 나는 여러 해 동안 채소 씨앗을 교환했다. 하루는 그가 아일랜드 종자 보존 협회(Irish Seed Savers Association)에서 아일랜드 완두콩을 받았는데, 몇 개 재배해보겠느냐고 물었다. 아일랜드 종자 보존 협회는 아일랜드의 식량 작물 유산을 보존하는 데 헌신하는 훌륭한 종자 도서관이다. 그가 준 품종 중 하나는 대니얼 오로크(전형적인 아일랜드 사람 이름)라는 이름으로 통하는데, 1800년대 초 코크주(아일랜드 최남단 카운티[역주])에서 유래한 것으로 추정된다. 아일랜드 종자 보존 협회는 이 콩이 위대한 러시아 종자 수집가인 니콜라이 바빌로프(Nikolai Vavilov, 1887-1943)가 1921년에 페트로그라드(현재의 상트페테르부르크)에 있는 자신의 도서관에 보관했던 진짜 아일랜드 유산 품종이라고 주장했다. 이 사실은 진실이 되기에 매력이 없는가? 나는 스스로 질문을 던져 봤다. 바빌로프가 아일랜드에 방문해서 이 완두콩을 재배하던 아무개에게서 씨앗을 받아온 걸까? 그 아무개 씨의 이름이 오로크였을까? 아니면 오로크 씨가 페트로그라드의 종자 도서관에서 그 씨앗을 가져간 것일까? 식물 재배사라면 그런 일을 하고도 남는다. 진짜다. 바빌로프는 여러 지역을 여행했지만, 아일랜드에 갔다는 기록은 없다. 그게 정말 가지 않았다는 뜻은 아니겠지만 말이다.

추가 조사 끝에, 나는 아주 다른 이야기를 발견했다. 이 특별한 완두콩은 미국에서 온 것 같다. 당시 영국의 씨앗 장수였던 제프리 찰우드(Geoffrey Charlwood)는 이 완두콩을 육종한 사람이 메사추세츠주의 웨이트(Waite) 씨이며, 그가 이 품종을 1853년에 영국에 팔았다고 말했다. 장사 수완이 좋았던 웨이트 씨는 이 완두콩에 1852년 경마 대회 우승 말인 대니얼 오로크의 이름을 붙였다. 오로크는 영국 순종으로 아비 말이 아일랜드계였다. 하지만 영국 북동부의 더럼주에서 자랐고 훈련을 받았기 때문에 완벽한 아일랜드 말이라고 할 수는 없었다. 경마와 새로운 품종을 기르는 것 모두에 열광하는 나라에서 아주 기민한 마케팅 술책을 쓴 것이다! 그 후 여러 해 동안, 완두콩을 기르는 사람들은 대니얼 오로크가 당시 또 다른 유명 품종인 상스터 1호(Sangster No.1)의 또 다른 이름이 아닌지 의심했다.* 상스터 1호는 아일랜드 슬라이고주의 리사델에서 온 아일랜드인 조셉 상스터(Joseph Sangster)가 육종한 품종이었다. 내가 보기에 사실은 상스터가 대니얼 오로크를 손에 넣은 뒤 다시 이름 붙였을 가능성이 매우 높다. 이름을 다시 붙이는 건 당시 재배사와 씨앗 장수들 사이에서 매우 흔한 일이었다. 웨이트 씨는 대니얼 오로크가 또 다른 미국 품종인 얼리 벌링턴(Early Burlington)과 초기 순수 미국 품종 중 하나인 랜드레스 엑스트라 얼리(Landreth's Extra Early) 사이에서 교배해 나온 것이라 주장했다. 대니얼 오로크는 상업적으로 큰 성공을 이뤘다. 처음 판매되었던 영국에서도 그랬고, 이후 미국에서도 대성공이었다. 처음

* 다른 품종과 같다고 여겨지는 식물 품종은 같은 특징과 일반적인 특성들을 공유한다. 즉, 같은 품종인데 다른 이름이 붙은 것이다.

소개되고 30년이 지났지만, 여전히 매우 인기 있고 어디에서나 구할 수 있는 최고의 요리용 완두콩으로 여겨진다.

1868년까지 영국판 대니얼 오로크와 미국판 대니얼 오로크가 모두 판매되고 있었는데, 그렇다면 아일랜드 종자 보존 협회에서 말하는 품종은 어느 나라 것인가? 만약 바빌로프가 대니얼 오로크를 구한 거라면, 1920년대에 미국을 여행 중일 때 얻었을 가능성이 가장 높다. 그때 그가 여러 가지 식량 작물의 씨앗을 아주 많이 수집했기 때문이다. '개량된' 대니얼 오로크는 1893년 시카고에서 열린 세계 박람회에서 재배되었다. 박람회는 크리스토퍼 콜럼버스가 지금의 바하마에 상륙한 지 400년이 된 것을 기념하는 자리였다. 개량 전 대니얼 오로크와 비교했을 때 변화가 거의 없었다. '개량된' 품종은 개량 전 특성과 일치했다.*

빅토리아 시대의 육종가들은 대니얼 오로크와 상스터 1호와 또 다른 유사 품종 사이의 차이점을 알아내려고 노력했다. 다른 유사 품종으로는 얼리 프린세스(Early Princess), 잉글리쉬 스타워트(English stalwart), 프린스 알버트(Prince Albert) 등의 완두콩들이 있었다. 19

* 품종은 식물 육종가들이 판매를 늘리기 위해 개량하곤 했다. 종종 이러한 '개량'은 보다 일관된 특징을 낳았는데, 많은 수확량과 적은 변동성을 위해서였다. 대부분의 경우 원래 품종의 주요 특징들은 물질적으로 어떻게도 개선되지 않았지만, 개량했다는 이유로 씨앗 공급업자는 어떤 형태로든 소유권을 주장할 수 있었다. 또 다른 일반적인 판매 수법은 이름을 앞뒤로 바꾸는 것이었다. 특히 스위트피(콩과의 원예 식물역주) 육종가들 사이에서 흔한 일이었는데, 이는 매년 새로운 품종을 내놓기 위한 수단이었다. 예를 들어, 핑크 로즈는 다음해 로즈 핑크가 된다.

세기가 끝나갈 무렵, 당시 미국의 저명한 씨앗 상인이었던 데이비드 랜드레스 주니어(David Landreth Jr.)는 개량 전 대니얼 오로크와 그의 아버지인 엑스트라 얼리를 자신의 아이다호 연구소에서 함께 길렀는데, 차이가 거의 없었다고 주장했다. 덴마크 연구원인 스벤드 에릭 닐슨(Svend Erik Nielsen)은 최근 분석을 통해 대니얼 오로크가 실제로 상스터 1호의 다른 이름이라는 사실을 분명히 지적했다. 아마도 드디어, 사건이 해결되었다.

내가 대니얼 오로크와 이 이야기에서 정말 좋아하는 점은, 대니얼 오로크가 정말 맛있고 기르기 쉽고 열매를 많이 맺는다는 점 외에도, 미약한 연관성만 있는 국가가 이 완두콩을 자기 나라 것이라고 주장했다는 것이다. 다른 품종들이 아주 비슷하고 심지어 똑같기도 한데, 왜 대니얼 오로크만 특별하게 취급되는 걸까? 대니얼 오로크는 미국 식물 재배의 보물로 선보여졌지만, 시카고에서 열린 세계 박람회에서 그 위상이 정점에 오르고 약 40년 뒤 바빌로프는 이것이 아일랜드 품종이라고 추정했다. 그리고 왜 대니얼 오로크는 더 이상 생산되고 있지 않을까? 아마도 치열하디 치열한 식물 재배 세계에서 대니얼 오로크는 그저 경쟁력을 잃었고, 그래서 씨앗 상인들이 기르지 않는 것인지도 모른다. 키 큰 완두콩들은 키 작은 품종으로 대체되고 있다. 키 작은 품종이 상업적으로 작물을 기르는 사람들 입장에서 더 쉽게 수확할 수 있고, 정원이나 시민 농장(시에서 개인에게 임대해주는 경작지[역주])에서도 더 인기 있기 때문이다. 그렇다, 대니얼 오로크는 맛있다. 하지만 내가 먹어본 완두콩 중에 최고는 아니다. 이 완두콩의 특별한 아름다움은 나중에 공개하겠다. 그러나 대니얼 오로크는 안전하다. 누구나 아일랜드 종자 보관 협회에 가입하면 쉽게 기를 수 있고 협회를 통해 씨앗을 구매할 수도 있다.

복잡해지는 이야기

재배되고 있는 수백 종의 품종 대다수가 공통된 특징을 가지고 있었을지도 모르지만, 맛이 어땠는지는 추측만 할 수 있다. 대니얼 오로크의 이야기에서 봤다시피, 같은 품종의 완두콩이 재배하는 사람에 따라 다른 이름을 부여받았다. 당시 재배사들이 세계를 휩쓸던 정원 완두 열풍으로부터 이익을 얻고자 했기 때문이다. 이러한 수백 종의 품종의 기원과 독특한 특징에 관한 이국적인 이야기들은 매혹적이었고, 잘 속는 재배사들을 사로잡아 부도덕한 판매자들에게 현금을 벌어다 주었다. 이와 관련해 좋은 예시가 있는데, 영국 대영박물관이 19세기 초 획득한 밀폐된 항아리에서 쪼글쪼글한 완두콩 몇 개를 '발견'한 일이 있었다. 이 항아리는 이집트 파라오 무덤에 3,000년 동안 숨어 있었고, 이 '사실'은 1844년에 널리 알려졌다. 당시 악명 높은 사기꾼인 윌리엄 그림스톤(William Grimstone)이라는 사람이 있었는데, 그는 하이게이트(런던 북부 교외 지역역주)에서 허버리(Herbary)라는, 매우 수상한 채소 농원을 운영하며 이국적인 만병통치약을 팔았다. 그러면서 다른 재배사들은 실패했지만 자신은 마지막으로 살아남은 완두콩 세 개 중에서 하나를 싹 틔웠다고 주장했다. 몇 년 안에 그는 그 완두콩 하나에서 충분히 많은 씨앗을 얻었고 열광하는 대중에게 팔았다. 사람들은 기꺼이 그 이상한 식물에 돈을 지불했다. 하지만 얼마 가지 않아 런던 원예 협회(Horticultural Society of London)는 그림스톤의 사기 행각을 눈치챘다. 속은 구매자들은 그림스톤이 판매한 이집트 완두콩이 대단한 것이 아니고 당시의 큰 완두콩(알이 커서 붙은 이름이다)과 닮았다고 불평했다. 1849년 런던 원예 협회는 그림스톤의 완두콩을 곧이곧대로 이름 붙인 잔가지 큰 완두콩(Dwarf Branching Marrowfat)과 비교 실험을 했다. 두 품종은 동일한 것으로 드러났다. 그러나 이 충격적인 소식은 그림스톤의 사업에 큰 영향을 주지 못했다. 마치 완두콩에 미친 재배사들을 만족시켜주는 '새로운' 유형이 끝도 없이 공급되는 듯했고, 그는 판매를 계속했다.[4]

1861년 런던 원예 협회는 왕립 원예 협회로 이름을 바꾸면서 당시 나오던 모든 완두콩을 시험하기로 결정했다. 협회에서 재배한 235개 품종 중 11개 품종만이 생김새, 성장 습성, 맛으로 평가했을 때 가치가 있었고, 그 품종 중 하나인 챔피언 오브 잉글랜드(Champion of England)는 지금도 상업적으로 판매되고 있다. 결국 씨앗을 가지고 있던 유산 종자 도서관과 원예사들 덕분에 우리 삶으로 다시 돌아온 것이다. 또 다른 품종인 잉글리쉬 스타워트 프린스 알버트(English stalwart Prince Albert)는 미국에서도 인기가 좋으며, 토머스 제퍼슨(미국 제3대 대통령역주)의 버지니아주 농장인 몬티첼로에서도 자라고 있다. 이 품종은 여전히 몬티첼로의 기념품 가게에서 살 수 있다. 제퍼슨은 프린스 알버트가 다른 정원 완두인 얼리 프레임(Early Frame)과 다르지 않다고 생각했다. 하지만 미국 음식 역사가이자 작가인 윌리엄 오이스 웨버(William Woys Weaver)는 프린스 알버트가 더 키가 크고, 오히려 그 시대 매우 인기 있었던 또 정원 원두인 얼리 찰튼(Early Charlton)과 같다고 주장했다. 왕립 원예 협회 때문에 혼란은 더욱 심해졌다. 협회는 얼리 찰튼이 키가 3피트(약 90센티미터역주) 밖에 되지 않는다고 묘사했지만, 다른 곳에서는 5피트나 6피트까지(약 150~180센티미터역주) 자란다고 묘사했다!

전 세계의 재배자들이 경쟁했지만, 부러움을 사는 건 단연 영국이었다. 재배에 아주 적합한 기후였기 때문이다. 미국 농무부의 1937년《농업 연감(Yearbook of Agriculture)》에서 미국의 유전학자인 B.L. 웨이드(B.L. Wade)는 "영국의 기후가 특히 꼬투리가 큰 고품질의 시장 정원 원두를 생산하는 데 유리하다"고 인정했다.

다채로운 출처의 완두콩

씨앗 탐정으로서 종종 모순되고 어긋나는 이야기를 풀어내다 보면 술이 당긴다! 키가 큰 완두콩 이야기, 그 세 번째를 풀어보겠다. 동료 씨앗 보존자인 네덜란드인 헤릿 오스캄(Gerrit Oskam)이 깍지완두 품종인 주네 드 마드라스(Jaune de Madras)에 대해 이야기한 적이 있다. 그는 네덜란드 위트레흐트에 있는 에덴 궁정 유전자 은행에서 씨앗을 받았다고 했다. 유전자 은행은 연구와 개발을 목적으로 식물을 정기적으로 공유한다. 주네 드 마드라스는 참 흥미로운 씨앗인데, 어떻게 마케팅의 힘이 사실과 허구와 추측을 섞어서 우리의 뿌리와 상관없이 정체성을 건드리는 이야기를 만들어낼 수 있는지를 보여주는 훌륭한 사례였기 때문이다. 헤릿은 이 특별한 완두콩이 몇 년 전 종자 도서관들 사이에서 공유되었고, 한 미국인 육종가의 '개선된' 품종을 위한 기초가 되었다고 말했다. 나의 탐정 촉이 발동하는 것 같았다. 두 가지 면에서 궁금증이 일었다. 첫 번째는 헤릿의 말대로 주네 드 마드라스가 환상적인 맛인지 이 알고 싶었다. 두 번째로는 이 완두콩이 어디에서 유래되었고 어떻게 그 이름을 얻게 되었는지 알고 싶었다.

주네 드 마드라스는 프랑스에서 개발된 품종으로, 유명한 종자 회사인 빌모랭 앙드리외(Vilmorin-Andrieux)가 19세기 중반 완두콩 기르기 열풍이 불 때 개발한 것이다. 그레고어 멘델(Gregor Mendel, 1822-1884)이 유전학 연구를 위해 재배한 것으로 추정되는 완두콩 중 하나이기도 하다. 주네 드 마드라스가 출현한 배경과 이름을 얻은 경위를 추측한 글들을 보면, 이 완두콩은 인도에서 유래된 것으로 보인다. 사실 빌모랭 앙드리외가 그렇게 주장했고 그 추측은 설득력이 있어 보이는데, 왜냐하면 인도 사람들은 완두콩을 수천 년 동안 재배해오고 있기 때문이다. 마드라스 노란색 점판암은 인도에서 채석되고, 공식적인 마드라스 노란색 컬러 팔레트는 내 눈에는 노란색보다 녹색에 가까워 보인다. 주네 드 마드라스를 '개량한'(것이라고 불리는) 미국판 골든 스위트(Golden Sweet)는 비슷한 시기에 육종됐지만 몇 년 지나서야 판매되었는데, 이 품종 역시 몇몇 사람들은 인도에서 온 것이라고 주장한다. 사건의 가닥이 복잡해진다.

이 이야기에 흥미를 느낀 나는 주네 드 마드라스를 길렀고 실망하지 않았다. 먹어본 것 중에 가장 맛있는 깍지완두였고, 내가 씨앗을 나눠준 모든 사람들이 동의했다. 때는 2015년이었다. 이때 나는 처음으로 골든 스위트도 발견했다. 골든 스위트가 갑자기 한 번 더 시장에 나온 것이다. 유산 품종과 가보 품종을 판매하는 전문 종자 회사들은 골든 스위트가 희귀하고 독특하다고 주장하며 이것이 19세기 후반 미국에서 개발된 것이라고 덧붙였다. 주네 드 마드라스에 대한 언급은 없었지만, 나는 프랑스와의 관계를 인정하면 국가적 자존심이 상하기 때문이라고 추측할 뿐이었다. 나는 골든 스위트와 주네 드 마드라스가 얼마나 다른지 꼭 알아보고 싶었고, 그래서 이듬해 두 품종을 나란히 키웠다. 같이 놓고 봤을 때 주네 드 마드라스가 더 예쁘기는 했는데, 줄기가 더 노랗고 어린 꼬투리는 더 반투명에 가깝고 맛도 더 좋았기 때문이다. 하지만 두 품종의 재배 습성은 같았고, 비록 비과학적인 재배와 관찰이었지만 꼬투리와 꽃에서는 뚜렷한 차이를 나타내지 않았다. 그래서 나는 스스로에게 물었다. 이름 없는 미국인 육종가는 주네 드 마드라스의 어떤 점을 '개선하여' 세상에 골든 스위트를 선보인 걸까? 아마도 간단한 일이었을 것이다. 뛰어난 프랑스 품종에 다른 이름을 붙여 새로운 국적, 즉 미국 국적을 부여한 뒤 시장에서 더 매력적으로 보이길 바랐을 것이다. 적어도 미국인들은 자신들이 이 천상의 노란색 깍지완두를 '발견했거나' 처음 육종했다고 주장하지 않는다. 그런데 어느 쪽이 이름이 더 그럴 듯하게 들리는가? 골든 스위트? 주네 드 마드라스? 나는 후자가 더 좋다. 어쨌든 미국인 육종가들은 유행을 따라 품종에 거의 손을 대지 않고도 다른 모습을 보여줄 수 있는 방식으로 상업적 이익을 얻으려 했을 것이다. 이 완두콩이 인도에 뿌리를 두고 있다는 믿음이 사실이라면, 인도에서는 원래 어떤 이름으로 불렸을까?

아쉽게도 주네 드 마드라스와 그 자손의 기원에 대한 모든 정보는 모순과 추측으로만 가득하다. 인도에서 수천 년 동안 재배된 전통적인 품종들은 씨앗이 둥글고 렌틸콩과 병아리콩처럼 마른 상태로 사용했다. 17세기 유럽 식민지 열강이 침범한 이후에서야 껍질째 먹는 완두콩과 깍지완두가 널리 재배되었다. 17세기와 18세기 동안 프랑스 식민지 열강은 무역 기지를 설립하고 코로만델 해안을 따라 인도 남동부 지역 곡물을 통제했다. 오늘날의 첸나이(옛 마드라스) 지역도 포함되었다. 한 세기가 넘게 이 거대한 땅을 두고 영국과 프랑스는 끊임없이 싸웠고, 결국 1749년 영국이 통치하게 되었다. 18세기 말까지 마드라스로 알려진 이 지역에서 어떤 색깔의 토종 완두콩이 자랐다는 현대 기록은 없다. 때문에 아마도 지리 문제로 주네 드 마드라스가 그 이름을 갖게 되지는 않았을 것이다. 이 완두콩은 결국 프랑스가 인도를 떠난 지 오래인 19세기에야 프랑스 사람들의 텃밭에 처음 등장했기 때문이다. 나는 발모랭 앙드리외의 한 똑똑한 직원이 영업에 도움이 되기 위해 이 노란색 깍지완두의 뒷이야기를 만들어냈다고 생각하고 싶다. 마드라스 카레도 이름을 제외하면 인도와 아무 관련이 없다. 마드라스 카레는 영국 요리사가 발명하여 19세기 중반 런던 레스토랑에 등장한 것인데, 이 시기는 주네 드 마드라스가 영국 완두콩 마니아들 사이에서 통용되던 시기와 일치한다. 사건 해결.

사라지기 직전에 구해내다

세렌디피티(우연한 발견이나 기쁨역주)는 씨앗 사냥에서 큰 역할을 한다. 나는 이 세렌디피티 덕에 네 번째 키 큰 완두콩을 만났다. 가본 적 없는 나라를 여행할 때면 항상 뭔가 독특하고 맛있는 것을 만날지도 모른다는 큰 기대를 품는다. 그래서 매우 특별한 유럽 완두콩을 우연히 발견했을 때 아주 기뻤다. 나는 2014년 가로트하(Garrotxa)라고 알려진 카탈루냐 지역에서 휴가를 보내고 있었다. 이 지역은 피레네 남부의 일부인데, 스페인의 대부분 지역과 마찬가지로 음식 문화에 대한 자부심이 아주 강한 곳이다. 숙소 주인에게 지역 채소 품종을 찾고 싶다고 말하자 그는 내게 나와 관심사가 같은 헤수스 바르가스(Jesus Vargas)를 소개해주었다. 그가 운영하는 작은 유기농 농장은 이 지역의 목가적인 언덕 아래에 둥지를 틀고 있었다. 그는 150여 가지 품종의 채소를 길렀고 품종 대부분이 카탈루냐와 스페인 북부 토종 품종이었다. 나는 그의 채소밭을 이리저리 걷다가 우연히 완두콩이 주렁주렁 매달린 곳을 발견했다. 덩굴은 땅을 헤집고 다녔고 키가 표현하기 어려울 정도로 컸다. 때는 5월 중순이었고, 덩굴은 길고 통통한 꼬투리들로 가득해 묵직했다. 그냥 지나칠 수 없는 광경이었다. 커다란 생 완두콩은 정말 맛있었다. 꼭 씨앗을 갖고 싶었다. 대부분 종자 보존자들이 그렇듯 관대한 헤수스는 기쁘게도 씨앗을 잼 병에 가득 담아 주었다. 그의 아내의 할아버지가 직접 육종시켰고, 자신의 아내의 이름을 따서 아비 조안(Avi Joan)이라고 불렀다. 이 완두콩은 진짜 가보였다. 애정이 담긴.

내가 헤수스를 만나 이 소중한 수확물을 받기 전까지, 그는 이 세상에서 이 놀라운 완두콩을 기르는 유일한 사람이었다. 지금 이 완두콩은 내가 가장 좋아하는 콩이다. 집으로 돌아온 나는 아비 조안 묘목을 숲에 심었다. 그러고는 개암나무로 만든 7피트(약 210센티미터역주) 높이의 완두콩 막대기들을 숲에 꽂아두었다. 묘목은 처음에는 키가 아주 작았지만, 3피트 넘게 자라며 높이 올라갔다. 덕분에 나는 열매를 더 쉽게 딸 수 있었다. 이 완두콩은 놀랍게도 꼬투리가 다 성숙했을 때 수확해도 여전히 달고 매우 맛있다. 나는 다른 재배사들에게 씨앗을 나눠주었고, 이 나눔 덕에 지금 아비 조안은 영국 전역의 수십 개 정원에서 재배되고 있다. 헤수스의 할아버지는 뛰어난 식물 육종가이자 식물 애호가였다. 지난 수백 년 간 지극히 신성한 작물들로 우리 식생활을 풍부하게 해준 여러 인물들 중 한 사람이다. 이 장에 이미 등장했던 많은 사람들과 달리, 그는 진정한 육종가였다. 카탈루냐의 음식 문화는 이웃 국가들과 마찬가지로 독특한 사회 역사의 중심에 있다. 나는 헤수스에게 내게 씨앗을 나눠주기 전에 죽었더라면 어떠했을지 물었지만, 그는 대답이 없었다. 감사하게도 아비 조안은 세대를 걸쳐 세상에 남아 있을 수 있게 되었다.

다음 세대

글로벌 종자 기업과 식물 육종업자들은 대량 생산을 위해 끊임없이 새로운 품종의 완두콩을 생산하고 있지만, 여전히 계속 전통적인 방법으로 새로운 품종을 만드는 개별 육종가들이 있다. 오늘날에는 보라색을 띠는 현대 품종 깍지완두가 널리 판매되고 있다. 이름은 스프링 블러쉬(Spring Blush)로 전통적인 방식으로 재배하는 뛰어난 미국인 육종가인 앨런 카풀러(Alan Kapuler) 박사가 신중하게 선택한 결과물이다. 그는 오리건에서 농사를 짓고 있다. 나는 그에게 그의 새로운 완두콩 뒤에 숨겨진 이야기를 물었고, 그는 놀라운 시행착오의 여정을 들려주었다. 그는 스프링 블러쉬를 얻기까지 여러 새로운 품종들을 연달아 길러야 했다고 했다. 그의 이야기는 그다지 협조적이지 않았던, 세계에서 가장 큰 식물 육종 기업 중 하나를 만나면서 시작된다. 노드럽 킹 종자 회사(Northrup King Seed Company)는 미국에서 가장 오래된 종자 회사 중 하나로, 무시무시한 명성을 가지고 있다. 1970년 획기적인 판전승을 거둬 씨앗을 상표로 등록했고 소규모 생산자들을 희생시켰다. 이 회사는 앨런이 자신들의 품종인 슈가 스냅 덩굴 완두(Sugar Snap Vine Pea) 씨앗을 사서 유기농으로 재배한 것을 먹도록 허락하지 않았다. 그래서 앨런은 스스로 문제를 해결해야 했다.

만약 노드럽이 씨앗을 팔지 않는다면, 앨런은 갖고 있는 씨앗을 육종해야 했다. 먼저 그는 새 품종을 만들기 위해 완두콩을 교잡하는 방법을 배웠다. 그에게 성경과도 같았던 글은 영어로 번역된 그레고어 멘델의 논문이었다. 이 논문은 멘델이 완두콩을 연구하며 쓴 유전형질에 관한 글로, 1900년 처음 출간된 것이었다.* 이 글에서 앨런은 완두콩 꽃을 자세하게 그린 그림을 발견했고 교잡하는 방법을 배웠다. 자극을 받은 앨런은 완두콩을 육종하며 200년 역사의 미국 전통을 이어갔다. 8년간의 작업 끝에 그가 개발한 완두콩인 스프링 블러쉬가 대중적으로 판매되기 시작했다. 스프링 블러쉬는 노드럽이 앨런에게 판매하는 것을 거부했던 슈가 스냅 덩굴 완두와 다르지 않다. 이 품종은 자연 수분하기 때문에, 이 사랑스러운 깍지 완두를 기른다면 누구나 직접 씨앗을 얻을 수 있다.

앨런 카풀러와 같은 사람들에게서 내가 감명을 받는 부분은 여전히 새로운 품종의 완두콩을 개발하는 뒷마당 재배사들이 있다는 점이

* 현대 유전학의 아버지로 알려진 멘델은 유전의 과정을 이해하기 위해 완두콩을 배양하고 교잡했다. 그의 논문인 〈식물 교잡에 관한 실험(Experiments on Plant Hybridization)〉은 1865년에 출간되었다. 논문에는 완두콩 꽃에서 꽃가루와 씨눈을 추출하는 기술에 대한 상세한 설명이 담겨 있다.

다. 이들은 영국 식물학자인 토머스 앤드류 나이트의 발자취를 따른다. 그는 1787년 잡종 완두콩을 만들었는데, 아마도 이것이 어떤 작물을 인공적으로 교차 수분한 첫 사례일 것이다.[5] 오늘날 작물 육종이라는 이 전쟁터는 더 이상 품종을 표절한 '개량' 품종에 새 이름을 짓지 않는다. 한쪽에서는 거대 종자 생산 기업들이 그들의 새 품종이 특허받기를 바라지만, 이는 오직 유전자 정보의 자유로운 흐름에 의해서만 가능하다. 이 품종들은 자라서 냉동된 채 캔에 보관되어 거래된다. 균일하고 재배가 빠르며 동시에 수확할 수 있다. 하지만 오랜 시간이 걸려 작물이 성숙하기를 바라는 원예사들에게는 별로 쓸모가 없다. 주요 종자 생산자들의 반대편에서 일부 재배사와 육종가들은 자연 수분으로 나온 유산, 가보, 전통 품종을 기르며, 식물 육종의 '정보가 공개되어' 모두와 창작품을 나눌 수 있어야 한다고 믿고 있다. 앨런 카풀러가 그랬듯이 말이다. 이런 사람들이 계속 이어지기를 바란다.

집을 멀리 떠나온 누에콩

죽은 자의 영혼들은 그들 안에 갇혀
지옥문과 닮았다고 여겨졌다.
- 펠레그리노 아르투시(Pellegrino Artusi, 1820-1911),
《부엌의 과학과 잘 먹는 기술
(Science in the Kitchen and the Art of Eating Well, 1891)》 중

끝없이 이어지는 도로 점검에 짜증이 났다. 몇 마일마다 아주 작은 마을의 입구와 출구에는 가죽 재킷을 입은 예비군들이 AK47 소총을 들고 있었고, 고대 유물 같은 엽총을 든 청년들은 엉성하게 바리케이트를 치고 있었다. 청년들은 정중하지만 끈질기게 서류를 보여달라고 했다. 2011년 봄 시리아에서 있었던 일이다. 억압받는 국가에서 일어난 첫 저항은 정말이지 매우 형편없는 정권에 의해 무자비하게 다뤄지고 있었다. 오랫동안 많은 전쟁 지역에서 영화 제작자로 일한 나는 총을 보고 특별히 겁먹지는 않았다. 그럼에도 불구하고 그 경험은 몹시 불쾌했다. 나는 당시 시리아에서 만난 모든 이들에게 긍정적인 기운을 전하고 싶었다. 그들은 아사드(Assad) 대통령이 개혁을 통해 반대세력을 품기를 바랐지만, 슬프게도 우리 모두는 실망하고 말았다. 당시 나는 지역 채소 품종을 궁금해하고 알아가는 과정에서 수천 년 동안 영국 음식 문화의 일부였던 어떤 것과 여러 번 마주하게 될 줄은 정말 몰랐다.

2011년 시리아에서는 식물 육종이 활기차고 매우 중요한 분야였다. 성공한 종자 기업들이 엄청난 양의 지역 채소 품종들을 생산하고 있었다. 이렇게 판매되는 씨앗에 관심이 생긴 나는 수천 년 전으로 거슬러 올라가 이것들이 처음 재배되었던 시기의 이야기를 들려줄 유산과 가보 품종을 찾고 싶었다. 시리아는 아사드 대통령이 내전을 감행하기 전, 중동의 곡창 지대로 비옥한 초승달의 중심이었다.

시리아 사람들이 가장 좋아하는 것

잠두콩 또는 누에콩인 비셔 파바(Vicia faba)는 세계에서 가장 오래 재배된 작물 중 하나이며, 내가 키우고 싶은 목록 맨 위에 있었다. 시리아를 여행하는 동안 팔미라라는 곳에 갔는데, 그곳은 시리아 중심에 있는 고대 로마 도시로 끝없는 관목과 산과 사막으로 둘러싸인 웅장한 오아시스다. 도착했을 때, 팔미라에는 관광객이 전혀 없었다. 시리아에 오지 말거나, 왔다면 가능한 한 빨리 떠나라는 경고가 있었기 때문이다. 그래서 우리는 이 놀라운 도시를 거의 독점할 수 있었다. 폐허로 남은 이 고대 도시 옆에는 텅 빈 레스토랑이 있었다. 전형적인 관광지 뷔페를 제공했는데 누에콩 샐러드가 포함되어 있었다. 누에콩은 연두색이었고 내 엄지손가락보다 더 크고 맛있었다. 나는 주방장을 찾아가서 집으로 가져가서 재배해볼 수 있는 말린 콩이 있는지 물었다. 주방장은 흔쾌히 한 움큼을 주었다. 당신도 짐작하겠지만, 이날 받은 누에콩은 지금 내 정원에서 행복하게 자라는 중이다. 주방장은 이 콩을 이 오아시스에 있는 자신의 농장에서 수년간 재배했는데, 그의 아버지와 할아버지도 그랬다고 말했다.

시리아는 인류가 처음 작물화한 여덟 가지 농작물의 원산지다. 기초 곡물(Founder Crops)이라고 알려진 이 여덟 개는 외알밀, 에머밀, 보리, 완두콩, 렌틸콩, 병아리콩, 아마, 그리고 비터베취다. 비터베취는 잠두콩과 아주 가깝다.[1] 기초 곡물이 작물화된 건 12,000년 전이다. 그 흔적을 보여주는 가장 초기의 고고학적 유적지 중 한 곳은 알레포(시리아 할라브주의 주도[역주])에서 동쪽으로 75마일(약 120킬로미터[역주]) 떨어진 유프라테스강의 남쪽에 있는 정착지, 델 아부 흐레야다. 이곳에 사람들이 정착한 것은 거의 13,000년 전으로 거슬러 올라간다. 이곳에서 발굴된 콩은 거의 만 년 전의 것으로 밝혀졌다. 안타깝게도 이 엄청난 장소는 1974년 타브카 댐이 완공된 뒤 아사드 호수에 침수되었다.

현재까지 잠두콩의 부모는 아직 발견되지 않았다.[2] 토종 야생 콩은 멸종된 것으로 보이는데, 사실 놀랄 일은 아니다.[3] 수많은 세대를 거치면서 농부들은 다음 해 수확을 위해 최고의 콩을 선택했을 것이고, 이익이 덜한 야생 품종은 포기했을 것이다. 그런 모습이 머릿속에 그려진다. 왜냐하면 야생 품종은 터지기 쉽기 때문이다. 어디가 터지냐면, 콩이 마르고 익을 때 씨앗 꼬투리가 툭 터진다. 농부들은 새로운 품종을 육종해 터지지 않는 꼬투리를 얻고자 했다. 아마도 언젠가 어느 겁 없는 식물 사냥꾼이 북부 시리아나 아나톨리아 또는 이라크의 사람이 살지 않는 불모지를 탐색하다가 고립되어 있던 야생 잠두콩 개체군을 우연히 발견하게 될지도 모른다.

잠두콩 또는 누에콩이 언제 어디에서 탄생했는지에 대한 논쟁은 아직 진행 중이다. 수천 년 동안 남아시아를 포함한 지역에서 여러 번 생산하려고 시도했을 수 있다.[4] 수천 년 동안 이 놀라운 콩이 재배되었고, 작물화하는 과정에서 수많은 지역적 적응이 있었을 것이다. 팔미라는 2,300년도 더 전에 설립된 도시이고, 내가 주방장에게 받은 콩이 수많은 세대를 거쳐 지역에서 생산된 품종이라는 것을 의심하지 않는다. 자연 철학자인 플라이니 디 엘더는 오아시스 주변 토양이 비윤하다고 표현했다. 뒷받침할 증거는 없지만, 나는 내가 집으로 가져온 그 큰 콩이 현재 경작되고 있는 품종 중 가장 오래된 품종일 거라고 상상하기를 좋아한다. 짧고 통통한 꼬투리 안에서 씨앗이 최대 세 개 나오는데, 그 점이 다른 고대 품종과 유사하다.

수 세기에 걸쳐 육종하면서 농부들은 큰 꼬투리 안에 더 많은 씨앗을 가지고 있는 씨앗을 선택했다. 그래야 수확하고 요리할 가치가 있기 때문이었다. 꼬투리가 짧은 잠두콩은 필드빈으로도 알려져 있다. 필드빈은 영국에서 주로 사료 작물로 재배되며, 중동으로 수출하는 건 사람이 소비하기도 한다. 필드빈 씨앗은 내가 팔미라에서 얻은 것보다 훨씬 크기가 작다. 영국에서 생으로 먹는 모든 종류의 잠두콩(fava bean)은 누에콩(broad bean)이라고 불리는데, 왜 그렇게 불리는

지 어원은 불분명하다. 라틴어로 콩은 파바(faba)이고, 이탈리아어 파바(fava)는 1896년에 '넓다(broad)'는 의미의 영어 단어로 쓰이게 되었다.[5] 많은 누에콩이 더 긴 꼬투리를 가지고 있고 그 안에 씨앗을 여덟 개까지 품고 있다. 더 많을 때도 있다. 나중에 시리아를 여행하면서 이런 유형의 멋진 콩을 보게 되었다.

나는 그저 내전의 재앙에서 살아남아 그 자리를 지키고 있는 팔미라 농부들이 회복력을 가지고 이 놀라운 콩을 계속 재배하고 수확할 수 있기를 바랄 뿐이다. 이 콩은 적어도 웨일스에 있는 내 작은 텃밭에서는 안전하다. 캐나다, 서유럽 및 영국 일부에 사는 시리아 난민들이 재배하고 있기도 하다. 그들에게 이 콩은 문화적 의미가 크며 요리의 기반이 된다.

또 다른 시리아 보석

다마스쿠스(시리아의 수도역주)는 사람이 계속 살아온 도시 중 가장 오래된 도시라고 알려져 있다. 일부 역사가들은 동의하지 않지만, 이 도시의 방대한 역사의 길이를 논하기는 어렵다. 아마도 노아의 자손들이 설립한 것으로 추정되며, 도시가 존재했다는 최초의 기록은 5,000년 전의 것이다. 3,500년 전 이집트 사람들은 이곳을 디마슈크주라고 불렀는데, 이는 다마스쿠스의 아랍어 이름이다. 알하미디야 시장과 올드 다마스쿠스의 골목길을 헤매는 것은 즐거운 일이다. 좁은 거리는 교통 소음과 아이들이 어린 누에콩을 높게 쌓은 큰 카트를 밀고 다니는 소리로 시끄럽다. 누에콩은 껍질콩처럼 전통적인 방식으로 요리해서 콩깍지까지 통째로 먹는다. 미로 속에서 나는 작은 상점을 발견했다. 상점은 소규모 농부들을 위해 완두콩, 콩, 렌틸콩 자루뿐만 아니라 지역에서 기른 씨앗 봉투도 팔고 있었다. 자루 중에는 내가 길에서 파는 걸 본 적이 있는 품종의 누에콩 씨도 있었다. 당연히 가게 주인은 기쁘게 내게 씨앗 몇 그램을 팔았다. 2011년 그 여행 이후 이 씨앗은 내 정원에서 꽤 많은 수확물을 생산하고 있다. 이 콩은 맛있다. 수확해서 껍질 채 먹어도 맛있고, 영국에서 흔히 그러는 것처럼 껍질을 벗겨서 먹어도 맛있다. 팔미라 콩 덕분에 시리아 문화와 음식 유산에 관한 멋진 사례와 팔미라 콩을 기르려는 난민들의 열정을 알릴 수 있었다.

동남아시아에서 발견한 보물

2015년 미얀마 북동부에서 씨앗 찾기 탐험을 하던 중 한 사랑스러운 할머니를 만났다. 할머니는 만달레이에서 중국으로 가는 길에 걸쳐 있는 시뻐(씨보, 띠보라고도 부른다편집자주)라는 마을에서 씨앗 가게를 운영하고 있었다. 가게 안은 놀라움으로 가득했다. 과거 버마라고 불리던 미얀마는 1824년부터 1885년까지 영국과 세 차례 전쟁을 치른 끝에 1886년 결국 영국의 식민지가 되었다. 이 사실과 영국인의 누에콩 사랑을 아는 나는 가게 계산대 한쪽 구석에 있는 작은 상자를 보고 흥미를 느낄 수밖에 없었다. 상자 안에는 검은색에 가까운 잠두콩이 약 100그램(3½온스) 들어 있었다. 가게 주인은 내게 그 콩들이 자기 정원에서 나온 것이라고 말했다. 이곳 농부들은 이 콩이 유행이 지났기 때문에 더는 기르지 않았고, 가게 주인도 다시 기를 생각이 없었다. 그녀는 그 콩을 밭에서 없애는 중이었기 때문에 기꺼이 씨앗을 내게 전부 주었다. 그런데 이 누에콩은 어떻게 시뻐까지 오게 된 것일까? 영국인이 버마로 가져온 오래된 영국 품종일까, 아니면 인도나 중국에서 온 진짜 샨족(미얀마 동북부 산지에 사는 민족[역주])의 가보 품종일까? 생물학 박사 과정 학생이 유전학 연구로 시도해볼 만한 괜찮은 주제 아닌가? 나는 이 콩이 영국에서 왔다고 생각했는데, 헛다리를 짚은 것이었다. 재래종 잠두콩은 로마 시대에 동아시아의 여러 지역에서 길러졌다. 나중에 설명하겠지만, 시뻐에서 구한 그 콩은 중국과 인도 국경 너머에서 자라는 품종과 밀접한 관계가 있을 가능성이 훨씬 더 높다. 그 씨앗의 색깔이 검은색인 것을 보니 아주 오래된 품종인 듯했다. 아주 초기에 재배된 잠두콩들의 씨앗이 모두 검은색이나 흰색이었기 때문이다. 지난 수백 년 동안 육종된 품종들은 황백색이거나 녹색이다. 더 알아내려면 직접 길러봐야 했다.

시뻐에서 집으로 가져온 콩들이 얼마나 싹을 틔울 수 있을까 우려했는데, 결국 겨우 스무 개 정도밖에 자라지 못했다. 씨앗은 보관한 지 오래된 만큼 겉모습도 오래되어 보였다. 이 콩은 선반 위에 보관된 채 열기가 끓는 여름부터 얼어붙을 듯한 겨울까지 큰 온도 변화에 노출되어 있었다. 따라서 몇 개라도 싹을 틔운 것이 기적이었다. 몇 주가 지나고 키 작은 식물들은 예쁜 보라색 꽃을 많이 피웠고, 이어서 짧고 통통한 꼬투리가 맺혔다. 그 안에는 씨앗이 각각 세 개씩 들어 있었다. 씨앗은 밝은 녹색이었고 말리고 난 후에는 올리브색이 되었다. 여러 해 동안 보관한 오래된 씨앗은 세월이 지나면서 색이 어두워지곤 한다. 결국 내 미얀마 콩은 고대 품종은 아니었지만, 버마의 진짜 가보인 것은 확실하다.

콩은 매우 맛있었다. 팔미라에서 온 먼 친척처럼, 나는 이 콩이 아주 오래된 가보로 원래는 재배 후 건조시켜 먹던 콩일 것이라고 추정했다. 사라질 위험 속에서 계속 재배되고 있지만, 어쨌든 내가 우연히 시뻐의 작은 가게에 들른 덕분에 꽤 오랜 기간 이 씨앗은 보존될 것이다. 나는 언젠가 신선한 씨앗을 가지고 돌아갈 것이다. 지역 재배자들이 다시 이 콩을 경작하고 전통 샨 음식 문화를 부흥하는 데 쓰기를 바라면서.

고대 집착

미얀마 북부의 먼지투성이 국경 마을에서 숨겨진 보석을 발견했을 때 가장 흥미로웠던 것은 어떻게 잠두콩이 세계를 제패했는가 하는 점이었다. 이것은 크게 보면 신석기 사람들의 식물 육종 기술 덕분이었다. 거침없이 움직이며 새로운 땅을 개척한 뒤 그곳에 정착한 초기 농부들은 씨앗을 가지고 다녔다. 이는 곧 처음 정착할 때부터 잠두콩이 유럽 전역에서 자급자족하는 식단의 일부였다는 것을 의미한다.

이집트 성직자들은 잠두콩을 보는 것조차 죄악이라고 여겼다. 그 콩이 불결하고 부정하다고 믿었기 때문이다. 그러나 잠두콩이 늘 나쁘게 여겨진 것은 아니다. 잠두콩은 이집트 무덤에서 발견되었듯 다음 문명을 위한 삶의 필수품이었다. 에스겔(Ezekiel)은 자신의 구약성서 예언서(에스겔서 4:9)에서 390일 동안 한 사람이 충분히 먹을 수 있는 빵을 만드는 방법을 설명하면서 잠두콩을 언급했다! 피타고라스(Pythagoras, 기원전 570-490)는 채식주의자였지만, 자신을 따르는 사람들이 콩을 먹지 못하게 금지했다. 윤회한 영혼이 사람이나 동물이나 인간이 아닌 콩으로 다시 태어나는 것을 두려워했기 때문이다. 하지만 아테네 사람들이 잠두콩에 관한 그의 견해에 모두 동의하지는 않았으며, 아폴로 신에게 바치는 연회에 잠두콩을 포함하기도 했다. 플라이니 디 엘더는 시리아의 농장에 대해 열정적으로 이야기했고 잠두콩에 대해서도 많은 말을 했다. 열정적인 농업 전문가였던 그는 콩을 뿌리는 것이 거름을 주는 것만큼 토양에 좋다고 생각했다. 또 막 꽃이 피려고 할 때 농작물을 쟁기로 다시 갈아엎을 것을 권했다. 다른 콩과 식물들처럼 콩은 뿌리혹에 공기 중의 질소를 저장하기 때문이다. 이것은 농작물이 순환하는 데 필수적인 부분이며 토양을 비옥하게 해주는 수단이다. 오늘날 나는 다른 많은 농부들처럼 잠두콩을 피복 작물이나 녹색 거름으로 재배한 뒤 다시 땅으로 돌려보내 질소를 가두고 다음 작물을 준비한다. 플라이니가 이와 관련한 화학을 이해했든 안 했든, 콩을 기르면 토양이 비옥해지는 데 좋다는 것은 분명히 알았던 것 같다. 그는 잠두콩이 모든 콩과 식물 중에서 가장 좋다고 생각했다.

잠두콩은 수프와 샐러드를 만드는 데 사용되었고 심지어 삶거나 튀겨 먹기도 한 것 같다. 씨앗은 요즘처럼 껍질을 벗긴 뒤 간식으로 구워 먹었다. 로마 사람들은 여신 카르나에게 바치는 제물에 잠두콩을 포함시켰다. 카르나는 인간의 심장과 다른 주요 기관을 보호하는 여신이다.[6] 그녀의 축일인 6월 1일은 콩을 수확하는 날이었다. 콩은 라드나 베이컨에 으깨서 제공되었는데, 2,000년 전부터 있었던 이 음식은 이탈리아에서 여전히 인기가 있다. 그리고 맛있기도 하다. 또한 로마 사람들은 죽은 뒤 우리의 영혼이 콩을 집으로 사용한다고 믿었기 때문에 콩은 장례식 식사에서 필수적인 음식이었다. 잠두콩이 로마 사회에서 맡은 또 다른 역할이 있었다. 바로 투표나 판단을 내리는 수단으로 사용된 것인데, 하얀색 콩은 찬성을, 검은색 콩은 반대를 의미했다. 1920년에 T.W. 샌더스(T.W. Sanders)는《채소와 채소 재배(Vegetables and Their Cultivation)》에서 의심할 여지없이 이 관습에서 반대투표(blackballing)라는 현대 용어가 생겨났다고 썼다. 이 관습은 클럽 회원들이 비밀 투표에서 반대표를 던지기 위해 검은 공(black ball)을 항아리에 던지던 습관을 말한다.

날로 먹으면 죽을 수도

채소를 대하는 우리의 태도와 믿음에 관한 이야기는 가장 오래된 기록으로 거슬러 올라간다. 그 기록 중 많은 것에 건강에 관한 경고가 있다. 잠두콩도 예외가 아니다. 잠두콩은 독성이 강하고 일부에게는 치명적일 수 있다. 잠두콩에 잠두 중독증이라고 알려진 질병을 유발할 수 있는 옥시던트가 있기 때문이다. 이 질병은 오늘날에도 아프리카, 중동, 지중해, 아시아 일부 지역에서 흔하게 발견된다. 세계적으로 연간 3천만 명의 사람이 잠두 중독증으로 고생한다. 우리 중 일부는 특정 유전적 특성이 있어서 G6PD라고 알려진 효소가 결핍되어 있는데, 이런 사람은 콩을 먹기는커녕 콩의 꽃가루만 들이마셔도 적혈구가 파괴되는 용혈을 앓을 수 있다. 특히 어린 아이들에게 영향을 준다.* 이런 사실을 알고 나면, 피타고라스가 G6PD 변이를 갖고 있었을지도 모른다고 추측할 수 있다. 콩을 먹는 것, 심지어 꽃 냄새를 맡는 것만으로도 그는 아주 아팠을 것이고, 사실 그가 때 이른 죽음을 맞는 데 간접적인 원인이 되었을지도 모른다. 피타고라스는 적에게 쫓기는 동안 끔찍한 선택을 내려야 했다. 콩밭으로 달려가 탈출하거나 적들과 맞서거나. 그는 후자를 선택했고 궁지에 몰려 암살당했다.

잠두콩을 더 맛있게 요리하면서도 독성을 줄이려면 반드시 잘 익혀야 한다. 끓이면 G6PD 효소와 다른 독소를 중화할 수 있다. 또한 수천 년에 걸쳐 독성이 감소한 콩이 선택되면서 오늘날 품종은 우리

* 잠두 중독증을 일으키는 이 유전적 열성 질환은 글루코스-6-인산 탈수소효소 결핍증(G6PD)으로 알려져 있다. 일부 사람들에게서 나타나며, 몇 가지 유형의 말라리아에 저항하기 위해 진화한 결과이다. 이것이 말라리아가 유행하는 나라에서 이 질병이 가장 흔하게 나타나는 이유이다.

를 죽이지 않는다고 확인되었다. 그럼에도 생길 수도 있는 복통을 피하려면, 씨앗을 생으로 먹지 않는 것이 바람직하다. 아주 어린 씨앗이 아니라면 말이다. 이것은 나처럼 콩을 사랑하는 사람에게는 애정 테스트나 다름없다. 초여름 채소밭을 습격해서 갓 따낸 신선한 어린 생콩을 완전히 거부하기란 어려운 일이니까 말이다.

세계를 점령하다

잠두콩은 먼 곳까지 여행했다. 크리스토퍼 콜럼버스가 선원들을 위한 식량으로 쓰며 신대륙에 소개되었다(같은 이유로 완두콩도 가져왔다). 내가 여행 중에 발견한 것처럼, 이 대단한 콩은 남아메리카를 넘어 다른 나라에서도 잘 자라고 있다. 중국에서는 쓰촨 요리의 인기 재료로 쓰인다. 현지에서는 쓰촨 콩이라고 부르는데, 두반장이라고 부르는 발효 장의 기초가 된다. 인도 북동부 마니푸르주에서도 마니푸르족 사람들의 전통 재료로 인기가 있다. 마니푸르주는 미얀마 북서부와 국경을 접하고 있으며, 쓰촨성은 미얀마 동부 국경과 매우 가깝다. 이쪽 산간 지방 사람들은 대대로 잠두콩을 재배해왔다. 이 지역은 잠두콩이 처음 길들여진 장소일 가능성이 높다.

영국에서 누에콩은 늦봄과 초여름에 수확하는 첫 번째 콩이다. 척박한 환경에서도 매우 튼튼하게 자라기 때문에 영국 대부분의 지역에서 겨울을 날 수 있다. 누에콩은 2,000년 전 로마인들이 영국에 있었다고 처음 기록한 만큼, 길고 풍부한 유럽 문화 유산을 가지고 있다.

다만 누에콩이 비옥한 초승달에서 서쪽으로 얼마나 빨리 이동했는가에 대해서는 여전히 논쟁이 많다. 우리는 신석기 인류가 5,000여 년 전 서유럽에서 건물을 짓고 정착 생활을 하느라 바빴다는 사실을 잊어서는 안 된다. 따라서 아직 결정적인 고고학적 증거가 나오지는 않았지만, 스톤헨지가 지어질 당시에 누에콩이 그들의 식단에 올라왔다고 생각할 만한 충분한 이유가 있다. 로마인들이 우리에게 먹는 즐거움을 많이 알려주었을지 모르지만, 누에콩은 그들이 오기 전 영국에 이미 수천 년 동안 살았었다. 강인하고 저장하기 좋은 특성 때문에 오랫동안 누에콩은 종종 유럽 전역에서 가장 중요한 단백질 공급원 중 하나였고, 기근을 완화하는 데 중요한 역할을 했다. 6세기 중반 로마 제국이 멸망한 뒤에는 유럽에서 잠두콩을 재배했다는 기록이 없다. 그러나 과거 영국인들은 꽤 비참한 식단으로 근근이 살아갔으니 잠두콩이 주요 음식이었을 것이다. 너무 흔하게 먹는 음식이라 기록될 필요가 없었던 것이다! 16세기 잠두콩의 남아메리카 사촌인 강낭콩이 들어오면서 사람이 먹는 용도로서의 중요성이 서서히 감소했다. 새로운 콩이 정원 작물로 유행하기 시작했다. 이 콩은 매우 유용한 단백질 저장고로서 잠두콩과 같은 역할을 했다. 또한 색이 다채롭고 맛있었다. 할 말은 많지만, 이에 관해서는 다른 장에서 더 이야기하겠다.

들판에서 접시로

잠두콩은 농산물로 간주되어 17세기 중반까지 정원 상품 안내서에 등장하지 않았다. 잠두콩은 무게가 아니라 부피로 팔렸다. 몇 년 전 나는 씨앗 가게에서 콩과 완두콩을 파인트나 쿼터 단위로 사곤 했다. 채소밭에서 기르는 잠두콩은 18세기 영국 카탈로그에서 등장하기 시작했고, 소개된 품종에는 스페인(Spanish)콩, 윈저(Windsor)콩, 샌드위치(Sandwich)콩이 포함되었다. 런던 플리트가에서 씨앗을 팔고 그물을 만들었던 스티븐 개러웨이(Stephen Garraway)는 18세기 후반 그의 카탈로그에 다음과 같은 열 가지 품종을 올렸다. 얼리 바르바리(Early Barbary) 또는 마자간(Mazagan)이라고 부르는 품종, 리스본(Lisbon), 브로드 스패니시(Broad Spanish), 롱 포디드(Long Podded), 논파릴(Non-pareil), 멈퍼드(Mumford), 화이트 블러섬(White Blossom), 그린(Green), 샌드위치, 토커(Toker), 윈저. 이 목록은 거의 한 세기 동안 변하지 않았다. 이름에서 생산지가 드러난다. 이 콩들은 분명 남유럽과 북아프리카 전역에서 재배되고 있었다. 모두 생으로 먹을 수 있는 품종이었다.

누에콩을 육종해서 어린 콩으로, 껍질을 벗겨서 바로 먹을 수 있는 기술은 서유럽에서 비교적 최근에 발달한 것이다. 이런 종류의 콩은 19세기 말 무렵 누에콩에 관한 포괄적인 설명이 나오기 전에 원래 영국에서 윈저콩으로 알려져 있었다. 건조해서 먹는 콩은 계속 잠두콩, 필드빈(field beans), 마마콩(horse beans)으로 불렸는데, 과거에도, 지금도 사료 작물로 재배되고 있기 때문이다. 사실 두 가지 유형은 요리할 때 완전히 상호 호환된다. 나는 초기 농부들이 수확 후 저장해두려고 했던 잠두콩이었다고 해도 신선한 상태로 먹지 않는 모습을 상상하기 힘들다. 오늘날 중국은 세계에서 가장 큰 생산국이다. 영국은 수요가 생산을 앞지르는 이집트에 연간 약 15만 톤을 수출하고 있다.

콩 르네상스

내가 기르는 모든 채소 가운데 아마도 누에콩이 가장 쉽게 새로운 품종을 개발할 수 있는 채소일 것이다. 상업적인 씨앗 회사가 점유하기 전인 19세기, 길이와 씨앗 개수를 늘리기 위해 열성적인 원예사들이 처음 육종한 전시 품종들은 매우 인기가 많았다. 품종은 두 유형으로 나눌 수 있었다. 척박한 환경에서도 잘 자라는 유형은 콩팥 모양의 씨앗이 길고 가느다란 꼬투리에 들어 있으며, 주로 가을에 심는다. 씨앗이 더 둥근 유형은 꼬투리가 짧고 더 통통하며 윈저라고 부른다. 많은 인기 품종들이 오늘날에도 여전히 재배되고 판매되고 있으며 오랜 전통을 가지고 있다. 그린 윈저(Green Windsor)는 1809년에 소개되었고, 번야드 익스히비션(Bunyard Exhibition)은 1884년에 소개되었다. 겨울을 날 수 있고 꼬투리가 긴 인기 품종인 아쿠아덜스 클라우디아(Aquadulce Claudia)는 가을에 심을 수 있는 콩 중에서 가장 인기 있는 콩이기도 한데, 1885년에 처음 판매되었다. 화이트 윈저는 1895년 처음 판매되었다. 이 모든 품종이 매우 유사한 새로운 품종들을 낳았고, 특징이 아닌 이름으로 더 잘 구별되었다. 1939년 카탈로그에는 영국의 씨앗 상인인 카터스(Carters)가 매머드 윈저(Mammoth Windsor), 콜로설 윈저(Colossal Windsor), 그린 레비아단(Green Leviathan), 매머드 롱팟(Mammoth Longpod), 그린 롱팟(Green Longpod)을 목록에 올렸다. 뻔한 이름 짓기 대회가 있다면 우승은 분명 콩 육종가들이 할 것이라 생각한다. 그 뒤로도 상황은 많이 바뀌지 않았다. 1950년 미들섹스(영국 런던 서쪽의 작은 주역주) 하운슬로우의 리드(Read)와 한(Hann)은 이클립스(Eclipse, 슬프게도 지금은 없다), 존슨스 원더풀 롱팟(Johnson's Wonderful Longpod), 테일러스 브로드 윈저(Taylor's Broad Windsor), 서블 롱팟(Seville Longpod)을 목록에 올렸다. 모두 200년 전에는 살 수 있었던 품종이다.

육종가들은 새로운 일대잡종을 만들 때 대체로 누에콩을 무시한다. 2021년 유럽 일반 채소 카탈로그(European General Catalogue of Vegetables)에 등재된 총 115개 품종 중 겨우 일곱 개만이 누에콩이었다. 목록에 있는 대부분 현대 품종은 영국, 스페인, 이탈리아 그리고 네덜란드에서 재배되고 있다. 오늘날 종자 카탈로그는 최근에 개발된 재배종을 소개한다. 고맙게도 카탈로그에서는 맛과 생산량 측면에서 이기기 힘든 오래 전 사랑받은 품종들도 계속해서 판매하고 있다.

유산 종자 도서관은 누에콩 41종을 소장하고 있다. 대부분은 영국에 기원을 두고 있고, 그중에서도 특정 지역에 뿌리를 둔다. 그 밖의 콩들은 아일랜드, 미국, 네덜란드, 그리스, 동유럽에서 왔다. 하지만 이렇게만 말하는 건 수박 겉핥기와 같다. 갓 수확한 어린 콩, 살짝 찐 콩을 매우 좋아하는 나에게 누에콩은 내 채소밭으로 열렬히 초대해야 할 식구들이다. 누에콩은 기르기 쉽고 편한 작물이지만, 먼 친척인 깍지콩처럼 상대를 가리지 않아서 같은 종의 이웃 품종들과 쉽게 교배할 수 있다. 그래서 나는 내가 보관하고 있는 씨앗이 진짜라는 것을 확인하기 위해 농작물을 서로 떨어트려 놓아야 했고, 또한 내 이웃들이 다른 품종을 기르지 않는지 확인해야 한다. 다행히 누에콩을 기르는 이웃들은 기꺼이 내 것과 같은 품종을 심는다. 특히 내가 그들에게 그 씨앗을 줄 때는 더욱 기쁘게 심어준다.

보관 중인 두 가지 시리아 품종 외에도 나는 내가 재배하는 많은 농작물처럼 유산 종자 도서관에서 온 영국 품종 하나를 좋아한다. 보우랜드 뷰티(Bowland Beauty)라는 품종인데, 이 콩은 비닐하우스에서 자라면 겨울을 날 수 있지만 늦겨울이나 초봄에 밖에서 자라는 걸 가장 좋아한다. 나는 내가 재배하고 먹는 모든 콩을 사랑하지만, 보우랜드 뷰티는 압도적이다. 그 훌륭한 맛과 사랑스러운 녹색 콩을 담은 길고 통통한 꼬투리가 주렁주렁 열리는 콩을 다른 콩이 이기기는 어렵다. 이름을 보고 나는 이 콩이 처음에 잉글랜드 북서부에서 번식했을 것이라 상상했지만, 틀렸다. 요크셔 출신인 조지 보우랜드(George Bowland)는 거의 40년 동안 이 콩을 기른 농부이자 육종가였다. 보우랜드 뷰티는 진정한 영국의 보물이다.

지역과 깊은 연관이 있는 또 다른 누에콩이 있다. 나는 이따금 이 콩을 기를 수 있다는 사실에 행복해하곤 한다. 나의 카탈루냐인 친구인 헤수스 바르가스는 내게 아주 예쁘고 똑같이 맛있는, 그의 농장에서 자라는 누에콩을 주었는데, 지금은 아주 희귀한 품종이다. 스페인어로 보라색 여왕을 의미하는 이 모우르다 레이나 무즈(Mourda Reina Mouz) 잠두콩은 사라질 위협에 처해 있지만 카탈루냐에 있는 소수의 콩 열광자들 덕분에 살아남고 있다. 모우르다 레이나 무즈는 아주 예쁜 식물로, 사랑스럽고 좋은 향기가 나는 보라색 꽃을 피운다. 콩을 품고 있는 긴 꼬투리는 부풀면서 보라색으로 변한다. 축축하고 따분하고 기분도 처지는 11월의 어느 날에 이 콩의 씨앗을 뿌리는 것은 내 인생의 큰 기쁨이다. 발아하는 데만 한 달이라는 시간이 걸릴 수 있기 때문에 인내심이 필요하다. 하지만 한 번 싹이 올라오면 끝까지 성장한다. 긴 밤과 겨울의 날카로운 서리도 그들을 꺾지 못한다. 시작은 느릴지 모르지만, 겨울이 저물어가는 1월 말 낮이 길어지기 시작하면 눈에 띄게 빨리 자란다. 운이 좋으면 3월 중순에 키가 2피트(약 6센티미터[역주]) 정도 되고 이미 꽃봉오리를 뽐낼 것이다. 해가 나오고 공기가 조금 따뜻해지자마자 마법처럼 커다란 흰 꼬리를 가진 암컷 호박벌의 익숙한 웅웅거리는 소리가 공기를 가득 채운다. 새로 핀 꽃의 꿀을 실컷 먹으러 온 것이다. 겨울 작물 대부분은 비닐하우스에서 기른다. 만약 벌이 출구를 찾지 못하면, 나는 잼 단지와 카드 한 장을 가지고 벌을 쫓아다닌다. 그렇게 벌이 무사히 계속 먹이를 찾을 수 있게 돕는다.

비록 나는 500년 전 유럽인들이 남아메리카에 잠두콩을 소개한

후 잠두콩이 페루 요리에 널리 쓰이고 있다는 걸 잘 알고 있었지만, 남극 다음으로 지구에서 가장 건조한 곳에서 잠두콩이 자라는 모습을 보게 될 거라고는 예상하지 못했다. 때는 2020년 2월, 한여름 칠레 북부 아타카마 사막이었다. 이곳은 매일 새파란 하늘에서 햇빛이 쏟아지지만, 해발 4,000미터에 낮 기온은 섭씨 20~25도에 불과하고, 밤에는 자주 서리가 내린다. 살아남기 힘든 이런 환경에서도 사람들은 최소 3,000년 동안 농사를 지어왔다. 비록 이곳 소카이레 마을의 고대 계단식 논 대다수는 몇 년 전에 사라졌지만, 일부에서는 녹색 채소가 자라고 있었다. 나는 그 사이를 거닐다가 키가 큰 누에콩을 발견했다. 짧고 통통한 꼬투리가 줄기에 묵직하게 매달려 있었다. 중동의 오아시스와 관개 농경지에서부터 동 앵글리아(영국 동남부에 있던 고대 왕국역주)의 비옥하고 눅눅한 밭에 이르기까지, 또 남부 히말라야의 축축하고 습한 산지에서부터 세상에서 가장 건조한 사막에 이르기까지, 잠두콩은 뿌리를 내렸다. 고대와 현대의 농부들이 천재적이고 지략이 뛰어났다는 놀라운 증거이면서, 우리의 가장 오래된 농작물이 거의 모든 곳에서 적응하고 자리 잡을 수 있다는 증거이기도 하다.

주황색만 있는 건 아니다

삶은 당근으로 문을 걸어 잠그지 마라.

- 아일랜드 속담

계절에 맞지 않게 따뜻한 4월 중순 아침이었다. 삶의 큰 즐거움 중 하나가 비닐하우스에서 나를 기다리고 있었다. 자욱하게 피어오른 잎사귀는 어두운 밤의 교통 신호처럼 밝은 초록색을 띠었다. 그러면서 '날 잡아당겨, 잡아당겨'라고 말하고 있었다. 내가 그 호소력 넘치는 요청을 거부할 수 있을까? 나는 땅속에 어떤 즐거움이 숨어 있는지 분명히 알았다. 내 미뢰는 잊을 수 없는 한 경험을 떠올렸고, 처음 텃밭을 가꿨을 때부터 왜 이 특정 채소를 기르기를 좋아했는지를 상기시켜줬다. 처음 길렀던 채소 중 하나인 당근은 내가 기억하는 한, 아주 좋은 이유로 매년 내 텃밭에 있을 예정이다. 봄날 아침 습하고 따뜻한 토양에서 갓 뽑아내면 천상의 것 같은 향이 공기를 가득 채운다. 주황색 뿌리는 바지 뒷면에 쓱쓱 닦거나 정원 수도꼭지 아래에서 재빨리 씻어서 곧장 먹어달라고 외치는 듯하다. 암스테르담 포싱(Amsterdam Forcing) 같은 전통적인 초기 품종의 완벽한 달콤함은 한

번 맛보면 잊기 어렵다.

생각만큼 오래되지 않은

작물화된 당근은 힌두쿠시산맥이 히말라야산맥과 만나는 아프가니스탄에서 삶을 시작했다. 초기 당근은 뿌리에 가지가 있어서 저장하기가 어려웠고 웃자라기(조기 개화) 쉬웠다. 안토시아닌 성분이 있어서 보라색, 또는 심지어 진한 붉은색을 띠었고, 요리할 때는 갈색으로 변했다. 뿌리는 먹기 어려워서 약뿐만 아니라 염료로도 사용되었을 것이다. 오늘날 우리가 먹는 당근은 지중해 동부의 아나톨리아부터 이란, 파키스탄, 러시아 남부, 동쪽 멀리 인도 북부까지 넓은 지역에 걸쳐 처음 재배된 것으로 보인다. 서유럽에는 약 800년 전에 왔는데, 그 여정에 관해서는 나중에 더 알아볼 것이다.[1]

내가 집에서 기르는 야생 당근은 유럽과 중앙아시아 일부 지역에서 자생하며 작물화된 당근의 가까운 친척이며, 수천 년 동안 약초로 사용되고 있다. 이 종은 영국에서 앤 여왕의 레이스(Queen Ann's lace)라고 부른다. 크림색 꽃 머리가 아주 예쁘고 레이스 같기 때문이다. 가운데 붉은색은 여왕이 흘린 피 한 방울을 나타낸다고 하는데, 이 피는 아마도 통치 기간인 1702년에서 1707년 사이에 앤 여왕이 수를 놓다가 바늘로 손가락을 찔렀을 때 떨어진 것이라고 전해진다. 그러나 이 야생 조상님 당근이 근처에서 자라는 것은 나 같이 씨앗을 구하는 사람들에게는 악몽인데, 사촌 작물들과 쉽게 교배하기 때문이다. 그럼에도 불구하고 꽃이 핀 당근은 멋지다. 현기증이 날 만큼 좋은 향기가 난다. 익어가는 씨의 머리는 추상 예술 같은 자연의 아름다움을 보여준다. 꽃이 씨앗을 만들면, 산형꽃차례(꽃대 끝에 많은 꽃이 방사형으로 둥글게 핀 것[역주])가 가장자리에서 나타나며 갈색으로 어두워져서 새 둥지처럼 된다.

야생 당근의 뿌리를 먹어본 사람이라면 그것이 썩 즐거운 경험이 아니라는 것을 알 것이다. 당근 맛이 나긴 하지만 단단하다. 야생 당근 뿌리의 진가는 약초 전문가의 손에 들어갈 때 나온다. 그들은 식물 전체를 말리고 갈아서 여러 질병을 치료한다. 이 식물은 일반적으로 소변의 흐름을 자극하는 이뇨제로 사용되어 왔다. 씨앗은 결석을 저지, 즉 요산의 생성을 방지해서 통풍 치료제로 사용되었다. 당근 씨앗은 또한 속이 더부룩할 때나 위를 진정시키는 데 좋다고 한다. 어떤 사람들에게는 분명 뱀에 물렸을 때 해독제가 되기도 한다. 남근 모양 때문에 훌륭한 정력제 작용을 하는 것으로도 알려져 있다. (식용 식물이 조금이라도 음경을 닮으면 성생활에 좋다고 믿는 이유가 뭘까?) 당근 씨앗에는 에스트로겐이 소량 함유되어 있어서, 임신 극초기에 중절법의 대안으로 사용되어 왔다. 전통적으로 팅크(동식물에서 나온 약물을 알코올 등에 혼합하여 만든 액제[역주])를 먹거나, 당근 씨앗을 일주일 동안 씹거나, 아니면 배란 전후에 씹었다. 임신을 조절하려는 방법이었다. 그런데 당근 씨앗은 임신에 도움이 된다고 믿어지기도 했다! 약초 전문가들은 수 세기 동안 치료 도구의 일부로 쓰는 대다수 채소에 상충되는 약효가 있다고 생각했다. 당근의 일반적으로 먹는 부분도 그렇지만, 씨앗이 자궁수축을 유발할 수 있기 때문에 임신한 여성은 당근을 절대 먹어서는 안 된다.

더 먼 과거로

약 5,000년 전 아프가니스탄에서 노란색 당근과 보라색 당근이 재배됐다는 고고학적 증거가 있다. 흰색이나 심지어 검은색 당근도 있었을 수 있다. 처음 작물화될 때 유전적 다양성이 색상 돌연변이를 쏟아낸 덕분이었다. 당근처럼 생긴 식물이 기원전 2000년 이집트 그림에서 발견되었지만, 몇 이집트 학자들의 주장에도 불구하고 이집트 사람들이 당근을 먹었다는 증거는 전혀 없다. 이에 관한 유일한 가시적 증거가 되어줄 것은 고고학적 유적지에 남은 당근 씨앗의 존재일 텐데, 발견되지 않았다. 하지만 야생 당근이 북아프리카 해안을 따라 발견되었기 때문에, 당근이 파라오의 식단에 올라간 적이 있을 거라 추측할 수만 있을 뿐이다.

반면 로마인들이 야생 당근을 재배했다는 증거는 있다. 분명 티베리우스 황제에게 많은 사랑을 받았다. 당근은 주로 약으로서 가치가 있었다. 잎과 꽃은 향기가 좋아서 샐러드에 추가하기 좋았지만, 약초 전문가들이 가장 많이 사용한 것은 씨앗(그리고 아마도 나중에는 뿌리)이었다. 중세가 되어서야 당근은 오직 뿌리채소로만 먹기 위해서 재배되었다.

그리스인과 로마인이 정말로 당근을 즐겨 먹었는지는 확신하기 어렵다. 야생 당근이 또 다른 토착 야생 뿌리채소인 파스닙과 종종 혼동되었기 때문이다(둘 다 흰색이지만 그 밖에 닮은 점은 없다). 파스닙과 당근은 그리스인과 로마인이 건강과 성적 능력을 위해 집착하던 대상이었다. 그러면서 둘을 구분하지는 않았지만 말이다. 두 식물은 때때로 파스티나카(Pastinaca)라고 불렸는데, '파다'를 의미하는 라틴어에서 파생한 말이었다. 당근 이야기를 명확하게 아는 데 도움이 되지 않는 부분이다. 로마인들은 2세기가 되어서야 야생 파스닙과 야생 당근을 구분하며 야생 당근을 카로타(carota)라고 불렀다. 이 이름은 그 이후로 계속 남았다. 그리스 사람들이 당근에게 붙인 이름 중 하나는 다우코스(Daukos)인데, 칼 린네(Carl Linnaues, 1707-1778)는 이 이름을 가져와 그리스어와 라틴어 이름을 합쳐 우리에게 다우코스 카로타(Daucus carota)라는 이름을 주었다. 그리고 파스티나카는 파스닙을 부르는 말로 썼다. 영어 단어 캐럿(carrot)은 프랑스어 카로트(carrotte)에서 왔다. 8세기 샤를마뉴 대제는 당근을 주로 동물 사료로서 쓰기에 유용한 작물이라고 언급했지만, 아랍의 농업학자인 이븐 알 아우왐이 400년 뒤 스페인에서 쓴 것과 다르게 당근을 작물화할 농작물 유형으로는 언급하지 않았다. 당시 당근이 무슨 색이었는지 우리는 모르지만, 흰색이나 보라색이었을 가능성이 높다. 비록 정확히 당근을 먹었다는 서면 증거는 없지만, 야생 파스닙과 야생 당근을 재배한 품종이 로마 시대부터 17세기까지 농민의 식단에서 중요한 부분이었을 것이라는 학술적 가정이 있다. 당근은 수확물이 적은 겨울 동안 캐서 오래 보관할 수 있었고, 파스닙은 땅에 남겨두고 필요할 때 캐도 될 만큼 강인했다. 오늘날 현대 농부들은 겨울 동안 당근을 땅에 묻어두고 그 위를 밀짚이나 비닐로 덮어둔 뒤 시장 수요에 따라 기계로 수확할 준비를 한다.

나는 이 장을 이 수수한 뿌리채소가 맛있다고 이야기하는 서정적인 묘사로 시작했다. 그러나 당근이 요리 재료가 된 것은 대략 500년도 되지 않은 선발 육종의 결과이다. 당근의 야생 조상은 유럽과 소아시아 전역에 매우 널리 분포되어 있으므로 작물화된 과정을 완전히 이해하기란 어렵다. 야생 당근에서 단순히 진화했다는 증거가 없기 때문이다. 게다가 육종가들은 야생 당근에서 먹을 수 있는 뿌리를 개발할 수 없었다. 니콜라이 바빌로프(Nikolai Vavilov, 1887-1943)는 최초로 인간에게 작물화된 당근의 야생 부모에 대해 설명한 바 있다. 러시아와 러시아 동부 이웃 국가를 여행하는 동안 재배 식물의 기원의 중심에 관한 이론을 연구하면서[2] 그는 두 가지 아종을 확인했다. 하나는 이란 고원에서 자라고 있었다. 이것이 바로 우리에게 보라색과 노란색 품종을 준 당근이다. 두 번째 아종은 흰색이고 튀르키예 토종이다. 이 종이 작물화되면서 노란색 품종이 생겼고 이후에 어디서나 볼 수 있는 주황색 당근을 낳았다.[3] 이 두 야생종은 모두 우연히 교배되어 돌연변이를 낳았을 것이다. 농부가 이러한 새로운 형태를 처음 선택한 이래 여러 세대를 거쳐 선택이 지속되면서 오늘날 우리가 먹는 당근과 비슷한 품종이 나왔을 것이다.

아주 초기부터 당근은 겨울 동안 가축에게 먹이를 주는 용으로 재배되어왔다. 이 전통은 계속 이어지고 있는데, 오늘날 농기구 용품점을 방문하면 알 수 있다. 그곳에서는 보통 반려동물이나 말에게 먹일 깨끗하게 닦인 당근들이 그물에 담겨 판매되고 있다. 당근은 어느 가게에서 사나 적당히 좋고 별다른 맛이 없다. 슬프지만 오늘날에도 이 멋진 뿌리채소를 피하는 사람들이 있다. 나로서는 믿기 힘든 일이다. 또한 우리가 아직 완전히 이해하지 못하는 어떤 이유 때문에 당근 알레르기가 있는 사람도 있다. 특히 누군가에게는 생으로 먹을 때 치명적일 수도 있다.

결국 문제는 색깔이다

우리는 아랍인이 오늘날의 당근을 서유럽에 소개한 것에 대해 감사해야 한다. 우리가 확인한 것처럼 두 가지 서로 다른 아종이 작물화된 당근을 낳았다. 아종인 사티우스(sativus)는 튀르키예 토종으로, 아랍인들이 재배했고 아랍인 침략군의 동물과 사람 모두가 매우 즐겨 먹었다. 천 년 전 10세기 말, 당근은 바그다드 출신 작가인 이븐 사야르 알와라(Ibn Sayyār al-Warrā)가 편찬한 요리책에서 언급되었다. 《요리의 서(Kitāb al-Ṭabīkh˘)》라고 불리는 이 책이 유럽의 무어인 침략자들의 도서관에 꽂혀 있는 모습을 상상해 보자. 무어인 침략자들은 8세기 초 이베리아 반도에 그들만의 채소밭을 만들기 시작했다.

그러나 스페인과 남유럽에서는 12세기 말 아랍의 위대한 농업 전문가인 이븐 알 아우왐의 작품에서 농작물로서의 당근에 대한 최초의 역사적 기록이 발견된다. 이 무렵에는 이름은 없지만 여러 가지 품종의 당근이 자라고 있었던 것 같다.

당근은 약 200년 뒤에 북부 유럽에서 재배되기 시작했고 당도가 높은 농작물로 평가되었다. 당시 요리법을 보면 당근은 잼이나 단맛이 나는 조미료 또는 푸딩의 재료로 쓰였다. 당근은 빨간색, 흰색, 노란색 등 다양한 색깔과 색상의 품종이 있었지만, 유럽에서 가장 사랑받은 색은 노란색이었다. 노란색 당근이 더 달고, 요리를 해도 황토색으로 변하지 않았기 때문이다. 당근 색깔은 꽤 오랫동안 많은 학술적 담론의 주제였다. 주황색 당근이 네덜란드 육종가들의 관심을 받기 전부터 존재했는지를 조사하기 위해서 나는 '노란색'이라는 단어를 약간 폭넓게 사용한다.

무어인 침입자들이 남유럽에 서유럽 아종인 사티우스를 알리는 동안, 사티우스와 가까운 종인 아트로루벤스(atrorubens)는 이란과 힌두쿠시 산맥에서 더 동쪽으로 실크로드를 따라 퍼져나가고 있었다. 현대 유전자 염기서열은 빨간색, 흰색, 보라색, 주황색으로 나오는 중국 당근이 모두 아트로루벤스에서 왔다는 사실을 지적한다. 마찬가지로 이 계통의 짙은 빨간색 후손들은 라자스탄 음식 문화의 일부로 확고하게 남아 있다. 라자스탄은 한때 무굴족이 지배했던 인도 북동부의 주이다. 칭기즈칸의 무슬림 후손들의 고향이 당근 탄생지의 중심부에 있었던 것이다. 색깔 있는 품종들은 최근에야 서양 음식 문화에서 유행하고 있는데, 동양에서는 수 세기 동안 기본 식료품이었다.

2019년 씨앗을 찾으러 간 인도 여행에서 나는 마치 우리 집 정원으로 돌아간 것처럼 똑같은 방식으로 갓 수확한 당근을 먹을 수 있었다. 내가 있었던 곳은 자이싱푸라라는 작은 마을로, 거대한 타르 사막 동쪽 끝에 있는 라자스탄주 중심부의 자이푸르시에서 남서쪽으로 30분 운전하면 닿는 곳이었다. 나는 여러 농부들과 어울렸는데, 그들은 몇 가지 데시(지역) 품종 채소들을 기르며 생계를 전부 유지하고 있었다. 그때 만난 농부 중 한 명이 람길랄(Ramgilal)이다.

그는 갓난 아들을 품에 안고서 12헥타르 규모의 농장을 자랑스럽게 안내해 주었다. 농장은 두 형제와 함께 쓰고 있다고 했다. 우리는 그의 당근밭에 있었고, 그는 모래땅에서 길고 큰, 짙은 빨간색의 당근을 하나 뽑았다. 나는 당근을 바지 엉덩이 부분에 쓱쓱 닦아서 달콤하고 아삭아삭한 살을 깨물었다. 나는 라자스탄주를 여행하는 동안 만난 모든 시장에서 이 당근을 팔고 있는 것을 보았다. 그만큼 모두가 먹는 것이었고, 라자스탄 토착 음식 문화의 주축이었다. 시장 좌판마다 횃불 같은 당근이 장관처럼 펼쳐졌다. 사람들은 당근을 막 뽑은 상태로 먹었다. 정말 멋졌다.

주황색

1492년 콜럼버스가 카리브해에 도착하면서 대서양을 가로질러 양방향으로 토종 채소를 이동할 수 있게 되었다. 당근은 긴 항해 동안 저장할 수 있었기 때문에 콜럼버스를 따라온 식민지 개척자들은 당근을 심었다. 그러나 17세기가 시작되고서야 당근은 여러 가지 면에서 운명의 극적인 변화를 겪게 되었다. 16세기가 끝나갈 무렵, 플랑드르 농부들은 당근의 식미(食味)뿐만 아니라 색깔, 수확량, 외형까지 향상시키고자 노력하기 시작했다. 노란색은 서양 품종으로, 이년생(발아, 생장, 개화, 결실을 마치는 데 두 해가 걸리는 것 역주) 식물이다. 동양의 사촌들보다 웃자랄 가능성이 적을 뿐만 아니라, 유전적으로 설탕과 풍미가 가득한 구근 뿌리를 하나 만드는 경향이 있다. 노란색이 짙을수록 육종가들은 더 좋아했다.*

'주황색(orange)'은 영어에서 비교적 최신 단어로, 1502년 스코틀랜드 여왕 마거릿 튜더의 옷을 묘사하면서 처음 등장한 것이다.[4] 중국이 원산지인 오렌지는 8세기 초 아랍인들과 함께 유럽에 도착했고, 네덜란드어로 시나사펄(sinaasappel, 중국 사과)이라고 불렀다. 스페인 사람들은 페르시아어로 과일을 뜻하는 나랑(narang)이라는 단어를 택했는데, 오렌지 껍질의 쓴맛을 나타내기 위해 나란하(naranja)라고 불렀다. 이는 고대 프랑스어로 '오렌지'라고 번역된다. 2011년

* 빨간색 당근은 내가 라자스탄에서 즐겨 먹었던 동양계 부모의 후손으로, 일년생이다. 농작물을 수확하면 몇 개의 주요 표본은 씨앗으로 쓸 수 있게 남긴다. 서양 당근은 이년생 식물이다. 지역적으로 선택한 결과인데, 그래야 농부들이 당근을 뽑아서 겨우내 보관할 수 있기 때문이다. 선택된 뿌리는 봄에 다시 심어 다시 씨앗으로 돌아간다. 당근 외에도 비트와 파스닙 같은 많은 뿌리 작물들이 이년생이고, 양파와 몇 가지 배추속 식물도 그렇다.

판 옥스퍼드 영어사전은 고대 영어에서 쓰던 주황색을 지올로레드(g.eolurēad, 황적색)이라고 묘사하고 있다. 오렌지를 의미하는 이 이름은 1066년 노르만 정복 이후 영국에 처음 오렌지가 등장한 동시에 중세 영어로 채택되었을 것이다. 그러나 당근의 색을 묘사하는 데 쓰인 건 훨씬 뒤의 일이다. 따라서 노란색과 빨간색을 띠는 모든 당근이 '주황색'으로 묘사되지 않았다는 것은 놀라운 일이 아니다. 주황색이라는 단어는 16세기 영어에서 일반적인 형용사가 되었기 때문이다. 이 때문에 초기 묘사는 연구자가 품종의 진짜 색깔을 정확히 아는 데 쓸모가 없다.

비록 주로 빨간색 당근이 11세기부터 유럽 전역에서 재배되고 있었지만, 500년 뒤 네덜란드 사람들이 신중하게 선발 육종한 덕분에 주황색 당근이 우리가 오늘날 보는 것처럼 보편화되었다. 어렸을 때 나는 주황색 당근이 네덜란드 오렌지 왕가의 상징이라고 들었다. 이 상징은 1688년 명예혁명으로 알려진 무혈 쿠데타 이후 윌리엄과 메리가 영국 왕위를 차지했을 때 선전 도구로 사용되었다. 윌리엄은 프랑스 남부 프로방스의 오렌지 숲이 가득한 곳에 봉건 공국을 만든 뒤 오렌지 공의 칭호를 물려받았다. 육종가들이 네덜란드 왕가를 공경하는 마음으로 주황색 당근을 개발했다는 이야기는 슬프게도 순전히 신화이지만, '진실'은 정치적 선전을 방해하지 못하기 마련이다. 실제로 네덜란드 사람들은 윌리엄이 작위를 물려받고 영국으로 이주하기 훨씬 전부터 주황색 당근을 기르고 있었다. 그러나 주황색 당근은 네덜란드에서 전국적으로 기르는 채소이고, 많은 네덜란드 사람들이 여전히 주황색 당근이 오렌지 왕가를 위한 헌사로 만들어졌다는 이야기를 믿고 싶어 한다. 마케팅 전략이자 '브랜드 인지도'를 높이는 방법으로 이 이야기는 훌륭했고, 이 믿음이 틀렸다고 해서 바로잡는 건 그들에게 무례한 일이라고 생각한다. 또한 지금 당근의 게놈(한 생물의 모든 유전 정보[역주])이 밝혀졌기 때문에 우리는 주황색 당근이 노란색 품종의 직계 후손이며 네덜란드 육종가들의 천재성에 대한 증거라는 것을 안다.

오래 가는 유산

당근은 17세기가 되자 유럽과 아메리카 대륙 전역에서 생존 식단의 일부가 되었지만, 서로 다른 품종들에 아직 이름이 붙지는 않았었다. 런던에서 온 씨앗 상인인 윌리엄 루카스(William Lucas)는 1677년 자신의 카탈로그에 빨간색, 주황색, 노란색 당근을 소개했다. 네덜란드 육종가들이 품종에 이름을 붙였지만 이후 백 년 동안 소비자들에게 알려지지는 않았다. 18세기 말 영국 상인들은 마침내 몇 가지 품종에 이름을 붙여 소개했다. 1774년 커티스(Curtis) 씨앗 카탈로그에는 세 종이 소개되었는데, 얼리 혼(Early Horn), 숏 오렌지(Short Orange) 그리고 롱 오렌지(Long Orange)였다. 1780년 런던 펜처지가의 J. 고든(J. Gordon)은 딱 두 품종만 소개했다. 얼리 혼과 오렌지 당근이었다. 오렌지 당근은 샌드위치 당근으로도 불리며, 샌드위치는 이 품종이 자란 장소를 의미한다. 당근은 토질이 부드러운 흙에서 자라는 걸 좋아하는데, 켄트주에 있는 샌드위치는 완벽한 환경이 되어 준다. 16세기 후반에 가톨릭 박해를 피해 탈출한 플랑드르 이민자들은 그곳에 정착하여 당근을 길렀다. 당근을 기른 건 그들의 새로운 개신교 여왕인 엘리자베스 1세를 위한 것이기도 했다. 얼리 혼은 이름이 붙은 가장 오래된 당근 품종 중 하나이고, 우리가 오늘날 소비하는 많은 품종과 관련이 있다.

우리는 주황색 당근을 어디서든 볼 수 있게 해준 네덜란드 육종가들뿐만 아니라 네덜란드인 O. 방가(O. Banga)에게도 감사해야 한다. 그는 1960년대 초 당근 재배와 육종의 역사에 관해 상당한 분량의 연구를 남겼다.[5] 그는 두 가지 네덜란드 품종인 스칼렛 혼(Scarlet Horn)과 롱 오렌지가 거의 모든 부분에서 오늘날의 주황색 당근을 만든 창시자라고 밝혔다.

또한 우리는 유전자 분석을 통해 아프가니스탄에서 온 보라색 당근이 노란색 당근으로 변했다는 것을 알게 되었다. 우리는 빨간색으로 묘사된 당근이 사실은 이 보라색 당근을 의미한다는 것을 기억할 필요가 있다. 적양배추나 '빨간색'인 비트를 생각하면 어떤 느낌인지 감이 올 것이다. 당근이 재배되던 초기에 색은 교배가 아닌 우연한 돌연변이로 인해 바뀌었다. 서유럽 사람들은 보라색 당근보다 노란색 당근을 선호했고, 이는 18세기 네덜란드 육종가들이 더 진한 노란색 당근을 기르게 만들었다. 그렇게 소비자들이 살 만한 달고 맛있는 주황색 당근이 등장한 것이다. 18세기 중반까지 우리는 다음과 같은 새로운 품종을 만들었다. 얼리 하프 롱 혼(Early Half Long Horn), 레이트 하프 롱 혼(Late Half Long Horn), 얼리 숏 혼(Early Short Horn), 라운드 옐로우(Round Yellow). 마지막 두 품종은 19세기 대표적인 품종인 파리스 마켓(Paris Market)과 내가 좋아하는 품종인 암스테르담 포싱(Amsterdam Forcing)의 부모 품종이다. 250년 넘게 재배되고 있는데도 이 두 가지 초기 품종이 계속 큰 사랑을 받는다는 건 육종가들의 자질과 기술이 대단하다는 증거이다. 다른 당근, 예를 들어 뿌리가 원통형인 낭트(Nantes) 유형의 당근은 현재 멸종 위기인 레이트 하프 롱 혼과 얼리 하프 롱 혼이 한 세기 동안 교배한 결과이다. 이름을 보면 프랑스가 이 유형을 만드는 데 관여했음을 알 수 있다. 방가에 따르면, 20세기 초 육종가들은 우리에게 임페라토르(Imperator)라는 유형을 주었다. 이는 길고 끝이 뾰족한 종류로 낭트와 샹트네이(Chantenay) 당근이 교배해 나온 것이다. 샹트네이는 속이 빨간 품종으로(맛있다), 18세기에 옥스하트(Oxheart)라고 불린 또 다른 품종에서 파생된 것이다. 임페라토르 유형은 오늘날 슈퍼마켓 거래를 위해 개발된 대부분의 현대 재배종의 기초이다.

어텀 킹(Autumn King)은 내가 매년 재배하는 품종이다. 자연 수분하는 강인한 품종으로, 등장한 지는 한 세기 또는 그 이상 되었다. 기후 변화 덕에 이 당근은 기꺼이 겨우내 땅 속에 들어가 있을 수 있고 필요할 때 수확할 수 있다. 당근을 모래 더미에 저장해두는 시대는 적어도 내게는 완전히 끝났다. 이름이 예쁜 플라케이(Flakkee)는 겨우내 저장할 수 있는 아주 좋은 품종으로 이탈리아 유산으로 알려져 있는데, 어텀 킹과 아주 유사해서 이런 의문이 든다. 이번에도 육종가들이 자기네 시장이나 문화적 감성에 맞게 품종의 이름을 바꾼 것일까? 다행히 이러한 초기 당근 품종 중 다수가 여전히 남아 있다. 그리고 어떤 이름으로 불리든 간에 요리하는 기쁨을 준다.

나는 2015년도 유럽 연합 채소 품종 공통 카탈로그(EU Common Catalogue of Vegetable Varieties)를 하나하나 살펴보면서 이름이 있는 요리용 당근을 629개 찾았고 그중 332개가 일대잡종이었다. 주황색 당근을 포함해 오늘날 판매용으로 길러지는 색 있는 당근은 거의 모두 현대 잡종이다. 원예 카탈로그를 보면 일대잡종뿐 아니라 전통적인 방식으로 자연 수분하여 나온 현대 품종도 가득하다. 그중에는 당근을 기르는 모든 사람들이 골칫거리라고 느끼는 것, 바로 끔찍한 당근 뿌리 해충에 강한 새로운 세대의 품종도 있다.

끔찍한 해충

전통적으로 작물화된 당근은 당근 뿌리 해충에 취약하기로 악명이 높다. 당근 뿌리 해충은 고약한 곤충으로 농작물을 망칠 수 있다. 다행히 우리가 보게 될 것처럼 현대 식물 육종가들은 해결책을 생각해냈다. 당근의 작물화 과정에는 의도적인 교배뿐 아니라 야생 당근 돌연변이의 선택도 있었기 때문에 야생 당근과 재배용 당근은 쉽게 교배할 수 있었다. 식물 육종가들은 이 점을 이용해서 해충에 저항할 수 있는 새로운 품종을 생산해냈다. 야생종인 다우쿠스 카필리폴리우스(Daucus capillifolius)는 1956년 식물학자인 엘프리드 게르하르트(Elfrid Gerhart)가 리비아 수도 트리폴리 근처의 모래 토양에서 발견했다. 이 야생종은 당근 뿌리 해충에 환상적인 저항력을 보였는데, 당근 뿌리 해충의 유충이 살아남는 데 필요한 화학 물질인 클로로겐산을 매우 적게 갖고 있기 때문이다. 이 야생종은 재배용 당근과 잘 교배될 것 같았고, 이 주제는 1980년대 말과 1990년대 초 워릭셔(영국 중남부에 있는 주역주)의 웰즈본에서 연구되었다.[6] 연구원들은 사랑스러운 옛 품종인 댄버스 하프 롱(Danvers Half Long)을 이용해서 잡종을 만들었다. 댄버스 하프 롱은 1871년 처음 재배된 미국 매사추세츠주 댄버스의 이름을 딴 것이었다. 교배 결과, 플라이어웨이(Flyaway)와 리지스트어플라이(Resistafly) 등 맛있으면서도 해충에 저항력을 가진 품종들이 나왔다. 슬프게도 내가 가장 좋아하는 사이탄(Sytan)은 더 이상 판매되지 않는다. 그래도 나는 농작물에 당근 뿌리 해충의 유충을 완전히 차단하기 위해 항상 당근 주변에 정원용 덮개를 설치하는 등 물리적인 장벽을 사용한다. 다른 야생 친척 품종이 최근 많이 확인되고 있고 현재 해충에 강한 품종을 만드는 데 중요한 역할을 하고 있다. 대중들은 당근 뿌리 파리 유충을 죽이는 살충제 등의 화학 투입물을 적게 써서 지속가능한 방식으로 농작물을 길러야 한다는 필요성을 점점 더 인식하고 있다. 은밀하게 번지는 이 음흉한 해충에 저항력을 가진 당근을 기르는 건 지구에 좋을 수밖에 없다.

보라색이라고 다 유산 품종은 아니다

식당 메뉴판에 '유산 당근'이라고 쓰여 있는 것을 볼 때마다 내 얼굴이 찌푸려진다. 이것은 마케팅을 위한 헛소리다. 이런 당근은 대부분 보라색, 노란색 또는 흰색인데, 요리사는 그걸 보고 유산이라 부를지 모르겠지만, 사실은 대부분 현대 잡종이다. 이름과 출신이 있지 않다면 말이다. 식당 메뉴판에서는 거의 찾을 수 없는 강인한 유산 품종이 있는데, 바로 레드 엘리펀트(Red Elephant)다. 나는 늘 내 보관 목록에 이 훌륭한 품종의 씨앗이 충분한지를 확인한다. 영국 종자 회사인 카터스는 1930년대 회사 카탈로그에서 이 품종을 이렇게 열정적으로 소개했다. "길이로 보나 부피로 보나 진정한 거인이다. 전시된 표본은 길이 30인치(65센티미터)로, 텃밭에서도 전시 테이블에서도 눈에 띄는 놀라운 품종이다. 이번 계절 동안 고객들이 준 1등 상이 무려 141개!' 이 품종은 최근까지 캐나다와 뉴질랜드에서 구매할 수 있었지만, 지금은 이 훌륭한 맛을 즐기려면 스스로 씨앗을 보관해야 한다. 이 품종은 19세기 오스트레일리아에서 처음 재배되었으나 1910년에 생산이 중단되었다. 감사하게도 이 마법 같은 당근은 원예 수출품이었고, 그 덕에 10년이 넘는 기간 동안 카터스 카탈로그에 포함되었다. 왜 이 당근이 오스트레일리아에서 단종되었는지는 모르겠다. 정말 좋은 당근이니까 이 품종을 다시 오스트레일리아 사람들이 먹게 되면 좋겠다. 지금까지 이 일을 현실로 만들기 위한 내 모든 노력은 실패했다. 그럴 만도 한 것이 오스트레일리아 식품 검역 당국은 외국 식물 재료를 경계하며 심지어 토종 품종의 씨앗을 수입하는 데에도 많은 행정 절차와 비용이 든다. 오스트레일리아는 잃었지만, 나는 놓지 않고 있다. 몇 년에 한 번씩 기르며 씨앗을 얻어두고 있다.

등잔 밑이 어둡다

레드 엘리펀트의 이야기는 농작물의 유전적 다양성을 보존하는 일이 얼마나 취약하고 허술한지를 보여주는 또 다른 예다. 아마도 당근은 유전적 다양성이 다른 식량 작물보다 훨씬 덜 손실되었을 것이다. 오늘날 종자 카탈로그를 1939년 카터스 카탈로그와 비교하면, 당근 해충에 저항력이 있도록 만들어진 일대잡종을 포함한 현대 품종들과 함께 지난 400년 동안 유럽과 미국 음식 문화의 일부가 된 품종인 베를리쿰(Berlicum), 프렌치 마켓(French Market)이라고도 불리는 파리지안(Parisian), 댄버스(Danvers), 챈트니(Chantenay), 얼리 낭트 숏(Early Nantes Short), 혼(Horn), 얼리 스칼렛 혼(Early Scarlet Horn)을 찾을 수 있다. 질병과 해충 저항력뿐 아니라 균일성을 주기 위한 당근 육종 기술이 놀라울 만큼 발전했음에도 불구하고, 오래된 품종이 여전히 최고고 많은 사랑을 받고 있다. 전 세계가 당근을 사랑하고, 다양한 사회와 음식 문화가 색을 중시하기 때문에 많은 전통 품종들은 수 세기 동안 길러져 정교한 현대 식물 육종 기술의 생산물인 현대 품종들과 함께 계속해서 번성할 것이다. 다른 많은 식물에 비해 당근의 미래는 꽤 확실하다.

당근은 보관과 이동이 쉽지만, 수확하고 몇 시간만 지나도 훌륭한 맛의 풍부함이 거의 사라진다. 그래서 나는 몇 가지 채소를 직접 길러보려고 하는 사람에게 텃밭에 당근을 키울 공간을 만들라고 조언한다. 집에서 기른 당근을 한번 먹어보면 다시는 밖에서 당근을 사고 싶지 않아질 것이기 때문이다. 어떤 당근도 막 뽑은 당근보다 맛있을 수 없다. 친애하는 독자 여러분들, 이건 맹세코 진실이다.

웨일스 리크를 찾아서

3월에 리크를, 5월에 야생 마늘을 먹으면
다음 해에 의사들은 놀아야 할지도 모른다.
- 웨일스 전통 시가

늦여름이었다. 영국 날씨는 최악이었다. 비가 쉴 새 없이 대형 천막을 때렸고, 나는 다소 습하고 후덥지근한 공기가 감도는 관람자들 사이에 껴 있었다. 그들은 매년 열리는 중요한 문화 행사인 USK 쇼(규모가 큰 영국의 농업 전시회역주)에서 거대한 생산물들을 자세히 보고 있었다. 빅토리아 시대 때부터 원예가들은 텃밭에서 가장 길고 가장 무겁고 가장 키가 크고 가장 뚱뚱하고 가장 완벽하게 생긴 거인들을 길러내기 위해 무자비하게 경쟁해왔다. 원예가들 사이에 통용되는 문화가 있다. 그들은 자기 인생을 전시 작물을 기르는 데 바치면서 상을 받기를, 그리고 감탄하는 관람자들의 찬사와 동료 전시자들의 부러움을 살 수 있기를 바란다. 나는 두 가지 이유에서 어쩔 수 없이 경쟁에 참여한다. 첫째로, 누군가가 우리 집 채소보다 더 좋은 평가를 받는 채소를 기르고 있다는 사실이 참기 힘들다. 하지만 두 번째 이유가 더 중요하다. 채소를 전시하는 것은 전부 외형을 위한 것이고 맛과는 아무 상관이 없기 때문에 내 생각에 이런 경쟁은 전혀 의미가 없다. 하지만 관심을 한 몸에 받는 작물을 기르면 요리할 때 또 다른 즐거움이 되기도 한다.

리크를 기르는 일은 믿을 수 없을 정도로 영국적인 면이 있다. 영국의 농업 쇼나 채소 협회의 파티에 가면, 리크가 얼만큼 크게 자랄 수 있는지 눈으로 확인할 수 있다. 내게 먹어보라고는 하지 마라. 이런 리크는 보통 원예사들이 기르는 것과 다르다. 거대한 길이와 둘레도 그렇지만, 일반적으로 씨앗에서 자라지 않는다는 점이 가장 다르다. 이런 리크는 씨앗 대신 부모를 복제해서 만든 파생 식물에서 시작한다. 이런 방식으로 자란 경쟁용 리크는 유전적으로 모두 동일하다. 리크의 완벽함은 기르는 사람의 기술에 달려 있지, 접시 위에서의 개성에 달려 있지 않다. 맛은 평가 대상이 아니니 말이다.

최고의 요리용 리크를 즐길 때 씨앗 봉지는 꽤 중요하다. 리크는 양파, 샬롯, 마늘과 같은 과의 강인한 일원으로 야생 리크인 알리움 암펠로프라숨(Allium ampeloprasum)에서 나와 작물화되었다. 이 이름은 두 단어에서 유래되었다. 그리스어로 프라순(prason)은 '리크'를 의미하고, 암펠로(ampelo)는 '포도나무'를 의미한다. 이 야생종을 라틴어 이름으로 풀면 '포도밭에서 자라는 알리움'이다. 로마의 의사인 디오스코리데스(Dioscorides c.40-90)는 포도밭에서 이 식물이 아주 잘 자란다는 것을 알아차렸다.

효능이 많은 식물

야생 리크는 선사시대에 영국에 온 것으로 추정된다.[1] 주로 잉글랜드 남서부와 사우스웨일스 일부 지역의 암반이 많은 해안선과, 배수로 건설 등으로 인간의 방해를 받은 축축한 장소에서 자란다. 12세기 아우구스티누스 수도사들이 야생 리크를 브리스톨 해협의 작은 섬인 플랫 홈으로 가져갔다는 이야기가 있다. 그러나 우리가 보게 될 것처럼, 수도사들은 경작용 리크의 씨앗을 가져갔을 가능성이 더 크다. 경작용 리크는 그 뒤로 그 섬의 야생 리크와 자유롭게 교배했을 것이다.

야생 리크는 웨일스 북서부 앵글시섬의 사우스 스택 안벽에서도 발견된다. 이곳 야생 리크는 2013년도에 특히 잘 자라 예쁜 꽃이 2.5미터까지 올라왔었다. 야생 리크는 고대에 주로 강장제로 사용되었을 것이다. 일부 약초 전문가들은 반박하는 사실이나 친척인 마늘과 비교하면 약효는 적었을 것이다. 그럼에도 불구하고 야생 리크는 피부의 검은 점을 분명 막을 수 있었고, 일반적인 감기를 치료하는 중요한 식물이었으며, 생리 후 잃어버린 철분을 회복해주는 강장제였다. 리크는 또한 출산을 돕는 유용한 식물이었고, 벼락을 맞지 않게 해준다고 여겨졌다. 또한 나방과 곤충 방충제로도 쓰였는데, 그래도 리크의 즙을 온몸에 발라 벌레가 가까이 오지 못하게 하는 방법은 너무 효과적이어서 인간도 가까이 못 오게 했을 것 같다. 오늘날 인터넷을 훑어보면 리크에 관한 여러 가지 주장을 볼 수 있다. 심장에 좋다, 혈압을 낮춰 준다, 강력한 항암 작용을 한다, 뇌 기능에 좋다, 뇌졸중 가능성을 줄여 준다 등등이다. 리크가 이렇게나 몸에 좋은데 우리가 거부할 수 있을까? 남근처럼 생겨서 사랑과 색욕과 연관되는 여러 음식이 있는데, 리크도 그중 하나다. 리크는 사랑에 활력을 불어넣어 줄 좋은 채소다.[2]

국가 정체성의 상징

리크는 웨일스의 두 가지 중요한 문화 아이콘 중 하나다. 다른 하나는 수선화인데, 수선화의 웨일스 이름은 켄닌 페드르(Cennin Pedr)로 '피터의 리크'라는 의미이다. 리크는 1346년 크레시 전투* 이후 웨일스 문화와 영국 문학에서 특별한 지위를 얻었다. 이 전투가 끝나고 250년 뒤, 셰익스피어는 자신의 희곡《헨리 5세》에서 이 전투를 생동감 넘치게 묘사했다. 여기서 우스꽝스러운 군인 플루엘렌은 왕에게 웨일스 병사들이 먼머스 캡(15~18세기에 유행했던 둥근 모직 모자 역주)에 리크를 꽂아서 썼다고 말한다. 20세기에는 리크에 관한 짓궂은 허풍과 음해와 장광설이 많았다. 몇몇 애국적인 웨일스 식물학자와 지역 역사가들이 어떤 식물이 웨일스의 진정한 상징인지를 논하며 나온 것이었다. 셰익스피어를 포함해 많은 사람들이 리크를 선호했다는 초기 기록을 불신했다. 말할 것도 없이 수선화를 좋아하는 사람들은 자신의 주장에 의문을 제시하는 모든 역사적 문헌에 경멸을 퍼

* 크레시는 프랑스 북동부에 위치한 곳으로, 크레시 전투는 영국과 프랑스 사이의 백년전쟁 중에 일어났다. 당시 프랑스 왕은 필립 6세였고, 영국 왕은 에드워드 3세였다.

부었다. 크레시 전투에 대한 어떤 언급도 '신뢰할 수 있는 권위'를 받지 못했다. 1911년 영국의 총리인 데이비드 로이드 조지(David Lloyd George)는 수선화를 공개적으로 지지하며 카나번성에서 새 황태자가 즉위할 때 공식 상징으로 사용했다. 리크는 어디에도 보이지 않았다. 상징으로서 서 있던 받침대에서 완전히, 정말로 떨어진 것이다. 하지만 리크가 이 싸움에서 졌을지 몰라도 싸움이 끝난 것은 아니었다.

1919년 린네 협회(Linnean Society)의 회원인 엘리너 바첼(Eleanor Vachell)은 카디프 동식물 연구가 협회(Cardiff Naturalists' Society)에 〈리크: 웨일스의 국가적 상징(The Leek: The National Emblem of Wales)〉이라는 논문을 썼다. 이 글에서 그녀는 기록을 바로 세우려고 시도했다. 그 점이 매우 재미있는 글이다.

> "…논쟁의 여지가 있는 이 주제를 어떤 작가도 공정한 관점에서 본 것 같지 않다. 그리고 공정하고 정직하게 경쟁 식물들에 대해서 정당한 요구를 제시한 것 같지 않다. 자신들이 선호하지 않는 식물을 두고 모두 모멸적인 표현과 경멸을 퍼부었다. 그런 방식으로 논점을 해칠 수 있을 거라고 믿는 게 분명했다. 그러므로 우리는 이 식물의 적들이 수선화를 '연약하고 감성적이고 다정한 꽃, 젊은 여성들이 가장 좋아하는 꽃'이라고 언급하는 반면, 리크는 기분이 나쁘고 흔한 텃밭 식물이라고 말하는 걸 발견하게 된다. …리크의 인기가 웨일스의 진정한 상징으로 정당하게 받아들여질 만큼 충분히 고려되기를 간절히 희망한다. 현재 우리

국민들이 성 데이비드의 날(3월 1일. 웨일스의 수호성인을 기리는 축일 역주)에 리크와 수선화를 우스꽝스럽게 같이 몸에 다는 것을 그만뒀으면 한다. 다른 나라에서 웃음거리가 되고 있지 않은가….”[3]

국민적 분노는 지속되었다. 자부심을 빼면 시체인 웨일스인들이 무시받는 리크를 두고 잉글랜드인에게 엄청난 비난을 무차별적으로 던졌기 때문이다. 20세기 초 처음 10년 동안 이 논쟁이 한창일 때 르웰린 윌리엄스(Llewelyn Williams)라는 사람이 나타나 웨일스의 국가 상징이 '냄새나는 채소'에서 '매력적인 꽃'으로 대체된 것은 "셰익스피어나 셰익스피어만큼 무지한 색슨 족이 저지른 실수 때문"이라고 지적했다. 사람들이 리크를 의미하는 웨일스어인 '켄닌(cennin)'과 수선화를 의미하는 '켄닌 페드르(cennin pedr)'를 혼동했다는 것이다.

웨일스 리크를 찾아서

진짜 웨일스 유산이나 가보인 리크가 있는지 없는지(나는 아직 발견하지 못했다), 또는 웨일스에서 실제로 리크를 즐겨 먹든지 어떻든지 간에 이 문제는 리크의 위대한 문화적 중요성에 비하면 부차적인 측면일 뿐이다. 리크는 3월 1일인 성 데이비드의 날에 꼭 등장하여 아주 오래된 전투를 기념한다. 이 전투는 7세기경 귀네드(웨일스 북서부의 주 역주)의 왕 카드왈론(Cadwallon)이 참전했는데 그때 병사들은 서로를 식별하기 위해 전투모에 리크를 달았다. 이 전설은 용감한 웨일스 병사들이 어떻게 주위의 들판에서 자라는 리크를 먹으며 증오하는 색슨족 침략자들을 물리쳤는지를 보여준다. 성 데이비드는 빵과 리크만 먹고 살았는데, 그 덕에 우렁차고 맑은 목소리를 가질 수 있어서 웨일스 교회 회의에서 설교할 때 대중들이 그의 말을 잘 들을 수 있었다고 한다.

그러나 전투에서 리크를 착용했다는 두 기록을 보면, 리크가 웨일스의 상징이라고 주장하는 사람들은 원예에 대해서는 무지한 것 같다. 크레시 전투는 1346년 8월 26일에 벌어졌다. 그때 재배되던 리크는 두께가 연필보다 얇아서 눈에 잘 띄지 않는 상징물이었을 것이다. 그럼에도 불구하고 우리는 헨리 5세의 군대가 켈트족 선조들의 발자취를 따라서 모자에 리크를 꽂았을 것이라고 주입당한다. 그러나 3월 초 카드왈론 왕(King Cadwallon, 잉글랜드 통일 전 있었던 7왕국 중 하나인 웨식스의 왕, 685-688까지 단 3년 재위했는데 이때 전쟁으로 분열된 웨식스를 통일하고 영토를 크게 확장했다편집자주)이 전쟁 중이었을 때의 리크는 장대해 보였을 것이다! 식물학적으로 분명하게 말하자면, 7세기 웨일스 리크는 로마인들이 소개한 것이 거의 확실하다. 로마인들이 리크를 포함해 모든 파속 식물을 얼마나 사랑하는지는 이후 이야기하겠다. 그 당시에도 웨일스 리크는 웨일스 서해안의 외딴 구석과 바위틈에서만 자라는 야생종이었을 가능성이 매우 낮다.

매기 캠벨컬버(Maggie Campbell-Culver)는 자신의 멋진 책《식물의 기원(The Origin of Plants)》에서 로마 점령 이후 영국의 전체 인구가 농작물을 재배할 때 채소밭과 농지를 구분하지 않았을 것이라는 점을 짚었다. 삶은 오직 생존에만 집중되어 있었고, 공동체 전체는 오직 생존하기 위해 필요한 충분한 식량을 찾고 기르는 데 집중했을 것이다. 오직 수도사와 소수 학자만이 글을 읽고 쓸 줄 알았다. 하지만 그들조차 대부분의 시간을 농작물을 기르고 먹을 것을 구하는 데 보냈다. 오늘날 일반적인 텃밭을 '채소밭'이라고 부르는 것과 달리, 성 데이비드가 색슨족 침략자들과 싸우고 있을 당시에는 채소가 자라는 곳을 리크가스(Leac-garth, 허브 정원)이라고 불렀다. 여기서 리크는 앵글로색슨어로 '허브'를 의미한다. 따라서 리크가 앵글로색슨족 음식 문화의 중요한 부분이었다는 것은 의심의 여지가 없어 보인다. 이 파속 식물에 대한 영국인의 집착은 오늘날까지 이어져 출품 쇼에서도 무시할 수 없는 수준이다. 아마도 카드왈론 왕이 이끌던 전투 장소를(사우스웨일스 어딘가의 확인되지 않은 리크 밭) 문자 그대로 번역하면 웨일스 문화에서 채소가 자라는 위치에 대해 더 많은 것을 알 수 있을 것이다. 그것은 웨일스인들과 그들이 증오하는 색슨족 적들이 배를 채우기 위해 어떤 가난한 농부의 채소밭에서 훔쳤던 실제 채소보다도 더 많은 이야기를 전해줄 것이다. 어쨌든 헨리 5세를 위해 싸운 용감한 군인들이 썼던 리크는 프랑스 품종이자 로마가 멸망하고 약 천 년 동안 경작한 결과물이었을 것이며, 오늘날 우리가 먹는 일반적인 리크와는 먼 관계일 것이다.

야생적인 면이 사라지다

내가 쓴 많은 채소와 달리, 재배용 리크는 야생 리크에서 작물화된 것이지만 식물학적으로는 배양종으로 알려져 있다. 배양종은 대응할 수 있는 야생종이 없는 재배용 식물을 가리키는 용어인데, 재배용 리크가 배양종인 이유는 수천 년 동안 작물화되고 선발 육종되면서 현재는 야생 조상과 상당히 달라졌기 때문이다.

기록에 따르면 재배용 리크 또는 일반 리크는 최고 4,500년 전에 이집트와 메소포타미아에서 작물화되었다. 그러나 야생 리크는 비옥한 초승달의 서쪽과 북쪽뿐만 아니라 지중해와 흑해와 접한 모든 나라의 토착종이었다. 때문에 영국인 조상들은 야생 리크가 작물화되고 나서도 한참 뒤에야 이것을 먹이로 찾아다녔을 가능성이 크다. 리크는 지난 600년 동안 유럽 식민지화의 결과로 영국 일부를 포함한 북부 유럽과 인도차이나 전역, 그리고 오스트레일리아 대부분 지역과 북아메리카와 남아메리카 대륙 일부 지역으로 온 것으로 간주된다.

기나긴 작물화 과정에서 리크를 포함해 많은 독특한 형태의 식물이 여러 다른 음식 문화에 들어왔다. 야생 리크는 겉모습이 양파와 비슷하여 밑 부분에 작은 구근이나 구근 덩어리들이 있다. 작물화된 리크는 다음과 같이 다섯 가지의 뚜렷한 분류군으로 나뉜다. 커먼 리크(Common Leek), 그레이터헤디드 갈릭(Greater-headed Garlic), 펄어니언(Pearl Onion), 쿠랏(Kurrat), 타리(Taree) 또는 페르시안 리크(Persian Leek)이다. 여기에서 몇 가지 다른 유형이 개량되었다.

동심원 모양이면서 엽초(葉鞘, 줄기를 둘러싸고 있는 부분역주)가 없는 잎밑은 농부들이 선택해 기르면서 길이가 길고 먹을 수 있는 위경(僞莖, 거짓 줄기역주)으로 변화하였다. 위경은 부푼 잎밑에서 형성되는데, 부푼 잎밑은 커먼 리크의 독특한 외모 특징 중 하나이다.[4] 코끼리 마늘은 그레이터헤디드 갈릭 그룹에 속한다. 코끼리 마늘을 길러보고 먹어본 사람들은 이것이 리크 유형이라기보다는 거대한 마늘 구근처럼 보인다고 말할 것이다. 하지만 먹어보면 리크 맛이 나기 때문에 진짜 마늘의 톡 쏘는 맛을 기대한 사람들은 실망할 수 있다. 중국 리크와 가까운 펄 어니언은 영국에서는 버튼 베이비 어니언(button baby onion)으로, 미국에서는 크리머(creamer)로 불린다. 마찬가지로 자주 절임용 양파로 판매되지만 사실은 절임용 리크의 일종이다! 또 다른 유형인 쿠랏과 타리는 보통 커먼 리크와 비슷하게 생겼다. 쿠랏은 야생 마늘에서 선택한 결과인데, 잎을 강조한 것이다. 오늘날 이집트에서 여전히 인기가 있다. 쿠랏은 '자르면 다시 자라는' 성질이 강한 작물로, 몇 주에 한 번씩 수확할 수 있다. 완전히 고갈될 때까지 일 년 이상 걸린다. 타리는 쿠랏과 매우 비슷하게 생겼지만 잎이 좁고 이란 북부 요리에서 인기 있는 재료다. 그레이터헤디드 갈릭 그룹은 번식력이 없지만, 다른 네 그룹의 씨앗은 교배가 가능하고 서로 쉽게 교차하여 다양한 요리 가치를 가진 잡종을 생산한다.

야생 리크라고 불리는 다른 파속 식물이 있는데, 완전히 다른 종이다. 내 생각에 보통 램프라고 알려진 미국 야생 리크인 A. 트리코쿰

(A. tricoccum)이다. 이는 봄에 재배되어 농산물 시장에서 판매된다. 꽤 맛있는데, 혼란스럽게도 관련이 없는 야생 마늘인 A. 우르시눔(A. ursinum)과 닮았다. 이건 우리 집 근처에서 자란다. 곰마늘이라고도 알려진 이 야생 마늘은 봄에 나는 멋지고 달콤한 냄새가 나는 식물로, 영국 삼림 지대와 시골 길가 가장자리를 따라 거대한 곰마늘의 무리를 볼 수 있다.

음식 이야기

웨일스 사람들이 수수한 리크의 문화적 중요성과 가치를 논하기 수천 년 전에 리크는 지중해 동부 초기 요리법에서 자기 자리를 굳혔다. 리크가 우리 접시에 올라간 이야기는 두 사촌인 마늘과 양파와 밀접한 연관이 있다. 리크와 마늘, 양파는 거의 4,500년 전 수메르의 설형문자 판에서 다른 요리 필수품들과 함께 언급된다. 기원전 1600년에서 1700년 사이에 메소포타미아에서 나온 문자판은 예일 바빌로니아 문자판(Yale Babylonian Tablets)으로 알려져 있는데, 세계에서 가장 오래된 요리책이며 40가지 요리법을 담고 있다. 그 안에 파속 식물이 많이 등장한다. 문자판에 리크는 (아마도 타리일 것이다) 카르수(karsu)라고 적혀 있다. 메소포타미아 문명은 순수하게 영양분을 얻기 위해 리크와 마늘을 같이 요리한 것으로 보인다. 약효가 있거나 마법적인 특성이 있다는 기록은 없기 때문이다. 구약성경에는 이스라엘 사람들이 잃어버린 먹는 쾌락에 관한 묘사가 나온다. 이스라엘 사람들은 모세와 함께 광야를 떠돌며 그들이 놓고 온 좋은 것들을 생각했다. "…우리는 이집트에서 먹었던 생선, 오이, 멜론, 리크, 양파, 마늘을 회상한다."(11:4-6)

이집트인들도 쿠랏을 포함해 리크를 즐기고 심지어 숭배했던 것으로 보인다. 리크는 상형문자와 오시리스 신(고대 이집트의 명계의 신역주)의 머리나 손에 나타난다. 로마 황제 네로(Emperor Nero, 37-68)는 일찍 죽었지만, 그게 리크를 좋아했던 탓이라고 비난할 수 있을지 모르겠다. 리크를 먹으면 후두가 부드러워진다고 믿었던 성 데이비드처럼 네로는 노래를 더 좋은 목소리로 부르기 위해 주기적으로 많은 양의 리크를 먹었다. 그 결과 '포로파구스(Porrophagus)'라는 별명을 얻었다. 이는 라틴어로 '리크 먹는 사람'이라는 의미로, 은혜를 모르는 제국이 붙여준 모욕적인 별명이었다. 오늘날 유럽 요리의 중심에 있는 많은 다른 채소와 마찬가지로 길들여진 리크는 로마 제국 전역에서 자랐다.

앵글로색슨 유럽(노르만 정복 이전의 유럽역주)은 재배용 리크를 받아들였다. 영양이 풍부하고 신뢰할 수 있고 튼튼한 이 작물은 늦가을에서 늦봄까지 수확할 수 있었다. 아마 일상적으로 먹는 식단의 일부였을 것이고, 그것이 리크가 영국의 문학과 전통 문화에서 중요한 위치를 갖는 이유이다. 리크를 먹는다는 건 부정적인 의미도 있었다. 한 세기 또는 그보다 더 전에 사람에게 '리크처럼 미성숙하다'라거나 무언가가 '리크만큼이나 쓸모 없다'라고 하는 경멸적인 표현은 특정 지역의 영어 방언에서 관용어로 쓰였다.[5] 셰익스피어는《헨리 5세》의 한 장면을 크레시 전투에서의 웨일스 사람들을 높이 평가하는 데 할애했다. 또 작품 속 웨일스인 인물인 플루엘렌은 그의 영국인 동포 피스톨에게 '리크를 조롱할 거라면 리크를 먹을 수 있어야 한다'고 하면서 리크를 먹도록 강요한다.

더 긍정적인 관점에서 보면, 웨일스인뿐만 아니라 루마니아인들도 리크를 문화 정체성의 기반으로 보고 있다. 스코틀랜드인들도 그렇다. 코카리키 수프(닭과 리크를 넣어 만든 스코틀랜드 음식역주)를 생각하면 된다. 한 끼 식사로 충분한 이 요리는 지역마다 요리법이 조금씩 다르지만 모두 리크를 넣는 것은 동일하다. 또 다른 전형적인 스코틀랜드 요리는 포리지 죽이다. 포리지(porridge)는 영어 단어 '포테지(pottage)'와 프랑스어 단어 '포레(porée)'의 합성어이다(두 단어 모두 수프를 의미한다역주). 리크를 의미하는 라틴어 포룸(porrum)은 프랑스어에서 포아로(poireau)가, 독일어에서는 포레(Porree) 또는 라우흐(Lauch)가 되었다. 포룸은 처음에는 코카리키처럼 리크를 기반으로 한 걸쭉한 채소 수프를 설명하는 데 사용되었다가 점차 말린 완두콩이나 오트밀을 사용하여 만든 끈적끈적하고 국물이 많은 모든 요리를 설명하는 단어로 확대되었다.[6]

균일성의 시대로

나는 10월부터 4월까지 계속 수확할 수 있는 사랑스러운 리크를 몇 가지 기르고 있는데, 대부분은 구매할 수 있는 재배용 품종이다. 그중에 맛이 좋고 유명한, 스코틀랜드에서 나온 머셀버러(Musselburgh)가 있다. 이 이름은 1834년 처음 판매된 지역인 에든버러 근처의 지역명에서 따온 것이다. 머셀버러는 아마추어 재배사들 사이에서 꾸준히 큰 사랑을 받고 있다. 덧붙이자면, 스코틀랜드 리크는 '녹색 깃발'로 알려진, 길고 어두운 녹색 잎과 '짧은 블랑쉬'라고 불리는 뭉툭한 줄기로 식별된다. 스코틀랜드 리크는 '런던 리크'와 다르다. 런던 리크는 줄기를 따라 난 잎의 간격이 더 균일하다. 리크 재배종의 이름은 간결하면서도 묘사적이다. 오늘날 아마추어 원예 카탈로그에 등장하는 대부분 품종은 지난 200년 동안 나온 것이다. 내가 보관 중인 어텀 자이언트(Autumn Giant)는 어텀 자이어트III까지 세 번 모습을 바꿔 나왔다. 나는 미국에서 온 월튼 매머드(Walton Mammoth), 오래된 프랑스 품종인 리옹 프리제타커(Lyon Prizetaker), 1980년대 영국에서 나온 품종인 코로살(Colossal)도 보관 중인데, 그중 가장 좋아하는 것은 약 30년 전 판매가 중단된 월튼 매머드다. 프랑스 사람들도 리크를 매우 좋아한다. 블루 드 솔레이즈(Bleu de Solaize)는 19세기의 대표적인 품종으로 머셀버러와 습성이 비슷하지만 잎이 파란색이다.

리크는 슈퍼마켓의 요구로 인해 현대 육종 기술의 대상이 된 또 하나의 식물이다. 슈퍼마켓은 오늘날 소비자의 요구를 만족시켜야 하니 말이다. 1993년 리크 육종에서 중대한 돌파구가 마련되었다. 영국의 식물 연구자인 브라이언 스미스(Brian Smith)와 그의 팀이 리크에서 웅성불임성(웅성 기관에 이상이 있어 불임인 현상역주)을 발견한 것이다.[7] 이를 통해 이들은 결과적으로 균일하게 변형된 잡종 품종을 개발할 수 있었고, 이것은 리크를 미리 포장한 상태로 배송하기를 바라는 슈퍼마켓이 요구한 필수 특성이었다. 더 중요한 것이 있다. 이 새로운 품종이 흔한 해충과 질병에 대항하는 저항력이 늘었다는 것이다. 오늘날 판매되는 99퍼센트의 모든 리크는 잡종이다. 현대에 와서 리크 생산이 엄청나게 증가한 것은 재배가 더 쉬워졌고 그 담백한 맛이 현대 서양인의 입맛에 잘 맞기 때문이다. 질병에 강하고 수확량이 더 많은 새로운 품종을 개발하는 일을 결코 멈춰서는 안 된다. 리크를 더 많이 기르고 먹는 것은 우리 모두에게 건강과 영양학적 면에서 좋은 점만 있는 데다, 새 품종은 풍미까지 좋다.

스미스와 그의 연구팀은 웅성불임성을 가진 극소수 개체를 찾아내기까지 수천 가지의 전통 품종을 길러야 했다. 전통적으로 자연 수분한 품종들의 유전적 다양성이 풍부하지 않았다면 결코 성공할 수 없었을 것이다. 흥미롭게도 현재 워릭대학교의 생명과학부의 일부인 국제 원예 연구소에서 진행한 이들의 연구는 다국적 농화학 회사이자 식물 육종 회사인 바스프(BASF)의 지원을 받았는데, 이 회사가 연구의 한 부분으로 소유하고 있는 유전자 은행에는 현재 세계에서 가장 많은 리크 품종이 있다. 이는 곧 이들이 농작물의 지적 재산을 통제한다는 것을 의미한다. 이 작물들은 유전적으로 다양하고 문화적으로 풍부한 전통 시장을 거의 대체했다. 이것은 친숙한 이야기다. 세계는 오래된 품종보다 현대 품종을 먹으며 살아가고 있지만, 현대 품종은 유전적으로 덜 다양하기 때문에 덜 강하다. 어떤 새로운 벌레나 곰팡이, 박테리아 또는 기상이변이 생기면 그해 농사가 망할 수 있다는 뜻이다. 만약 전통적인 품종이나 유산 품종을 재배할 거라면, 또는 적어도 찾아서 사먹고자 한다면, 리크는 가장 유력한 후보다. 먹어보기 전까지는 지금까지 무슨 맛을 놓치고 살았는지 알 수 없을 것이다.

나 같은 사람들이 기를 수 있는 리크 품종의 개수는 결코 방대했던 적이 없다. 심지어 미국의 훌륭한 종자 보존 거래소(Seed Savers Exchange)에서도 네 개만 판매하고 있다. 2015년 유럽 연합 채소 품종 공통 카탈로그에는 리크 품종 338개가 올라왔는데, 출생지는 유럽 전역 모든 나라에 분포해 있었고 그중 94개는 현대에 나온 잡종이다. 누군가는 품종 목록이 길다는 사실에 위안을 얻을 수도 있지만, 여기 실린 모든 품종이 다 재배되고 있는 것은 아니다. 오히려 소수만 재배되고 있다. 슬픈 사실은 대부분의 품종을 바스프와 바이엘(Bayer)과 같은 다국적 기업에서 통제하고 있다는 것이다. 바이엘은 분명 종자를 나누기를 원치 않는다. 가진 사람이 임자라는 태도다. 종자 회사식으로 말하자면 '찾은 사람이 임자'라고 표현할 수 있겠다. 이는 실제로 잡종을 만드는 작업이 시작된 1993년까지 유일한 방법이었다.

품종을 위해 전통적인 리크 육종 계획(우수한 품종을 개량하기 위해 전략을 세우는 것[역주])에 착수하는 것은 쉬운 일이 아니다. 상업 회사들은 하지 않을 일인데, 한번 유전 물질이 공공 영역에 들어가면 통제권을 잃기 때문이다. 현대 잡종 품종들은 국제 지적 재산권법의 보호를 받고 있으며, 이는 오직 자격이 있는 종자 제공자의 허가가 있어야 재배할 수 있다는 것을 의미한다.

하지만 어쩌면 이 아름답고 오래된 채소의 앞날을 걱정할 필요가 없을지도 모른다. 다른 파속 식물과 마찬가지로 리크는 거의 모든 다른 음식만큼 오랫동안 우리와 함께해왔다. 처음에는 야생에서 자라다가 그 후 수천 년 동안 작물화되면서 많은 음식 문화의 기반이 되었다. 리크 육종에 관한 이야기를 들으면, 가장 진보적이고 과학적인 기술이 집중된 접근법뿐 아니라 소규모 육종가를 위한 장소가 필요하다는 생각이 든다. 소규모 육종가들은 소수가 아닌 다수가 재배할 수 있도록 접근 가능한 자연 수분 품종을 연구하고 있다. 이것의 가장 명백한 이점은 우리가 맛있고 영양가 있는 다양한 품종의 채소를 맛볼 수 있다는 것이며, 세계적으로 보면 식량 안보가 더 보장된다는 것이다. 리크를 포함하여 어떤 작물이든 우리가 하나 또는 아주 적은 수의 품종만 기른다면, 그 품종을 특별히 좋아하는 돌연변이 병원체나 벌레가 나올 때 전 세계는 굶주리게 될 테니 말이다.

끝나지 않은 조사

나는 웨일스에서 처음 재배된 진짜 리크를 찾기 위해 탐색했다. 채소 세계에는 잘 알려지지 않은 작물이 많다. 사라진 것일 뿐 완전히 없어지지 않았기를 바란다. 나는 웨일스에서 처음 재배된 진짜 리크의 흔적을 금방 찾을 수 있었다. 1939년 카터스의 파란색 원예 종자 카탈로그에는 리크 다섯 품종이 소개되어 있었다. 페이지 하단의 아주 작은 글자는 이것이 한때 존재했다는 증거였다. "웨일스 리크는… 오래된 웨일스(대문자로 쓰여 있다)의 훌륭한 개량 품종이다. 1온스[25그램]에 10펜스[4신펜스(약 60원역주)]나 한다." 안타깝게도 웨일스 리크는 더 이상 어디에서도 구할 수 없다. 내가 아는 한 판매용 웨일스 리크에 관해 가장 최신 언급인 이 글은 이것이 2차 세계대전 전에는 쉽게 구할 수 있었다는 충분한 근거가 된다. 웨일스 전역의 리크 재배자들에게 광범위하고 끝없이 조사했음에도 불구하고 지역 유산이나 가보 리크가 육종되었다는 증거는 없었다. 하지만 이 구하기 힘든 채소를 계속 조사할 것이다. 아마도 웨일스 가장 깊은 곳에 있는 정원 창고의 잊힌 구석에 카터스의 씨앗 봉투가 아직 남아 있을지도 모른다….

카우리스, 크람베, 브라스케

양배추는 어디에서나 잘 자라고
아무렇게나, 어떤 땅에서도 번식하며
씨앗은 일 년 중 언제라도 뿌릴 수 있다.
- 서튼 앤 선스, 《씨앗과 뿌리에서 나온 채소와 꽃의 문화
(The Culture of Vegetables and Flowers from Seeds and Roots, 1884)》

학교 급식은 마음이 약한 사람이나 옛 기억을 추억하기를 좋아하는 사람들을 위한 것이 아니다. 오히려 잊는 것이 더 나은 강제적이고 비참한 미식 여행이다. 내가 인격이 형성되던 시기에 다닌 학교는 건강에 좋은 음식이 주는 이로움을 믿었는데, 건강에 좋은 음식이라 함은 전함을 침몰시킬 수 있을 만한 딱딱한 갈색 빵 조각과 정체불명의 고기가 들어간 묽은 스튜 한 그릇, 그리고 양배추를 의미했다. 거의 매일 이런 음식이 나왔다. 비가 오나 눈이 오나. 관심을 갈구하던 슬픈 소년이었던 나는 급식을 상당히 많이 먹었다. 당시 내 별명은 '잔반처리반'이었는데, 학교 아이들이 식탁 그릇에서 나온 많은 양의 양배추를 내게 떠넘겼기 때문이다. 우리는 빈 그릇으로 선생님들에게 너무 많이 익어 눅눅해진 곤죽을 많이 먹은 것을 보여드려야 착한 학생이라는 것을 증명할 수 있었다. 학교 급식 덕분에 나는 요리에 즐거움을 주는 아주 다양하고 형형색색의 양배추과의 일원들을 찾는 데 인생의 많은 시간을 썼다. 그리고 꽤 성공했다. 배고팠던 그 시절의 아이들은 양배추에 편견을 갖게 됐고, 그 편견을 거의 무덤까지 가져가게 됐다. 정말로 범죄나 다름없는 몇몇 요리 덕분이다. 다행히 내 경우는 상처가 오래가지 않았다. 양배추는 텃밭에서 인내심 있게 자라고, 사랑스럽게 준비된 상태로 부엌에서 기다리고 있다. 하지만 모든 농작물 중 세상에서 가장 박해와 오해를 받으며 인정받지 못한다. 양배추는 어깨를 나란히 할 동료가 거의 없다. 나는 학교를 떠난 지 십 년이 넘어서야 누군가 발견해주기를 기다리고 있는 브라시카(brassica, 배추속 식물역주)의 세계가 실제로 존재하며, 영국의 음식문화에서 그들의 위치를 굳건히 만드는 풍부한 이야기가 있다는 것을 알게 되었다.

칼 린네(Carl Linnaues, 1707-1778)는 브라시카 올레라케아(Brassica oleracea, 양배추, 브로콜리, 콜리플라워, 콜라비 등을 포함하는 식물 종역주)의 모든 식용 가능한 형태를 일곱 개의 뚜렷한 군으로 분류했다. 우리가 속잎이라고 부르면서 먹는 결구(結球)인 양배추는 캐피타타 군(Capitata Group)에 속한다. 케일처럼 속잎이 없는 품종은 아세팔라 군(Acephala Group)이고, 사보이 양배추는 사바우다 군(Sabauda Group), 콜라비는 공일로드 군(Gongylodes Group)이다. 나머지 세 군을 더 보자. 꽃봉오리를 먹는 브로콜리는 이탈리카 군(Italica Group), 콜리플라워는 보트리티스 군(Botrytis Group), 방울다다기양배추는 젬미페라 군(Gemmifera Group)이다.

이름이 말해주는 것

단어의 역사와 기원을 연구하는 어원학은 언어를 이용해서 채소를 설명하는 영역에서 뿐 아니라 채소가 작물화된 여정을 이해하는 데에도 중요한 역할을 한다. 어원학자들은 아직 성경 속에서 배추속 식물에 대한 언급을 찾지 못했다. 4,500년 전 바빌로니아 정원이나 아시리아 축제에 쓰인 채소를 설명하는 내용에도 없고, 이집트의 식용 작물 목록에서도 확인되지 않는다. 2,500년에서 2,800년 전 산스크리트어로 쓰인 힌두《우파니샤드(Upanishads)》에서도 배추속 식물은 언급되지 않는다. 그리스 문학 초기 작품 중 하나인 호메로스의 시에도 등장하지 않는다. 그 시에는 식물 이름이 50가지나 나오는데 말이다. 그렇다면 배추속 식물은 언제 어디에서 처음 작물화되었을까?

잎이 무성한 푸른 채소를 확실하게 의미하는 최초의 그리스어 단어는 크람베(krambē)다. 이 단어는 2,600년 전에 나왔다. 카울로스(Kaulos)는 '줄기' 또는 '대'를 의미하는데, 이 단어는 그로부터 약 200년 뒤 그리스 문학에서 처음 등장했다. 세계는 로마의 희극 작가인 플라우트스(Plautus, 기원전 c.254-184)가 양배추처럼 생긴 여러 가지 채소류를 설명하기 위해 브라시카라는 단어를 처음 사용할 때까지 기다려야 했다. 플라이니 디 엘더가 그 뒤를 잇기까지 또 몇 백 년이 걸렸다. 로마인들은 또한 카우리스(caulis)라는 단어를 사용했다. 국제생물다양성연구소(Bioversity International)의 로렌조 마지오니(Lorenzo Maggioni)는 해당 그리스어와 로마어 사이의 가교가 라틴어 단어인 브라스케(braskē)라는 가설을 세웠다.[1] 이 단어는 1,600년 전에 살았던 그리스의 사전 편찬자인 헤시키우스(Hesychius)가 이탈리아 남부의 고대 그리스 식민지에서 기르던 배추속 식물을 설명하기 위해 썼다. 마지오니는 크람베와 브라스케, 그리고 라틴어 브라시카 사이에 합리적인 어원적 연관성이 있다고 생각했다. 그리스어로 '크람베가 했다!'라고 외치는 것은 분명히 웃기려는 의도이며, 시간에 빛바래 버린 개그이다.

잎이 무성한 케일 위로 똑바로 서서 자라는 줄기는 처음 작물화된 유형의 가장 명백한 특징이었다. 그것을 다들 일반적인 용어로 '줄기'라고 불렀던 것으로 보인다. 그리스어 카울로스에서 나온 '콜(cole)'은 전 세계의 모든 배추속 식물 유형을 의미하는 일반적인 단어로 남았으며, 우리에게 케일이라는 영어 이름을 주었다. 오늘날, 프랑스인들은 양배추를 슈(chou)라고 부른다. 아일랜드어로 양배추는 칼(cal), 이탈리아어로는 카볼로(cavolo), 독일어로는 콜(Kohl)이다. 스칸디나비아어로 콜(cole)이라는 단어는 지역마다 변형이 있다.

우리가 알 법한 초기 그리스 문학 일부에서 케일은 사람들이 좋아하고 인기 있는 채소였고, 데쳐서 올리브오일과 함께 먹었다. 최초의 케일은 부드럽거나 동그랗게 말린 잎을 가지고 있었다. 색이 달라졌는지에 대해서는 알기가 어렵다. 그리스의 키니코스학파 철학자인 디오게네스(Diogenes, 기원전 412-323)는 단순한 삶을 살기 위해 명성과 과시를 피하던 사람이었다. 그리고 쾌락을 쫓는 친구들의 행동을 이렇게 꾸짖었다. "카우리스를 먹고 살면 권력자에게 아부할 필요가 없다네." 그러자 젊은이는 이렇게 대답했다고 전해진다. "권력자에게 아부하면 카우리스를 먹고 살 필요가 없어요."[2]

린네는 1753년에 출판한 자신의 책《식물의 종(Species Plantarum)》*에서 배추속 식물의 야생 형태가 자생한 곳이 영국 제도의 해안 지대라고 말했다. 이후 지도에 스칸디나비아 남부의 일부 서쪽 지역과 프랑스와 스페인 북부의 해안 지역에서도 자생했다고 표시해 두었다. 당시 일부 학자들은 그리스인들이 '양배추'를 의미하는 켈트어인 브레시크(bresic)에서 브라시카라는 단어를 가져왔다고 추측했다. 이것이 아마도 린네가 자신이 도버(영국 동남부 도버 해협과 닿아 있는 항구 도시[역주])의 흰 안벽에서 자라는 것을 본 야생종에서 재배 유형의 배추속 식물이 작물화되었다고 믿은 이유일 것이다. 영국 제도, 페니키아인, 그리스인, 로마인 사이의 무역은 로마가 브리튼 섬을 침략하기 훨씬 전에 시작되었다. 우연이었든 아니었든 식물 교환은 일반적이었을 것이다. 그리스와 로마 농부들이 개발한 작물화된 케일은 페니키아 상인들이 2,500년 전 바다를 통해 영국에 도착하면서 함께

* 비록 더 이상 출간되고 있지 않지만,《식물의 종》은 많은 곳에서 복사본을 찾을 수 있다. 이 책은 두 권으로 나뉘어 출간됐다. 첫 번째 책은 1753년에, 두 번째 책은 1762-1763년 사이에 나왔다. 이 책은 식물 명명의 이명법 체계를 일관되고 체계적으로 적용한 최초의 연구였다. 린네 이전에는 식물의 이름이 장황하고 일관성이 없었다. 린네는 두 부분으로 된 명명 체계를 도입했다. 첫 번째는 단일 단어로 된 속(屬)의 이름으로, 브라시카가 그 경우다. 두 번째는 단일 단어로 된 특정 별칭이다. 예를 들어 린네는 야생 양배추에 올레라세아(oleracea)라는 단어를 사용했다.

들어왔을 가능성이 더 크다. 켈트족은 라틴어 브라스케에서 채소를 뜻하는 자신들의 단어인 브레시크를 가져왔을 것이다.

영국 해안의 야생 채소들은 매우 다양했다. 어떤 것은 잎이 큰 케일 같고, 다른 것은 브로콜리에 더 가까워 보였다. 잊지 말아야 할 것은 도버가 로마의 주요 요새였다는 점이다. 주변의 정원과 들판은 로마인들이 점령 당시 가지고 온 많은 품종의 배추속 식물을 기르는 데 사용되었을 것이다. 그 땅에서 탈출한 식물들이 근처의 흰 안벽에서 새 집을 찾는 데까지는 긴 시간이 걸리지 않았다. 흰 안벽에서 그들은 야생 상태로 되돌아갔다. 그 지역에서 나온 사료용 야생 양배추는 맛이라는 측면에서 매우 가치가 있었다. 이들의 부모일 가능성이 높은 야생 채소가 로마인의 소개로 작물화되었다는 걸 생각하면 놀라운 일도 아니다!

야생 아이들

모든 야생 및 재배용 배추속 식물은 쉽게 교배하는 특성이 있다. 즉, 취미처럼 서로 교잡하고 잡종을 만든다. 그 결과 수 세기가 지나면 수많은 지역 품종이 생겼다. 나를 포함해 종자를 위해 배추속 식물을 기르는 사람들은 우연한 교차 수분을 피하기 위해 작물을 완전히 격리하는 것이 얼마나 중요한지 잘 안다. 다형성은 한 개체군에 두 가지 이상의 다른 형태의 종이 존재함을 의미하는데, 배추속 식물의 다형성은 인간의 선택으로 발생한 농작물의 변동성 중에서 가장 눈에 띄는 예시이다.[3] 최근 연구는 농부의 밭에서 탈출해 자유롭게 돌아다니다가 작물화된 배추속 식물이 사실상 새로운 토종 야생종이 되고 있다는 것을 보여준다. 영국의 식물학자인 제임스 심(James Syme)은 1863년 "바다 쪽에 방치된 정원에서 자란 붉은 양배추가 몇 세대 만에 야생 양배추의 상태로 돌아갔다"라고 관찰했다.[4] 유전자 지도 덕분에 이제 분명해진 것은, 오늘날 배추속 식물의 '야생 부모'로 추정되는 것이 사실 과거에 탈출하여 이동한 작물화된 농작물의 '야생 아이들'이라는 것이다. 영국 제도 안에서 마을 근처에서 야생 배추속 식물이 자란 곳을 지도로 그리면, 이들이 로마인들과 색슨족의 소개로 들어온 이전 경작의 결과물임을 알 수 있다.[5] 그러므로 린네는 틀렸고, 잘못된 가설을 영구화한 것에 대해 비판받아야 한다. 도버의 안벽에서 그가 처음 발견한 야생 양배추가 작물화된 모든 배추속 식물의 부모라는 그의 가설은 틀렸다.

배추속 식물 작물화의 시작은 사실 지중해 남부의 따뜻하고 화창한 기후이다. 이곳에서 케일은 이년생 식물(이 년마다 꽃을 피우는 식물)로 잘 자랐는데, 우리가 보게 될 것처럼 대중의 취향에 반응해서 농부들은 케일을 계속 선택했고 케일은 빨리 자라는 일년생 식물로 변했다. 겨울이 길고 기온이 그리 높지 않은 북부 지역에서 500년 전 독일인 농부들은 이 년마다 꽃을 피우는 습성을 이용해서 우리가 일 년 내내 먹는 전통적인 튼튼한 양배추를 만들어냈다. 모든 유형의 배추속 식물은 모든 계절에 잘 자라고, 기온 폭이 큰 환경에서도 잘 자란다. 마치 끝없이 태어나는 것 같다. 내가 재배하는 채소 중에 배추속 식물처럼 작물화되었다가 야생으로 돌아갔다가 다시 작물화된 채소는 없다.

케일이 없다는 말의 의미

잎이 많은 배추속 식물을 모든 형태로 즐기는 우리의 사랑은 적어도 4,500년 전으로 거슬러 올라간다. 현재 고고학적, 역사적 근거에 따르면 케일과 가장 많이 닮은 야생 부모는 그들의 고향인 중동과 지중해 동부에서 처음 작물화되었다. 케일이 작물화되기 이전에 사람들은 주로 기름이 많은 씨앗을 구하기 위해 케일의 야생 부모를 찾았을 것이다. 아주 가까운 친척인 겨자는 12,000년 전 작물화되기 시작했다.

내가 어렸을 때는 영국에서 케일이라고 하면 오직 소를 위한 먹이일 뿐이었다. 만약 너무 어리석은 누군가가 케일을 먹어 봤더라도 그 경험은 썩 유쾌하지 않았을 것이다. 질기고, 쓰고, 맛도 없고, 끓인다고 해도 나아지지 않는다. 내가 내 돈 주고 저녁밥을 사 먹을 수 있게 되었을 무렵, 이탈리아 요리사들은 보수적인 영국인들의 입맛을 시험하기 시작하면서 케일의 일종인 카볼로 네로(cavolo nero)라는 것을 요리에 쓰기 시작했다. 카볼로 네로는 문자 그대로 번역하면 '검은 양배추'라는 뜻이다.

나는 가늘고 엽맥(葉脈)이 있고 잎이 어두운 이 우아한 이탈리아 품종이 궁금했다. 1980년대 카볼로 네로는 희귀한 작물이었다. 정말 맛있고 재배하기 쉬우며, 영국의 겨울이 보여줄 수 있는 최악의 상황까지 견뎠다. 하지만 카볼로 네로가 먹을 만한 가치가 있는 유일한 케일이었을까? 이렇게 말하면 이탈리아 사람들은 분명 싫어하겠지만, 이탈리아에서 나오는 모든 그 놀라운 채소 품종들 중에 카볼로 네로는 가장 흥미롭지 않은 종이다. 나도 정원에서 키우지 않는다. 대신 몇 년 동안 발견한 매혹적이고 더 맛있는 다른 품종을 선호한다. 미국인들은 자체적으로 맛있는 품종을 만들었는데, 이것을 콜라드(collard)라고 부른다. 이 이름은 '양배추'를 의미하는 영어 단어인 코월트(colewort)에서 가져온 것이다. 미국 남부에서 자주 먹는 음식인, 식초를 뿌린 콜라드 그린은 내가 가장 좋아하는 음식이다. 내가 정기적으로 재배하는 품종은 조지아 서던 콜라드(Georgia Southern Collard)라는 멋진 이름을 가지고 있다.

구소련을 여행하면서 나는 곧 다양한 러시아 변종에 익숙해졌다. 잎이 좁아서 거의 튜브처럼 말리는 카볼로 네로와 다르게 러시아 케일은 빨간색이나 녹색이다. 잎은 크고 톱니 모양이 나 있으며 주름이 있다. 캐나다인들도 자신들만의 품종이 있다. 그리고 1980년대 중반, 나는 아스파라거스 케일을 발견했다. 이 멋진 배추속 식물은 19세기 말 스코틀랜드에서 나왔다. 봄에 돋아나는 꽃차례(꽃이 줄기나 가지에 붙어 있는 상태역주)는 데쳐서 먹을 수 있는데, 아스파라거스를 닮아서 이런 이름이 붙었다. 맛있다. 그러나 내가 보기에 이 품종의 진짜 즐거움은 연두색 잎이 주는 부드럽고 풍부한 맛이다. 늦겨울에 뽑아 마늘과 함께 볶으면 최고의 맛이 난다. 이 맛을 본 이후로 나는 아스파라거스 케일의 지지자가 되었다. 훌륭한 영국 케일은 이것만이 아니다. 또 다른 품종으로 래그드 잭(Ragged Jack)이 있다. 톱니 모양이 깊고 잎이 짙은 녹색이라 이런 이름이 붙었다. 상업적으로 재배된 지는 한 세기가 채 되지 않았지만, 서머싯(잉글랜드 남서부의 카운티역주)의 툰리에서 대를 이어왔다. 그 지역을 툰리 그린스(Tunley Greens)라고 부른다. 또 다른 지역 품종인 블랙 잭(Black Jack)은 데번(잉글랜드 남서부의 주역주)의 티버턴에서 왔다. 1980년대에 내가 그 근처에 살았을 때는 한 번도 본 적이 없는 걸 보면 재배자들이 자기들끼리만 간직한 게 분명하다.

영국에는 케일에 관해 문화적 혐오가 있기 때문인지, 스코틀랜드 방언으로 '케일이 없다'라는 말은 아파서 식욕이 없다는 의미다. 그러나 케일의 양면적인 대중 이미지는 케일이 스코틀랜드 요리의 기본이 되는 것을 막지 못했다. 잎이 동그랗게 말린 케일 품종은 '스코치 케일(Scotch kale)'로 알려져 있다. 수세기 동안 스코틀랜드에서는 케일 수프가 나오지 않는 식사를 거의 찾아볼 수 없었다. 미국의 식물학자 루이스 스터트번트(Lewis Sturtevant, 1842-1898)는 1887년에 완성한 중요한 저서인 《스터트번트의 식용 식물의 세계(Sturtevant's Edible Plants of the World)》에서 레이(Ray)라는 스코틀랜드의 여행자를 묘사하면서 그가 1661년에 "사람들은 키얼(keal)이라고 부르는 냄비에 숯불로 끓인 수프를 많이 먹는다"[6]라고 적었다고 썼다. 즉 어디에서나 흔했던 케일은 케일 수프의 총칭일 뿐만 아니라 이것을 요리했던 냄비이기도 한 것이다. 심지어 스코틀랜드의 위대한 시인인 로버트 번스(Robert Burns, 1759-1796)는 그의 시 〈핼러윈(Halloween)〉에서 젊은 연인들이 육욕적인 애정을 표현할 때 채소가 도울 수 있다면서 그 중요성에 대해서 썼다. 요즘 케일을 사랑하는 미식가들이 많아지고 있다. 어떤 사람들은 케일을 '슈퍼 푸드'라고 보고 싹이 난 씨앗을 먹거나 잎으로 끔찍한 녹색 스무디를 만든다. 분명 건강에 아주 좋은 일이다. 어떤 사람들은 한때 경멸받았던 채소에 집착하다 못해 소금을 뿌린 케일 튀김을 먹는다. 최근에 케일보다 이미지가 크게 바뀐 또 다른 채소는 아마 없을 것이다.

그들의 목을 잘라라

로마인들 또한 배추속 식물의 몇 가지 품종을 높게 평가하며 또 다른 슈퍼 푸드로 여겼다. 이때에는 여러 세대에 걸친 선택과 육종 덕분에 다른 형태들이 나와 있었고, 그중에는 최초로 식별 가능한 양배추도 있었다. 로마 신화에 따르면, 양배추는 주피터(그리스 신화의 제우스편집자주) 신의 땀에서 나왔다. 그가 두 가지 모순된 신탁을 해결하기 위해 열심히 일하면서 흘린 땀방울이었다.

영어 단어 양배추(cabbage)는 '머리'를 뜻하는 라틴어 카푸트(caput)에서 나왔다. 가을에 파종해서 봄에 먹는 첫 번째 양배추는 멋진 뾰족한 머리를 가졌고, 종종 봄 채소로 수확된다. 이 사랑스럽고 맛있는 잎 다발은 오랫동안 새 계절의 농작물이 시작하는 전조로 여겨 환영받았다. 이 강인한 품종은 혹독한 겨울에도 살아남을 수 있으며 대중의 입맛에도 잘 맞는다. 19세기 후반 어떤 품종들은 맛만큼이나 매력적인 이름을 가지고 있었는데, 그레이하운드(Greyhound), 더럼 얼리(Durham Early), 에이프릴(April), 웨이크필드(Wakefield) 등이 있다. 안타깝게도 지금은 경작되고 있지 않다. 웨이크필드는 19세기 후반 미국에서 '개선'되어 얼리 저지 웨이크필드(Early Jersey Wakefield)와 찰스턴 웨이크필드(Charleston Wakefield)를 낳았고, 이건 지금도 여전히 재배되고 있다. 최근 식물 육종가들은 고깔 양배추와 어드밴티지(Advantage) 같은 잡종을 개발했다. 이 품종은 '봄 채소'이면서도 매우 빨리 자라기 때문에 일 년 내내 수확할 수 있다.

중세 시대 북부 유럽의 농부들은 양배추를 고르고 골라 더 강한 품종을 만들었다. 양배추에 관한 최초의 확실한 설명은 프랑스 식물학자인 장 루엘(Jean Ruel, 1474-1537)이 남겼다. 그는 1536년에 쓴 자신의 책《식물의 자연(De natura stirpium)》에서 지름이 45센티미터이고 결구(結球)가 성긴 표본에 대해 설명했다. 그는 이것을 로마노스(Romanos)라고 부르며 이탈리아가 기원이라고 적었다. 루이스 스터트번트는 남부 유럽의 따뜻한 온도 때문에 케일에서 개발된 양배추의 속이 성겨진 것이라고 주장했다. 11세기에서 14세기 사이 토착 야생 부모로부터 작물화된 사보이 양배추가 그 예다. 사보이라는 이름은 이탈리아 북서부, 프랑스, 스위스 일부를 차지하는 산악 지대를 다

스렸던 사보이 왕가에서 딴 것이다. 사보이 양배추는 훌륭한 후손들이 많이 있는데 모든 강인한 양배추 중에서도 가장 '영국적인' 품종인 재뉴어리 킹(January King)이 있다. 이 품종은 1876년에 처음 판매된 것으로, 속이 성긴 양배추 중에서 내가 가장 좋아하는 품종이다. 나는 반세기 동안 매년 이 영광스러운 품종을 재배해왔다. 사보이 양배추 또는 프랑스어로 슈 드 밀라(chou de Milan)는 17세기 프랑스, 네덜란드, 이탈리아에서 널리 재배되었다. 야생에서 탈출한 잡종은 더 북쪽과 더 높은 고도에서 서식했고 더 추운 겨울에도 살아남았다. 그리고 한 세기 전, 양배추의 다형성 덕분에 새로운 품종들이 나왔다. 우리에게 좀 더 친숙한 빨간색과 하얀색의, 속이 꽉 찬 양배추가 우리 식탁에 올라온 것이다.

콜슬로(양배추를 채 썰어 마요네즈에 버무린 샐러드[역주])와 사우어크라우트(양배추를 소금에 절여서 발효시킨 음식[역주])의 주요 재료인 양배추는 16세기 네덜란드와 독일 재배사들의 노력 덕분에 북부 유럽 요리의 기반이 되었다. 사우어크라우트는 오랜 기간 보관이 가능하기 때문에, 농부 요리의 핵심적인 부분이자 배에 싣는 필수 항목이었다. 절이고 발효한 이 양배추 요리는 적어도 15세기부터 식민지화와 전쟁 중인 유럽 해군 선원들의 식량으로 널리 사용되었는데, 영양이 풍부하고 일 년 또는 그 이상 보관할 수 있었기 때문이다. 제임스 쿡(James Cook) 선장이 사워 크라우트(Sour Krout)라고 부르던 이 음식은 그의 배 HMS 레절루션(HMS Resolution)에서 필수적인 식량 공급원이었다. 1772년과 1775년 사이, 쿡 선장은 신세계를 탐험하기 위해 두 번째 항해를 하고 있었다. 그는 이 음식이 괴혈병을 막아준다고 굳게 신뢰했다. 사우어크라우트는 실제로 비타민 C를 함유하고 있지만, 사우어크라우트 덕분에 쿡 선장이 괴혈병에 걸리지 않았다고는 할 수 없다. 그의 선원들은 정기적으로 육지에 내렸고 그동안 신선한 채소를 먹을 수 있었을 뿐 아니라, 비타민 C가 들어간 식초를 많이 마셨는데, 그 덕분일 것이다.

이 끔찍한 질병은 17세기 내내 세계를 여행하는 수많은 선원들의 목숨을 앗아갔다. 예방법은 제임스 린드(James Lind) 박사가 세계 최초로 수행한 임상 실험의 결과로 나오게 되었다. 자세한 내용은 1753년에 출간된 그의 책《괴혈병 치료(Treatise of the Scurvy)》에서 확인할 수 있다. 린드 박사는 오렌지와 레몬이 괴혈병을 치료할 수 있다는 것을 증명해냈다. 괴혈병을 예방하기 위해 필요한 것은 미리 보관해 둔 레몬주스를 일주일에 1온스(약 28그램역주) 마시는 것이 전부이다. 린드는 내 먼 조상이기도 하다.

배추속 식물이 폭증하다

존 윈스럽 주니어(John Winthrop Junior)는 메사추세츠만 식민지 초대 주지사의 아들이었다. 그는 1631년 아버지와 합류하기 위해 영국을 떠났는데, 떠나기 전 그는 "목재 거리의 앤젤레스 3번지"[7]에 사는 로버트 힐(Robert Hill)이라는 식료품점 주인에게서 미국에 가져갈 종자를 구매했다. 그중에는 '케이브데지(Cabedge)'가 포함되어 있었다. 이게 바로 미국에 소개된 첫 양배추이다. 아마도 씨앗 상인들과 술집은 뗄 수 없는 관계로 계속 연결되어 있었던 것 같다. 예를 들어 1677년 씨앗 상인인 윌리엄 루카스(William Lucas)는 판매용으로 양배추 품종을 여럿 가지고 있었는데, 그의 주소가 런던 스트랜드 다리 근처의 술집인 더 네이키드 보이(The Naked Boy)였다. 한 세기 뒤, 런던 플리트가의 글로브 터번 근처의 술집 더 로즈(The Rose)의 스티븐 개러웨이(Stephen Garaway)도 같은 배추속 식물을 선정해서 팔았다.

19세기 유럽과 북미 전역에서 식물 육종이 폭발적으로 늘어나면서 모든 배추속 식물의 품종이 꽃을 피웠다. 미국에서 가장 유명한 종자 회사인 W. 아틀리 버피(W. Atlee Burpee)는 많은 채소 품종의 이름을 붙이고 난 이후에 처음으로 미국산 양배추를 육종했다. 더 슈어헤드(The Surehead)로 불린 이 양배추는 속이 꽉 찬 품종으로 1877년 처음 판매되었다. 그리고 큰 성공을 거두었는데, 결구의 무게가 무려 16킬로그램에 달했다. 10년 안에 버피(Burpee)의 카탈로그에는 각종 유형의 양배추 32개가 실렸다. 이 거대한 양배추도 그중 하나였다. 오늘날 우리에게는 붉은 양배추인 드럼헤드(Drumhead)도 있다. 나는 크기가 꽤 큰 녹색 가보인 패디(Paddy)를 기르고 있다. (이 품종이 어디서 왔는지 맞춰도 상품은 없다.) 나는 패디 외에도 지금은 판매되고 있지 않는 녹색의 드럼헤드 품종 유형인 얼리스트(Earliest)도 기르고 있다. 얼리스트는 1930년대와 40년대에 영국에서 인기 있었던 품종이다. 당시 종자 카탈로그에는 재배 품종이 넘쳐났다. 1939년 카터스 파란색 원예 종자 카탈로그에는 34개가 실렸는데, 그중 다수가 적어도 지난 200년 동안 경작되어온 품종이었다. 오늘날에는 다소 다르다. 빌모린 안드리오스 베르투스(Vilmorin Andrieux's Vertus)는 사랑받고 있는 많은 다른 오래된 영국 품종들처럼 여전히 구할 수 있다. 하지만 더 구하기 쉬운 것은 일대잡종이다. 일대잡종은 더 많은 수확량과 균일성, 더 강한 질병 저항성을 보장한다.

탄수화물이 풍부한 친척

플라이니 디 엘더는 그의 백과사전인 《자연의 역사(Naturalis Historia)》에서 특정 배추속 식물 유형을 다음과 같이 묘사했다. "뿌리 바로 위의 줄기는 가늘지만, 수가 적고 가느다란 잎을 지탱하는 부분은 부풀어 있다." 그의 묘사를 바탕으로 일부 학자들은 콜라비 유형이 로마 시대에도 재배되고 있었을 것이라고 추측했다. 다른 학자들은 플라이니가 초기 콜리플라워를 묘사한 것이라고 주장했다. 순무 뿌리양배추로도 알려진 콜라비는 사실 줄기 양배추의 한 형태로, 우리가 먹는 부푼 부분은 탄수화물을 저장하는 곳이 변형된 것이다. 다른 학자들은 샤를마뉴 대제를 위해 쓴 것으로 여겨지는 8세기 문서인 《왕실 재산 관리서(Capitulare de villis)》를 이야기하며, 순무처럼 자란 케일의 유형이 콜라비였을 수도 있다고 주장한다. 당시에는 사료 작물로 길러졌다.

사람들은 16세기에도 콜라비를 먹었다. 르네상스 약초학자인 레온하르트 푹스는 그 사실을 묘사하고 그림으로 남겼다. 콜라비는 유행하는 채소와는 거리가 멀었지만, 내가 직접 기르는 세 가지 품종인 화이트 비엔나(White Vienna), 그린 비엔나(Green Vienna), 퍼플 비엔나(Purple Vienna)의 이름을 보면 적어도 오스트리아 사람들이 좋아했다는 것을 알 수 있을 것이다. 개인적으로 나는 콜라비의 은은한 맛과 부드러운 식감 때문에 좋아한다. 아마도 모든 배추속 식물 중에서 가장 오해를 많이 받는 식물일 텐데, 콜라비를 요리할 때는 과정이 간단할수록 좋다. 그냥 찌거나 얇게 썰어서 생으로 먹는 게 제일 맛있다. 물론 볶아 먹어도 맛있다.

지금껏 보았듯이 수수한 양배추와 양배추 종류의 채소들은 내 정원에 있는 다른 많은 채소들보다 비교적 최근에 작물화된 결과물이다. 로마 제국이 멸망하고 불과 몇 세기 만에 이탈리아 남부에 살고 있던 숙련되고 호기심 많고 야심 가득한 농부들은 완전히 새로운 배추속 식물군을 육종하는 데 성공했다. 이 식물군은 오늘날 전 세계적으로 사랑받고 있지만 그만큼 싫어하는 사람도 많다.

환상적인 꽃들

선택 압력(개체들이 해당 서식지에서 살아남도록 하는 압력역주)은 주어진 환경에서 식물의 생존 능력에 영향을 끼치는 외부 요인이다. 음압은 특정 특징의 발생을 감소시키고, 양압은 반대로 발생을 증가시킨다. 선택 압력은 밀도에 의존할 수도 있고(집단 크기가 변화에 영향을 끼치는 경우) 의존하지 않을 수도 있다(집단 크기가 영향을 끼치지 않는 경우). 선택 압력에는 다음과 같은 네 가지 주요 요인이 있다. 충분한 식물 영양소의 존재 등 자원의 이용 가능성, 서식지 유형 및 효과적으로 수분하는 능력, 환경 조건(온도, 강우량, 다른 식물과의 경쟁, 토양 유형 등), 그리고 마지막으로 생물학적 요인이다. 생물학적 요인은 병원균과 초식 동물, 곤충 그리고 다른 포식자들의 작용을 포함한다. 우리가 브로콜리와 콜리플라워를 식탁에 올릴 수 있게 된 것은 개화가 이른 지중해 기후로 인한 선택 압력뿐 아니라 로마 몰락 이후 특정 특성을 계속해서 선택한 호기심 많은 농부들의 기술 덕분이다. 브로콜리는 '양배추 꼭대기에 핀 꽃'을 의미하는 이탈리아어 단어인 '브로콜로(broccolo)'와 '팔이나 가지'로 번역되는 라틴어 단어 '브라키움(brachium)'에서 유래했다.

꽃이 피는 양배추 유형에 관한 최초의 묘사를 보면, 로마 사람들이 브로콜리를 묘사한 것인지 콜리플라워를 묘사한 것인지 명확하지 않다. 콜리플라워는 흰색 또는 크림색이며 브로콜리보다 더 나중에 나왔다. 로마인들은 또한 그들이 퀴메(cymae) 또는 콜리쿠리(colliculi)라고 부르던 순무와 케일의 부드럽고 맛있는 어린 꽃을 높게 평가했다. 원예사들은 종종 순무가 '웃자라거나' 꽃차례가 올라오면 순무를 버린다. 이것은 큰 실수다. 어린 꽃 머리는 꽤 맛있고 다양하게 요리할 수 있기 때문이다. 케일과 내가 좋아하는 아스파라거스 케일도 마찬가지다. 꽃이 빨리 피는 특성은 순무와 케일의 우연한 교차를 통해 진화했을 가능성이 가장 높다. 그렇게 오늘날 미식가들이 가장 좋아하는 치메(cime)와 브로콜레티가 나온 것이다. 치메와 브로콜레티는 이른 봄에 즐거움을 주는 품종인 보라색과 흰색 싹이 나는 브로콜리의 가까운 사촌이다. 이 매우 강인한 품종들은 2,000년 전에 로마인들이 즐겨 먹던 초기 형태와 관계가 가장 가깝다. 크기가 크고 색은 녹색 또는 보라색인 브로콜리의 머리는 보통 셀로판 포장지에 미라처럼 감겨서 동네 슈퍼마켓 채소 코너에 높게 쌓여 있다. 이런 브로콜리 머리를 캘러브리스(calabrese)라고도 부르는데, 이 이름은 브로콜리의 원산지인 이탈리아 남부의 칼라브리아에서 비롯한 것이다.

선택 압력의 효과 중 하나로, 남부 유럽에서 자란 잎이 많은 배추속 식물은 이년생 식물에서 일년생 식물로 적응했다. 길고 더운 지중해의 여름은 많은 유형의 케일과 양배추가 첫 해에 씨앗을 낳거나 '웃자라도록' 만들었다. 대부분의 원예사들에게는 익숙한 문제이다. 농부들은 식물학자들이 꽃차례라고 부르는 이런 '웃자란 꽃'들 사이에서 맛있고 크고 더 균일한 꽃 머리를 만들며 안정적인 일년생 습성을 보이는 것들을 선별했다. 유명한 12세기 아랍의 농업학자인 이븐 알아우왐은 콜리플라워를 아랍어로 콴나비트(qunnabit)라고 부르며, 그가 '시리아 콜(Syrian cole)'이라고 부른, 꽃이 피는 배추속 식물 두 종류를 묘사했다. 하나는 머리가 오므라져 있고, 꽃봉오리가 "모두 옹기종기 모여 있다"라고 했는데, 이것은 콜리플라워다. 다른 하나는

"머리가 여러 가지 갈래로 갈라져 있다"고 했다. 이것이 브로콜리다. 그러므로 이 식물들이 이탈리아 남부가 아니라 시리아를 포함한 지중해 동부에서 처음 재배되었을 가능성도 있다. 그리고 물론, 로마 제국은 레반트를 포함했기 때문에 지중해의 많은 지역에서 씨앗이 자유롭게 이동했을 것이다. 르네상스 시대의 식물학자들은 콜리플라워를 발견하고 폼페이아나(Pompeiana), 키프리아(Cypria) 등의 이름을 붙였다. 지역적 변종에 붙인 이름이었다. 16세기 영국에서는 콜리플라워와 브로콜리를 키프로스 콜워츠(Cyprus coleworts)라고 불렀다. 키프로스는 가장 귀한 씨앗이 나오는 지역으로 여겨졌다.

최근 유전자 분석에 따르면, 콜리플라워는 이탈리아 남부에서 처음 나왔는데, 그 지역 브로콜리와 시칠리아에서 온 브로콜리가 교배한 결과라고 한다.[8] 콜리플라워와 브로콜리는 끝없이 다양한 모양, 크기, 지역적 변형으로 나타나 로마 제국 시대에 지중해 전역에서 재배되었을 것이다.

이븐 알 아우왐은 세비야에서 태어났지만, 콜리플라워와 브로콜리를 '시리아 콜'이라고 부른 것은 자신의 아랍 뿌리와 연관시켰기 때문일 것이다. 나는 로마인들이 양배추와 함께 이 농작물을 그들 북쪽 영토에 소개하려고 한 모습을 상상해본다. 하지만 이 초기 유형은 아마도 더 서늘한 기후 조건에 적응하지 못했을 것이다. 선택 압력이 마법을 부릴 때까지는 시간이 걸렸다. 꽃이 피는 배추속 식물이 북쪽으로 이동하여 르네상스 시대부터 모든 유럽 요리에 자리를 잡게 된 것은 오직 수 세기에 걸쳐 더 강인한 품종이 나온 결과였다.

콜리플라워나 브로콜리를 재배하는 사람이라면 현대 잡종이 아주 성가신 습관을 갖고 있다는 것을 알 것이다. 현대 잡종은 모두 같은 시기에 성숙한다. 다른 장에서 이야기했듯이 현대의 채소 대량 생산 체계에서는 농부가 반드시 농작물을 한 번에 수확해야 한다. 기계화 전에 콜리플라워와 브로콜리는 단 며칠이 아니라 몇 주에 걸쳐 수확했을 것이다. 각각의 결구가 조금씩 다른 속도로 익었기 때문이다. 수확물 대부분은 지역에서 팔고 소비했을 것이다. 나는 일찍 수확할 수 있는 작물로 가끔 일대잡종을 기르지만, 절대 한 번에 네 개 이상을 기르지 않는다. 내가 일주일에 먹어치울 수 있는 콜리플라워가 그렇게 많지 않기 때문이다! 나는 더 많이 수확하기 위해 전통적으로 자연 수분한 품종을 찾았다. 맛이 좋은 품종들을 추적했고, 내 관심을 끈 것은 이탈리아(Italy)라는 품종뿐이었다. 내가 가장 좋아하는 콜리플라워인 잉글리쉬 윈터(English Winter)는 레이트 퀸(Late Queen)이라고도 불리는데, 강인하고 맛있고 거대하다. 1896년 영국에서 처음 상업적으로 판매되었다. 잉글리쉬 윈터는 허세 부리기 좋아하는 사람의 즐거움이 되어주는데, 배고픈 사람 열두 명을 배불리 먹일 수 있을 만큼 맛있는 결구를 생산하기 때문이다. 또한 꽃봉오리 뭉치가 빨리 씨를 맺지 않기 때문에 모양이 잘 유지된다. 이는 수확하기 전까지 땅에 더 오래 놔둘 수 있다는 뜻이다. 더 중요한 것은 채소밭에서 선택의 폭이 많지 않은 '보릿고개'가 절정인 늦봄 동안 몇 주에 걸쳐 자란다는 것이다.

많은 미식가들은 영국에서 자라는 콜리플라워를 세계에서 가장 훌륭한 채소로 여긴다. 내가 이 의견에 어떻게 반대할 수 있을까? 하지만 보기 좋은 것이 먹기도 좋다는 관점에서라면 나는 이탈리아 유산 품종의 손을 들겠다. 나는 다른 어떤 것보다 비올리타 디 시칠리아(Violetta di Sicilia)라는 이름을 가진 토종 남부 유산을 소중하게 여긴다. 이름에서 그 뿌리를 알 수 있을 것이다. 많은 멋진 배추속 식물들처럼 재배지는 늘 이름에 새겨져 있다. 예를 들어 나선형 머리를 가진 아름다운 녹색 콜리플라워 로마네스코(Romanesco)는 로마에서 왔다. 로마네스코와 같지만 색만 흰색인 데 제시(De Jesi)도 뿌리가 로마다. 크림색의 베로나 트라디보(Verona Tradivo)는 이탈리아 북부에서 왔고, 팔라 디 네베 아디제(Palla di Neve Adige)는 돌로마이트의 알토 아디제 지역에서 나왔다.

호불호가 갈리는 작은 양배추

당신은 이 장에 소개되는 마지막 배추속 식물이 꽃이 피는 부류 중 하나가 아니라고 생각할지도 모르겠지만, 기다리면 모든 것이 밝혀질 것이다.

1970년대 중반, 나는 데본의 티버턴 근처에 있는 가족 농장에서 작은 시장 텃밭을 운영했다. 그때 가장 기본적인 배추속 식물은 방문객들이 매주 열리는 시장에서 살 준비가 되어 있는 유일한 것처럼 보였다. 싱싱하고 밝은 녹색인 신선한 양배추, 속잎이 부드러운 양배추가 있었고, 가을에 피클로 만들 수 있는 붉은 양배추도 간간히 보였다. 겨울에는 강한 영국 품종인 재뉴어리 킹이 나왔다. 방울다다기양배추는 당시에 녹색 한 가지로만 나왔었다. 내가 감히 붉은색 방울다다기양배추를 판매해서 손님들의 입맛을 넓히려고 시도하기 전까지는 그랬다. 말할 필요도 없이, 사람들은 붉은색 방울다다기양배추를 매우 의심스럽게 바라봤다. 나는 사실상 손님들에게 거의 떠넘기다시피 줘야 했다. 나는 어둠 속에서 일어나는 것, 추운 겨울 아침에 이 망할 것을 따러 터벅터벅 밭으로 걸어가는 것, 그리고 내서 '제대로' 싹을 길러내지 못했다는 이유로 사람들에게 욕을 잔뜩 먹는 것이 싫어졌다. 내가 채소를 판매하는 원예가로 보낸 시간은 짧았고 돈도 많이 벌지 못했지만, 오늘날 유행에 민감한 요리사들과 호기심 많은 대중들은 21세기에 나온 붉은 방울다다기양배추를 좋아하고 있다. 더 전통적인 녹색 사촌들보다 훨씬 뛰어나다고 생각하기 때문이다.

많은 채소와 마찬가지로 방울다다기양배추가 처음 나온 정확한 시기는 여전히 논쟁의 여지가 있다. 로마인들이 처음 발견했을 수도 있지만 그들이 남긴 묘사는 너무 모호해서 똑같이 싹이 나는 브로콜리를 묘사한 것처럼 보이기도 한다. 얀 러브록(Yann Lovelock)은 영국인들이 보통 방울다다기양배추를 부르는 이름인 '싹양배추'가 16세기에 결구가 작은 밀라노 양배추에서 나온 것일 수도 있다고 주장한다.[9] 다른 사람들은 13세기 벨기에에서 시작했을 수 있다고 지적한다(방울다다기양배추의 영어 이름은 브루셀 스프라우트로, 벨기에의 브루셀을 떠올리게 한다역주). 하지만 나는 의심이 든다. 당시에 싹양배추가 처음 자란 후보 지역으로 중프랑크와 서프랑크가 있었는데, 이 지역은 당시 누가 그 지역에서 승리했는지에 따라 프랑스 왕의 땅인지 신성 로마 제국의 땅인지 달라지기 때문이다. 브뤼셀은 센느 강(파리의 강이 아닌 벨기에에 있는 강을 말함역주)의 강둑과 네덜란드어를 쓰는 네덜란드의 일부에 있는 중요하지 않은 경작지였다. 아마도 브뤼셀 출신의 플랑드르 농부가 그의 텃밭에서 돌연변이 양배추를 발견했을 수도 있다. 그들이 말하듯, 나머지는 역사이지만, 또 한 번, 네덜란드 사람들이 17세기 오렌지 왕가를 상징하기 위해 주황색 당근을 육종했다고 믿는 것과 같은 방식으로 벨기에 사람들도 방울다다기양배추가 그렇다고 믿는다.

16세기에 플랑드르와 프랑스 북부에서 방울다다기양배추가 재배되었다는 일부 합의가 있다. 17세기 말부터 루이지애나에서 프랑스 정착민들은 방울다다기양배추를 재배했다. 방울다다기양배추는 영국에서 1796년 찰스 마셜(Charles Marshall)이 쓴 정원 가꾸는 '법'에 관한 책《단순하고 쉬운 원예 입문서(Plain and Easy Introduction to Gardening)》에서 처음 묘사됐다. 당시 방울다다기양배추를 먹는 가장 인기 있는 방법은 '벨기에식으로' 충분히 끓인 후 버터와 함께 먹는 것이었다. 19세기와 20세기 초 전통적인 영국 녹색 품종인 세번 힐스(Severn Hills), 베드포드 필바스켓(Bedford Fillbasket) 그리고 이브샴 스페셜(Evesham Special)은 그 이름에서 기원이 명확하게 드러난다. 유럽인들은 작게 자라는 방울다다기양배추를 좋아하는 반면, 미국인들은 크고 풍성한 것을 선호했다. 지난 200년 동안 대부분의 식물 육종이 유럽에서 이뤄졌지만, 미국인들은 오래된 유럽 품종에서 자기들만의 큰 방울다다기양배추 품종을 개발해냈다. 오늘날 유럽이나 미국에서 판매되는 품종 중에 전통적으로 자연 수분한 품종은 거의 없다. 사랑스러운 롱 아일랜드 임프루브드(Long Island Improved)가 내가 아는 유일한 미국 품종이다.

방울다다기양배추는 사실 작은 양배추 싹이다. 속이 성긴 유형의 양배추의 줄기에서 돋아난다. 이 양배추는 수확의 마지막 '일격'인 작은 결구를 가졌다. 내가 어렸을 때 엄마가 내게 늘 싹양배추를 밑에서부터 따야 한다고 말한 것을 기억한다. 그래야 훌륭하고 단단한 싹이 돋아날 수 있기 때문이다. 수확은 늦가을이나 초겨울에 시작한다. 나 같은 순수주의자들은 싹양배추가 겨울의 첫 서리를 맞을 때까지 딸 생각은 꿈에도 하지 못할 것이다. 첫 서리를 맞아야 달콤해지니까 말이다. 겨울이 끝나갈 무렵, 집 안의 모든 사람들이 싹양배추를 먹는데 진심으로 질렸을 때, 이제 남은 것은 맛있는 결구와 '싹양배추 위로 난 잎 부분'이다. 싹양배추를 따고 뼈만 남은 줄기에 붙은 잎 부분 말이다.

다른 많은 작물들과 마찬가지로, 식물 육종의 발전과 일대잡종 만들기는 우리가 지금 먹는 싹양배추의 유형에 극적인 영향을 끼쳤다. 현대 재배종은 병충해에 강한데, 특히 모든 배추속 식물에 가장 치명적인 진균 감염 뿌리혹병에 강하다. 그러나 내가 현대 잡종을 기르지 않는 이유 중 하나는 싹양배추가 아주 짧은 시간에 성숙하는 경향이 있기 때문이다. 농부들은 싹양배추가 동시에 성숙해서 줄기를 통째로 수확할 수 있기를 바란다. 영국인이 싹양배추에 열광하는 크리스마스 즈음에는 줄기가 통째로 판매되는 모습을 흔히 볼 수 있다. 줄기에는 균일하게 자란 방울양배추가 주렁주렁 달려 있다. 이러한 현대 품종은 많은 토종 품종들보다 더 부드럽고 덜 써서 인기가 좋다. 현대인의 미각은 개성이 강한 맛보다 밋밋한 맛을 더 좋아한다. 누군가는 기분이 나쁘겠지만, 많은 사람들이 요리할 때 나는 유황 냄새 때문에 싹양배추를 싫어한다. 이 불쌍한 채소에서 유황 냄새가 나는 이유는 이것이 겨자 기름 성분을 다량 함유하고 있기 때문이다. 가까운 친척인 순무도 같은 특성이 있다. 이 성분은 식물 세포가 손상되었을 때 방출되며 주로 끓는 과정에서 발생한다. 자연은 분명히 우리가 싹양배추를 먹도록 의도하지 않았다. 싹양배추가 가지고 있는 독성 화합물은 포식성 애벌레 및 다른 곤충들로부터 스스로를 방어하기 위한 기제이며, 초식동물을 탐색하는 데에도 사용된다. 밋밋한 채소를 선호하는 현대인들의 열망에 따라 유황 냄새가 나는 방울다다기양배추에서 새 품종을 육종하는 것은 대가가 따른다. 브로콜리와 케일의 많은 오래된 품종도 강한 맛이 나는데, 이는 곧 높은 수준의 항산화제가 있다는 표시이자 영양가가 많은 식물이라는 의미이다.

새로운 가족 구성원

지난 몇 년 동안, 그리고 채소의 인기가 떨어짐에 따라, 육종가들은 케일과 싹양배추를 교차하여 완전히 새로운 배추속 식물인 꽃 싹양배추를 탄생시켰다. 이것은 케일렛이라는 이름으로 판매되어 싹양배추와 싹양배추의 부정적인 이미지에서 분리될 수 있었다. 이런 이름이 붙은 것은 성긴 결구가 작은 꽃처럼 보이기 때문이다. 이 달콤하고 예쁜 식물은 소비자들에게서 인기를 끌고 있다. 심지어 나도 더 이상 우리 집에서 그 무서운 방울다다기양배추를 먹을 준비가 된 유일한 사람이 되지 않기를 바라는 마음으로, 케일렛을 조금 기를 생각이다. 틀림없이 이 수수한 채소는 21세기에 탄생한 최초의 새로운 채소일 것이다.

2,500년 동안 농부들이 먼저, 나중에는 식물 육종가들이 신중하게 선택한 덕분에 세상은 사랑받는 만큼 똑같이 미움받기도 하는 끝없는 배추속 식물 팔레트를 갖게 되었다. 이 식물들은 모두 강력하게 문화적, 언어적, 요리적 정체성을 가지고 있고, 모든 음식 문화의 기반이 되고 있다. 현대 식물 육종은 대규모 농업 기업을 위해 확실하며 수익성이 높은 품종을 만드는 데 성공했다. 어떤 것은 맛있지만, 이로써 나온 균일성이라는 특징은 평범한 원예가들에게는 유용하지 않다. 종자 카탈로그에서 배추속 식물의 품종이 계속 증가하는 것은 훌륭한 전통 품종과 우리 음식 유산의 다양성에 실존적인 위협이 된다. 전통 품종은 내 정체성에서 가장 중요한 위치를 차지한다. 광범위한 기후

에서 번성할 수 있는 토종 배추속 식물의 유전적으로 다양한 본성과 진화는 장려되어야 한다. 우리 정체성에 중요한 부분이기 때문만이 아니라, 기후 변화 시대에 더 큰 음식 회복력을 제공하기 때문이다.

왜 누군가는 양배추와 콜리플라워, 케일, 칼라브레제(브로콜리의 일종역주)를 좋아하지 않는지 나에게는 미스터리다. 이 채소들은 길고 추운 겨울의 끝에 수확할 것이 거의 없을 때 우리에게 영양을 공급하고 미각을 자극한다. 또한 봄이 온다는 신호로서 우리에게 기쁨을 주고 크리스마스 축제에 빼놓을 수 없는 재료가 되어준다. "채소 좀 먹어라"는 부모님의 잔소리는 우리 자신의 건강한 삶을 위해 여전히 중요하다. 나는 확신한다. 나는 앞으로도 잔반처리반이라는 내 별명에 어울리게 살 것이다. 부끄럽지 않다.

높이 솟은 뾰족한 줄기

자연은 우리에게 행복에 관한 모든 비밀의 열쇠를 주었다.

아스파라거스 재배라면 자연은 가르침에서 자유롭다.

- 서튼 앤 선스 《씨앗과 뿌리에서 나온 채소와 꽃의 문화(1884)》

새벽 합창은 최초의 줄기의 도착을 예고한다. 이 뾰족한 줄기는 나와 같은 아스파라거스 애호가들이 간절히 기대하는 요리하는 즐거움이 되어주었다. "좋은 것은 모두 기다리는 자에게 간다." 이 인용구는 빅토리아 시대의 시인인 메리 몽고메리 커리(Mary Montgomerie Currie, 1843-1950)의 말이다. 늦봄, 갓 자른 아스파라거스를 한 아름 들고 부엌으로 달려가기를 좋아하는, 그리고서 이 훌륭한 채소를 마음껏 먹어치우는 우리에게는 확실히 맞는 말이다. 4월이 반쯤 지나갈 때까지 채소밭에서 내가 처음으로 아침에 들르는 곳은 아스파라거스가 자고 있는 곳이다. 기쁨의 이른 징후인 연분홍빛 녹색의 작은 코가 흙 밖으로 나온 모습을 볼 수 있을까? 아니면 5월에 완전히 다 자랄 때까지 기다리고 우선은 줄기 몇 개로 만족해야 할까? 참아서 여유분을 사람들과 나눌 수 있을까? 아니면 수프를 더 만들어서 얼려뒀다가 철이 아닌 때에 먹어야 할까? 내 먼 조상인 로마인들처럼 말이다.

내 채소밭에서 가장 심기 쉬운 식물은 아스파라거스다. 물론 원예 책에도 그렇게 쓰여 있다. 백합과에 속하는 아스파라거스 오피시날리스(Asparagus officinalis)는 비옥한 초승달의 토종 식물 중 하나로 알려져 있다. 기원전 3000년경 멤피스 왕조의 이집트 상형문자에 그 사실이 묘사되어 있다. 아스파라거스 오피시날리스는 2,000여 년 전 소아시아와 시리아에서 자랐고, 그리스인과 로마인들에게 많은 사랑을 받았다. 그리스인들은 아스파라거스를 숫양의 뿔이 땅에 박혀서 생긴 열매라고 묘사했다. 수 세기 후 이 신화는 모욕으로 사용되었다. 관자놀이 양쪽에 쭉 뻗은 손가락을 올려 뿔을 만들면 바람 핀 사람임을 의미했다. 로마의 원로인 카토(Cato)는 기원전 200년에 아스파라거스를 재배하는 방법에 관한 설명서를 썼고, 플라이니 디 엘더는 그로부터 200년 뒤 뾰족한 줄기 세 개의 무게가 325그램(11.5oz)과 같다고 기술했다. 즉, 오늘날과 마찬가지로 로마 시대에도 크기는 중요했던 것이다.[1]

아스파라거스라는 이름은 그리스인들이 지었다. 그리스인들은 페르시아어로 '순' 또는 '싹이 나다'라는 의미를 가진 단어 아스파라그(asparag)를 가져와서 아스파라고스(aspharagos)라는 이름을 지었는데, 그 후 라틴어화가 되어 스파라구스(sparagus)가 되었다. 중세 영어 단어는 이를 따라서 스프레지(sperage)라고 불렀고, 나중에는 스패로우 글래스(sparrow grass)라고 불렀다. 아스파라거스를 주로 받아들인 것은 지중해 문명이지만, 북부 유럽 토착종으로도 간주되며, 이 속(屬)의 먹을 수 있는 수많은 종이 전 세계에서 발견되고 있다. 영국의 가장 중요한 식물 육종가 중 한 명인 서튼 앤 선스는 1884년에 아스파라거스에 대해 이렇게 말했다. "이것은 남부 러시아와 폴란드의 모래 스텝(온대 초원 지대역주)에 풍부해서 풀을 죽일 정도지만, 효용성이 분명하고, 말과 소는 이것을 일상적으로 먹으며 삶을 즐기고 번영하고 있다…."[2] 아스파라거스는 2,000년 전 영국에서 야생으로 자라고 있었다. 당시 현지인들은 아스파라거스를 약초로 사용했고, 침입자 로마인들은 기꺼이 이것을 별미로 찾아다녔다. 일부 역사학자들은 로마인들이 아스파라거스를 영국에 재배 작물로 소개했다고 생각하지만, 그들이 떠난 D.C 400년에 아스파라거스를 즐겨 먹는 문화도 같이 가져간 것처럼 보인다. 로마 점령 이전이나 이후에 영국인들이 아스파라거스를 채소로 먹었다는 증거는 없다.

뾰족한 줄기에 열광하다

로마인들이 아스파라거스에 열광했다고 말하는 것은 사실 점잖은 표현이다. 오늘날 우리는 아스파라거스를 교양 있는 음식이라고 생각한다. 비싸기 때문에 애호가들만 즐기며, 전통적으로 4월과 6월 사이 짧은 계절에 북반구에서 생산되기 때문이다.* 하지만 로마에서 아스파라거스는 집착의 대상이기도 했다. 신선한 아스파라거스는 먹

* 오늘날 현대 식물 육종과 기온을 조절하는 재배 방법 덕분에 아스파라거스는 2월과 10월 사이 영국에서도 수확된다.

어치웠을 뿐만 아니라, 일단 건조한 뒤 물에 불려서 저녁 식사를 차리기도 했다. 로마인들은 심지어 잉여 수확물을 얼리기도 했다. 1세기에 전차를 모는 사람들과 달리기 선수들은 로마에서 아스파라거스가 얼음과 눈 속에 보관되어 있는 남쪽 알프스까지 북쪽으로 질주했다. 로마인들은 새로운 작물이 수확되기 몇 달 전인 1월과 2월에 이 아스파라거스를 에피쿠로스 축제에서 먹을 생각이었다. 아우구스투스 황제는 아스파라거스 함대를 가지고 있을 정도였다. 속도가 빠른 이 배들은 제국 전역에서 이 갓 자른 뾰족한 줄기를 운반하기 위해 특별히 제작된 것이었다. 아우구스투스 황제는 또한 농담을 좋아하는 사람이었는데, "할 수 있다고 생각하는 것보다 더 빨리 아스파라거스를 요리하라(Citius quam asparagi coquentur)"라고 요구한 것으로 전해진다. 어떤 사람들은 율리아스 카이사르가 녹인 버터와 함께 아스파라거스를 먹었다고 말한다. 아스파라거스를 요리하는 방법은, 살아남은 책 중 세계에서 가장 오래된 요리 모음집인 《요리의 기술(De re coquinaria)》에서 찾을 수 있다. 일부 역사가들은 이 책을 1세기 미식가인 마르쿠스 가비우스 아피키우스(Marcus Gavius Apicius)의 작품으로 생각한다.

아스파라거스는 과거에도, 그리고 지금도 이뇨제로서 귀하게 여겨진다. 아스파라거스에는 비타민 K가 풍부해서 하지 정맥류 같은 질환을 앓고 있는 사람에게 도움이 될 수 있다. 로마의 약초학자들은 어린 아스파라거스 시럽과 뿌리 추출물을 심장병이 있는 사람에게 처방했다. 오늘날에도 일부 아스파라거스 애호가들은 이것이 최음제라고 확신한다. 이 특성은 적어도 지난 3,000년 동안 남근을 닮은 뾰족한 창이 신성시되어온 이유였다. 아스파라거스의 치료 효과는 아주 다양했다. 로마인들은 아픈 치아에 아스파라거스 뿌리를 올리면 뽑을 때 아프지 않다고 믿었다. 또 벌들은 아스파라거스 팅크(생약을 알코올로 침출하여 유효성분을 침출한 액체[편집자주])와 기름을 바른 사람을 쏘지 않는다고 믿었다. 로마인들은 또한 아스파라거스를 논밭의 깊게 패인 곳에서 재배했다. 이는 19세기까지 아스파라거스를 재배하는 대중적인 방식이었다. 하지만 어떤 이유에서인지 나는 실패했다. 아스파라거스는 로마인들에게 인삼과 같았는데, 지금 중국인들에게도 그러할까?

아스파라거스의 멋진 식구들

몇몇 야생 아스파라거스 종은 유럽과 북아프리카가 원산지이며, 다양한 형태가 지역 요리의 중요한 부분을 차지한다. 스페인의 대서양 연안과 지중해 전역에서 발견되는 아종은 해안 아스파라거스인 A. 마리티무스(A. maritimus)로, 그리스인과 로마인들도 이 아종을 먹었다. 이 아종은 작물화된 종들과 교배하기 때문에 현대 아스파라거스 육종에서 중요한 요소이다. 또 다른 야생 아종인 A. 아큐티폴리스(A. acutifolis)도 고대 그리스인들이 재배한 것인데, 남부 유럽과 북아프리카 일부 지역의 토착종이다. 독특하게 부드러운 뾰족한 줄기를 가지고 있는데, 요리할 때 놀라울 정도로 향긋해진다. 이 종도 자라던 야생지에서 최소 3천 년 동안 가축의 먹이로 채집되었고, 오늘날에도 미식가들이 계속해서 찾고 있다.

남부 유럽에서 나온 다른 야생종 중에는 뾰족한 아스파라거스인 A. 호리두스(A. horridus)가 있다. 이 종의 경우 길고 끝이 뾰족한 줄기가 가치가 높은데, 무서워할 것 없다! 그리고 잎이 길쭉한 아스파라거스인 A. 테뉴이폴리우스(tenuifolius)가 있다. 이 종은 지중해에서 우크라이나에 이르는 땅에서 발견된다. 흰색 야생 아스파라거스인 A. 알버스(A. albus)는 알제리 아틀라스 산맥의 고원 지대가 원산지이며, 초여름 알제리 시장에서 구입할 수 있다. 마데리아섬에서도 발견되는데, 야생에서 수확되며 정원 울타리용 아스파라거스라고도 부른다. A. 아필루스(A. aphyllus)는 그리스 토착종으로 어린 싹은 사순절 동안 가장 많이 먹는다.

A. 아비시니쿠스(A. abyssinicus)라고 부르는(그러나 현재 일부 식물학자들은 다른 아프리카 야생종인 A. 프라젤라리스(A. flagellaris)의 동의어로 간주한다) 에티오피아 아스파라거스는 홍해 주변 국가들이 원산지이며 큰 뿌리로 많은 사랑을 받고 있다. 이 아스파라거스는 튀겨 먹으면 맛있고, 서아프리카 일부 지역이 원산지인(이것 역시 A. 프라젤라리스와 동의어로 여겨진다) A. 파울리길레미(A. pauli-guilelmi)는 뿌리를 삶아 먹으면 별미다. 이 종은 재배되면서 품종이 향상되어 사람들에게 더 많이 작물화될 수 있는 가능성을

보여준다. 비옥한 초승달 너머에는 극동의 토착종인 A. 코친치넨시스(A. cochinchinensis)가 있다. 빛나는 아스파라거스라고도 불리며, 역시 뿌리를 즐겨 먹고, 일본에서는 설탕에 졸여 먹기도 한다. 흔히 뿌리가 있는 아스파라거스로 더 잘 알려진 A. 라세모수(A. racemosus)의 열매는 수단 다르푸르의 골로 지역 사람들이 먹는다.

로마 제국의 몰락과 함께 아스파라거스는 유럽에서 잠시 잊혔다가, 8세기에 아랍인들이 침략하면서 몇몇 품종들을 스페인으로 다시 가져온 덕분에 이 가장 고귀한 채소가 안목 있는 사람들의 식탁으로 돌아오게 되었다. 그러나 유럽 귀족들은 16세기가 되어서야 이 봄의 즐거움에 열광했고 농부들은 새로운 품종을 개발하기 시작했다. 퍼플 더치(Purple Dutch)는 이름에서 알 수 있듯 네덜란드와 독일에서 육종되었는데, 쾨니히스게뮤세(Königsgemüse), 즉 왕의 채소라고 불렸다. 이 품종이 개발되자 한 세기 동안 육종에 불이 붙었고, 성질이 안정적인, 끝이 하얀 저먼 화이트(German White) 아스파라거스가 나왔다.

자연광이 없는 곳에서 뾰족한 줄기를 흙으로 덮어 하얗거나 창백하게 아스파라거스를 재배하는 관행은 지난 500년 동안 전 세계 미식가들이 선호해온 것이다. 내 취향은 아니지만, 창백한 색의 아스파라거스를 먹는 사람들은 그것이 최고의 맛이라고 생각한다. 17세기에 루이 14세는 초기 작물을 즐기기 위해 특별히 지은 온실을 가지고 있었고 프랑스 귀족들은 아스파라거스를 충분히 즐길 수 있었는데, 그게 창백한 것이었는지 아니었는지는 알려져 있지 않다. 동시에 새뮤

엘 페피스(Samuel Pepys)는 "스패로우 글래스 백 개"가 런던 펜처치 가에서 팔리고 있었다고 썼다. 그건 분명 창백한 색이 아니었다!

커져가는 열풍

영국의 시장 정원은 1685년 종교 박해에서 탈출한 프랑스 위그노(프랑스의 칼뱅주의 개신교도로, 가톨릭을 국교로 삼고 있던 프랑스 왕정에게 계속해서 탄압받아 왔다. 이 해 낭트 칙령이 폐지되면서 국외로 망명했다. 성공회를 믿던 잉글랜드에서도 로마 가톨릭교도인 제임스2세가 즉위했으나, 몇 년 지나지 않아 명예혁명으로 칼뱅교도인 윌리엄3세와 메리2세가 집권한다.편집자주)들이 시작했다고 알려져 있다. 이 소규모 집약 원예 시스템은 이후 200년에 걸쳐 대규모로 커졌다. 18세기 런던과 영국 남동부의 부유한 사람들은 아스파라거스를 먹기 위해 멀리서 공수해 올 필요가 없었다. 템스강 남쪽의 가볍고 모래가 많은 토양은 지금까지도 아스파라거스 경작지로 매우 선호되고 있다. 켄트와 에섹스(모두 잉글랜드 남동부의 주역주)에서 아스파라거스를 큰 면적으로 재배했지만, 18세기 말까지 약 260에이커가 경작되고 있던 런던 배터시 가든(London's Battersea Gardens)에서 가장 우수하고 가장 초기의 아스파라거스가 재배되었다. 1848년이 되어서야 배터시 공원이 조성되면서 런던 중심부에서 아스파라거스 재배가 끝났다. 런던 서쪽에 있는 모트레이크와 완즈워스 또한 동쪽에 있는 뎁트포드와 마찬가지로 아스파라거스 재배의 훌륭한 중심지였지만,[3] 슬프게도 지금은 아니다.

재배되는 아스파라거스는 미국에서 아드리안 판 데르 동크(Adriaen van der Donck)가 처음 언급했다. 1655년에 출간된 저서《새로운 네덜란드에 관한 설명(Description of the New Netherlands)》에서 허브 농장에서 자라는 아스파라거스를 나열했다. 식물 육종가들이 식민지화된 세계로 퍼져나갔기 때문에 17세기 동안 신대륙의 정착민들이 대서양을 가로질러 식물을 거래했다는 것은 놀라운 일이 아니다. 아메리카 대륙은 유럽 식물 사냥꾼에게 비옥한 땅이었다. 기후는 다양하지만 유럽 본토와 비슷한 곳이 있어서 이민자들이 소개한 정원 작물들을 환영했다. 아메리카 원주민들은 빠르게 아스파라거스를 받아들였는데, 먹기 위해서라기보다는 약효 때문이었다.

미국에서 아스파라거스는 18세기 후반에 비로소 상업적인 작물이 되었다. 또 다른 네덜란드 식민지 개척자인 디데릭 리어터워(Diederick Leertouwer)가 1784년 뉴잉글랜드(미국 오하이오주의 지방역주) 웨스트브룩필드 마을에 처음으로 심은 것이다. 지역 주민인 루스 라이온(Ruth Lyon)은 마을에서 가장 유명한 원예 식물에 대해 탐정처럼 깊게 파헤쳤다.[4] 디데릭은 당시 유럽에서 선호하는 재배 방법으로 흰색 아스파라거스를 길렀을 것이다. 루스는 이 네덜란드인이 70마일(약 113킬로미터역주) 정도 떨어진 보스턴 부두에서 그의 많은 사업 중 하나를 통해 다른 네덜란드 농산물과 함께 씨앗을 수입했을 가능성이 높다고 생각했다.

아스파라거스를 번식시키는 전통적인 방법은 씨앗을 틔우는 것이다. 뾰족한 줄기는 왕관이라고 알려진 뿌리 덩어리에서 새싹으로 발달하고, 솎거나 옮겨심기를 해서 가장 좋은 표본을 골라낸다. 나는 새 아스파라거스 밭을 시작했을 때 씨앗을 틔우는 것을 좋아했었다. 왜냐하면 일 년 된 왕관을 사는 것보다 훨씬 저렴하기 때문이었다. 또한 왕관에 있을지 모르는 질병을 피할 수 있으니 더 안전하기도 하다. 그러나 전통적인 재배 방법으로 삼 년을 기다려 수확하는 것은 거의 종교 수행과 같다. 가장 잘 자랄 묘종을 고르는 것도 쓸데없이 시간이 많이 드는 데다, 악취가 날 수도 있다. 악취가 나는 특성은 전통 품종의 가장 안 좋은 특성이다. 아스파라거스가 장기로 들어가면서 암모니아를 생성하기 때문에 소변을 눌 때마다 자연스레 그 뾰족한 줄기를 먹었던 기억이 떠오른다. 현대 식물 육종의 가장 큰 성공 중 하나는 전통적으로 자연 수분한 품종을 능가하는 품종을 만들어냈을 뿐 아니라 우리가 나중에 보게 될 것처럼 냄새가 덜 나는 품종을 만들어 낸 것이다. 말할 필요도 없이, 지금 내 아스파라거스 밭은 구매해 온 현대식 왕관으로 채워져 있다.

육종의 문제

19세기 말, 코노버스 콜로설(Connover's Colossal)이라고 불리는 새로운 '영국' 품종 아스파라거스가 시장에 나왔다. 이 책에 나오는 다른 많은 채소처럼 아스파라거스 육종가들과 재배사들은 상품을 마케팅할 때 소비자들에게 국가 정체성에 호소하는 것을 좋아했다. 하지만 영국에서 자란 이 품종은 실제로는 미국에서 육종된 것이다. 오늘날 훨씬 더 좋은 품종이 많지만, 코노버스 콜로설은 150년이 지난 지금도 여전히 원예가들에게 인기 있다. 1865년 미국의 씨앗 상인들은 바스 매머드(Barr's Mammoth)라는 품종도 팔았다. 비록 지금은 소수 애호가들이 재배하지만, 여전히 미국 농무부에서 제공하는 재배 가능한 품종 목록에 들어가 있다. 내가 기르는, 미국에서 온 또 다른 튼튼한 품종이 있다. 마사 워싱턴(Martha Washington)으로, 100년 전 미국의 농부들은 이 품종을 높게 평가했다. 이 품종의 이름은 미국의 첫 번째 영부인의 이름을 따서 지어졌다. 그녀는 농작물 재배에 큰 관심을 가지고 있었으니, 분명 아스파라거스에 대해 궁금해했을 것이다. 그러나 슬프게도 그녀는 이 품종이 개발되기 한 세기 전 이미 세상을 떠났다.

미국 농부무는 모든 종류의 식용 작물의 새로운 품종을 육종하는 데 중요한 역할을 했다. 1919년 J.B. 노턴(J.B. Norton) 박사는 '워싱턴' 품종으로 알려진 새로운 아스파라거스를 처음 출시했다. 그는 이 아스파라거스를 메리 워싱턴(Mary Washington)이라고 불렀지만, 왜 그 이름을 선택했는지 나에게는 미스터리다. 마사 워싱턴 또한 이 품종 '가족'의 일부이다. '워싱턴' 유형은 미국에서 널리 사용되었는데, 지역 환경에 더 잘 적응하는 새로운 품종을 개발하기 위해서였다. 메리 워싱턴은 많은 현대 잡종의 핵심 기초가 되었고, 처음 소개된 이후

한 세기가 지난 지금까지도 계속 자라고 있다.

작물화된 아스파라거스와 그 야생종의 진화와 발전에 대해 몇 년 동안 많은 연구가 있었다. 많은 야생종과 재배종이 서로 쉽게 교잡하지만, 의도적인 교잡과 우연한 교잡 모두 더 많은 다양성을 낳지는 않았다. 씨앗에서부터 기르는 전통적인 방법은 수천 년 동안 사용되어 왔는데, 존재론적인 문제를 일으키고 있다. 20세기 중반까지 아스파라거스 산업의 큰 문제 중 하나는 부모 품종의 유전적 다양성이 부족해 새로운 품종의 품질이 악화되고 있다는 점이었다. 크기와 품질 면에서 하향곡선을 그렸다. 아스파라거스의 위기라고 할 수 있었다.

아스파라거스가 위험에 처한 건 생식 습성 때문이었다. 아스파라거스는 자웅 이주 식물이다. 이는 수꽃과 암꽃이 각각 다른 개체에 있어서 암수가 구별됨을 의미한다. 전통적인 아스파라거스 밭에는 일반적으로 암컷과 수컷이 섞여 있다. 이것은 코노버스 콜로설과 같은 전통 품종이 여름 동안 자라는 것을 관찰하면 분명히 알 수 있다. 해가 길어질수록 성숙한 암컷 줄기는 밝고 붉은 열매가 달리고, 수컷은 벌거숭이가 된다. 재배사가 처음 파종한 자리에서 부지런히 한쪽만 골라낸 게 아니라면 다음 해 스스로 씨앗이 퍼져 자란 수많은 아스파라거스를 보게 될 것이다. 나는 경험해봐서 알기 때문에 오랜 시간을 들여 한쪽을 제거한다! 아스파라거스를 육종하는 전통적인 방법은 왕관이라고 부르는 일 년 된 묘종에서 가장 좋은 어린 식물을 선별하는 것이다. 그러나 자손은 여러 아버지에게서 수정된 결과이기 때문에 늘 편차가 아주 크다. 어떤 묘종도 같지 않다. 육종가들은 자손을 선택하는 다른 방법은 없다고 생각했고, 같은 방식에 의존해서 더 나은 새로운 세대의 왕관을 만들어야 했다. 늘 약간 성공하거나 약간 실패했다. 새롭고 바람직한 유형이 자랄 때마다 그것의 자손들은 그 이전의 유형과 매우 비슷했다. 변하려면 무언가가 필요했다.

영국의 유명한 육종가 A.W. 키드너(A.W. Kidner)는 키드너 혈통(Kidner's Pedigree) 유형을 개발한 것으로 가장 잘 알려져 있다. 이 유형은 1953년 영국왕립원예협회(RHS)에서 메리트상을 수상했다. 키드너는 이 유명한 수상작을 개발할 때 매우 다른 접근법을 취했다. 그리고 이 접근법은 아스파라거스 육종 방식을 변화시켜 하향곡선을 반전시켰다. 그는 오늘날 뾰족한 줄기 하나가 100그램 정도 나가면 꽤 괜찮은 편인 거라고 지적했다. 2,000년 전 플라이니가 묘사한 아스파라거스와 같은 무게였다. 이는 즉 키드너가 묘사한 대로 2천 년 동안 "통제하지 않은 문란한 수정"에서 왕관을 선택했음에도 불구하고, 현실은 아스파라거스가 로마 시대 이후로 더 맛있거나 더 질병에 강하거나 더 수확량이 많은 방향으로 개선되지 않았다는 것이다. 키드너는 다양한 기후와 토양 조건에서 전 세계에서 재배된 품종들을 비교했을 때 이 사실이 더욱 확실하게 입증된다고 믿었다. 본질적으로 아스파라거스는 모두 같은 방식으로 행동했고 같은 맛을 냈다. 키드너는 이렇게 말했다. "아스파라거스는 꾸준히 자라고 분명 변하지 않았다. 햇볕이 좋은 캘리포니아에서 관개 시설 하에 자란 싹과 안개로 덮인 영국의 모래 토양에서 자란 싹은 거의 구별하기 어렵다."[5]

아스파라거스 육종이 유전적으로 막다른 골목에 다다랐다는 우려가 나왔고, 키드너는 아스파라거스 유형을 개선하기 위해서는 새로운 접근법이 필요하다고 주장했다. 그는 소 육종가가 무리의 '혈통'을 개선하기 위해 사용하는 방법을 똑같이 적용할 필요가 있었다. 즉, 체계적이고 통제적인 선발 계통육종(F1의 자손인 F2 이후부터 계통 선발을 반복해서 우열한 순계를 고정시키는 육종 방법[역주])의 과정이 필요했다. 그는 소 육종가처럼 각 세대의 양 부모를 통해 새로운 아스파라거스 유형에 바람직한 특성을 모으려고 했다. 모든 부모가 통제된 육종으로 나온 일련의 혈통 안에서 같은 특성들을 보이고 있었다.

여덟 세대에 걸친 선발 육종으로 키드너 혈통이 나왔다. 키드너가 품질을 크게 개선하고 일관된 새 품종을 개발하기 위해 사용했던 접근법은 여전히 자연 수분 방식을 사용한 선발 과정을 사용하고 있었다. 그러나 식물 유전학에 대한 이해가 더 깊어지면서부터는 아스파라거스 육종에 근본적인 변화가 생겼다.

매우 현대적인 줄기

키드너 이후 아스파라거스 육종이 어떻게 진행되었는지 이해하기 위해서는 아스파라거스의 복잡한 생식 특성을 다시 살펴볼 필요가 있다. 아스파라거스는 자웅 이주 식물이지만, 대자연은 개별 아스파라거스 식물의 성별을 아무렇게나 만들 수 있다. 일부는 암컷이거나 수컷, 둘 중 하나지만, 어떤 것은 암수를 한 몸에 가지고 있다. 어떤 것들은 웅화 양성화 동주일 수 있는데, 이는 암술과 수술이 모두 있는 양성화와 수꽃이 같은 식물에 모두 있는 것을 의미한다. 이는 지난 50여 년 동안 수컷 잡종 품종을 개발하기 위한 중요한 요소였다.

아스파라거스는 작물을 충분히 생산하려면 5년은 충분히 자라야 하기 때문에 새 품종을 육종하는 일은 더디게 진행된다. 때로는 교배에 수십 년이 걸리기도 한다. 육종가들은 웅화 양성화 동주 식물을 초웅 식물과 교배한다(초웅 식물이란 성별을 결정하는 동일한 쌍의 'Y' 염색체를 가진 식물을 의미한다). 그리고 수년에 걸쳐 그들의 잡종 자손을 신중하게 선택한다. 올바른 종류의 암컷과 역교배*를 하면, 수컷 식물로 자랄 씨앗만 생산된다. 육종가들이 수컷 식물로만 자라는 씨앗을 생산하기 위해 충분한 양의 잡종을 만드는 방법 중 하나는 결과적으로 우수한 혈통의 부모를 데려다가 실험실에서 시험관 배양을 이용하여 그것들을 무성생식으로 번식시키는 것이다. 이런 식으로 그들은 씨앗을 수확할 수 있는 많은 수의 복제 잡종을 만들 수 있다. 키드너가 아스파라거스를 개선하는 육종 방식을 바꾸기 전까지는 아스파라거스 밭에 균일성과 일관성이 생기는 것은 꿈에 불과했다. 오늘날 식물 유전학에 대한 이해가 혁명적으로 늘어나면서 아스파라거스 식물의 성별을 통제할 수 있게 되었다. 꿈이 현실이 된 것이다.

* 역교배는 잡종을 부모나 유전적으로 매우 유사하고 안정적이며 크기나 맛, 질병 저항성 등에서 더 바람직한 특성을 가진 식물과 수분시키는 것을 포함한다.

만약 당신이 육종가이고, 수확량이 많고 오래 살며 맛있는 아스파라거스의 다음 세대를 만드는 데 큰돈을 투자하고 있다면, 그 품종의 지적 재산에 매달리고 싶을 것이다. 아스파라거스처럼 모두가 수컷 잡종인 경우, 생산되는 종자가 없기 때문에 농부나 경쟁 육종가가 자기 자신의 종자를 보관하는 것이 불가능하다. 수컷 아스파라거스 식물만 길러서 먹는 또 다른 이유는 그들이 암컷 식물보다 수확량이 더 많고 더 통통하며 더 오래 사는 경향이 있기 때문이다. 암컷 식물이 '열등하다고' 여겨지는 이유는 이것들이 씨앗을 만드는 데 많은 에너지가 들어서 줄기가 일반적으로 더 가늘고 수도 적기 때문이다. 줄기가 통통해야 더 부드럽고 내부에 즙이 더 많다. 일부 소비자들은 이를 선호한다. 현대 품종은 대부분 18세기 네덜란드 품종에서 나온, 전부 수컷인 잡종이다. 그러나 극동 지역에서 음식 노점을 방문해 아스파라거스 볶음을 주문해본 사람은 누구나 맛있고 얇고 전통적으로 육종된, 대체로 두 가지 성별이 모두 있는 아스파라거스 한 접시를 받아봤을 것이다. 결국 취향의 문제다.

대가가 따르는 대규모 사업

더 많은 아스파라거스가 세계 어느 곳보다 중국과 극동에서 소비된다. 미국 농무부는 중국인들이 연간 아스파라거스 25만 톤 이상을 기르며, 미국은 그보다 훨씬 적은 34,500톤만 생산한다고 계산했다. 아스파라거스는 페루에서 가장 많이 기르는데, 2017년에 39만 톤을 생산했다. 1990년대에 미국은 페루 농부들에게 코카인을 생산하기 위한 코카 재배 대신 아스파라거스로 돈을 벌도록 장려했다. 아스파라거스가 페루가 전 세계로 수출하는 주요 상품이 되면서 대단한 성공 사례가 되었다. 하지만 주요 아스파라거스 재배 지역인 이카 계곡의 대수층(지하수를 품고 있는 지층역주)은 말 그대로 엄청난 양의 아스파라거스 생산량 때문에 말라가고 있다. 이처럼 호황을 누리는 농업 부문 덕에 사회에 매우 필요한 완전 고용이 이뤄질 수 있지만, 농부들과 소비자들이 직면한 생태학적, 경제적 도전은 세계가 고민하는 지속가능한 식량 생산에 대한 질문을 더 복잡하게 만든다. 로마인들처럼 우리가 가장 좋아하는 음식을 일 년 내내 먹고 싶다는 욕구를 만족시키기 위해 지불하는 대가는 환경적으로 지속가능하기에는 너무 커지고 있다.[6] 적어도 나에게 아스파라거스를 먹는 큰 즐거움은 제철 음식이기 때문에 수입산은 삼가고 있다.

현대에 나온 많은 품종이 그러하듯, 소수의 특성에 초점을 맞춘 육종은 결과적으로 아스파라거스의 유전적 다양성을 점점 좁게 만들었다. 최신 아스파라거스 품종은 가뭄에 견딜 수 있을 뿐 아니라 제초제와 질병에 강하다. 그러나 자연적으로 진화하며 돌연변이를 일으키는 해충과 질병은 모든 생물에서 계속되는 진화 과정의 일부다. 세균과 바이러스 등 병원균과 싸우다 보면 특정 제초제와 살충제에 대한 면역력을 빠른 속도로 변화시키고 발전시킬 수 있다. 벌레와 질병을 퇴치하기 위해 식물은 유전적 자원을 가지고 있어야 한다. 그래야 끊임없이 변화하는 환경에 적응할 수 있다. 유전되는 형질의 범위는 넓을수록 좋다. 현대 아스파라거스의 경우, 주로 더 긴 계절 동안 수확량을 극대화하기 위해 육종되었는데, 이것의 본질적인 약점은 변화하는 세계에서 생존할 수 없다는 것이다. 유전자 총체가 좁기 때문이다. 식물 유전학자들은 팔을 걷어붙이고 토종 친척과 야생 친척을 찾아 현대 품종과 교배하려 한다. 유전 다양성을 넓히기 위해서다. 이러한 고대 친척들의 특성을 이해하는 것은 현대 식물 육종을 위한 효과적인 전략을 고안하는 데 필수다. 그들의 부모를 알기 위해 전통 품종의 유전자를 해독하는 것이 그 시작점이다.

재배종 아스파라거스와 야생 친척 사이에 많은 자연적 교배가 일어나면서 흥미로운 토종 지역 품종이 나오고 있다. 특히 지난 세기에 스페인과 이탈리아에서, 그리고 지난 60년 동안 뉴질랜드에서 처음 육종된 보라색 품종이 그렇다.[7] 여기에는 이탈리아 지역 품종인 비올레토 달벵가(Violetto d'Albenga)와 스페인 지역 품종인 모라도 데 우에토르(Morado de Huétor)가 포함된다. 연구자들은 유전자 분석을 통해 둘 다 야생 품종과 재배종 또는 해안가 아스파라거스 사이에서 자연적으로 교배된 결과라고 결론지었다. 이제 식물 육종가들은 이 오래된 두 가지 품종 모두를 이용해서 전부 수컷인 품종의 새로운 세대의 유전자 범위를 넓힐 수 있다. 예를 들어 식탁에서 퍼플 패션(Purple Passion)이라는 이름의 아스파라거스를 발견한다면, 이것은 비올레토 달벵가와 함께 육종한 결과이다. 당신이 맛있다고 생각하지 않는다면, 설령 당신이 셰프더라도 나는 놀랄 것이다. 보라색 아스파라거스는 일반적으로 녹색 아스파라거스보다 수확량이 많지 않지만 늦게 수확할 수 있다. 적어도 내 정원에서는 그렇다!

우리가 먹는 음식이 어디에서 왔는지, 그 지리와 문화적 관계가 맺는 지속적인 힘과 깊이는 현재 기념되고 보호되고 널리 알려져야 할 정치적, 상업적 문제이기도 하다. 우에토르 타자르는 그라나다 근처의 스페인 남부 지역으로 아스파라거스로 유명하다. 여기서 재배되는 농작물은 특별한 지위를 가지고 있다. 바로 유럽연합(EU)이 부여한 지리적 표시 및 전통 특산품(PGI)이다. 이것으로 그들이 스페인 요리에서 차지하는 독특한 위치를 확인할 수 있다. 우에토르 타자르에서 나온 아스파라거스는 먹기 좋을 뿐 아니라 식물 육종가들에게도 많은 관심을 받고 있는데, 넓은 유전적 다양성과 높은 수준의 플라보노이드를 가지고 있기 때문이다. 플라보노이드라는 식물 화학물질은 강력한 항산화제로 작용할 뿐 아니라 색에 영향을 준다. 아스파라거스의 약효와 더 오래 살고 더 건강하게 살게 해주는 이점을 알리는 것에 관해서는 수 세기 동안 아무것도 변하지 않았다. 트리게로 데 우에토르(Triguero de Huétor) 품종은 이러한 플라보노이드가 풍부해서 일부 건강 전문가들은 항염증 효과와 면역력을 높여주는 이점이 있다고 생각한다. 사포닌도 풍부하다. 사포닌은 비누를 만드는 데 사용하는 핵심 재료인 사포나리아 오피시날리스(Saponaria officinalis)라는 비누풀의 거품이 나는 액에서 이름을 얻었다. 이것은 항산화제이지만 쓴맛을 가지고 있다. 많은 식물 종들이 그러하듯 인간을 포함한 초식 동물에게 먹히는 것을 막기 위한 방어기제다. 사포닌은 또한 항균성과 항진균성을 가지고 있는데, 우리처럼 아스파라거스를 사랑하는 사람들의 건강을 지켜줄 수 있다. 아마도 사포닌의 가장 유명한 점은 소가 배설하는 암모니아의 양을 줄이는 능력일 텐데, 이러한 이유로 사포닌은 동물 사료에 자주 추가된다. 사포닌은 또한 우리 소변에서 '아스파라거스' 냄새를 빼는 데 도움이 되고, 이건 분명 마케팅 포인트다.

트리게로 데 우에토르는 우리가 재배하고 먹는 음식과의 관계가 얼마나 깊은지 강력하게 상기시킨다. 이 품종의 독특한 건강상의 특성과 원산지를 제외하고 생김새에 대해 말해보자. 이 현대 스페인 줄기는 정확히 어떻게 생겼을까? 확실히 통통하지는 않다. 오히려 날씬하다. 말랐다고까지 표현할 수 있으려나? 크기는 수천 년 동안 로마인과 아스파라거스 재배자들에게는 중요했을지 모르지만, 분명 스페인 소비자들에게는 아니었다.

영국 우스터셔의 이브셤은 북부 유럽에서 아스파라거스를 재배하는 가장 큰 중심지이다. 농부들은 18세기 중반부터 이곳에서 아스파라거스를 재배해오고 있다. 1830년 이브셤의 앤서니 뉴(Anthony New)라는 사람이 자신의 아스파라거스를 전시하여 런던 원예 협회에게서 메달을 수여받긴 했지만, 이브셤과 직접적으로 관련된 아스파라거스 품종은 없다. 이것은 슬프게도 영국인들이 특히 채소에 관해서 자신의 지역, 자신의 지방 음식 문화로부터 얼마나 떨어져 있는지를 보여주는 또 다른 예다. 그러나 이브셤은 매년 영국 아스파라거스 축제를 개최한다.[8] 최고의 농작물은 좋은 가격에 경매되고, 사람들은 노래와 춤 그리고 풍성한 먹거리로 아스파라거스를 기념한다.

하지만 이브셤 축제는 위대한 스파겔페스트 축제와 비교할 게 못 된다. 이는 독일 전역에서 열리는 아스파라거스 축제로 하얀 아스파라거스를 축하하기 위해 봄 동안 열린다. 가장 유명한 행사는 라인강에서 가까운 하이델베르크 근처의 마을인 슈버칭겐에서 열린다. 아스파라거스의 세계적인 중심지로 선언된 이 축제는 하얀색 줄기에 대한 오마주이다. 하지만 세계 시장을 지배하는 것은 녹색 품종이고, 내 입맛에는 녹색 품종이 많은 사람들이 그토록 소중하게 여기는 창백하고 통통하고 다소 밋밋한 하얀색 줄기보다 훨씬 더 맛있다.

나는 내 정원에 아스파라거스 밭이 없는 것을 상상할 수 없다. 아스파라거스는 같은 장소에서 수십 년 동안 매우 행복하게 자랄 수 있다. 모든 다년생 채소 중 가장 사랑스럽다. 오직 영광스러운 몇 주 동안만 수확하고 즐길 수 있고, 그 후에는 다음 해를 위해 자란다. 키 큰 줄기는 숲의 깃털 같은 여름 바람에 흔들리며 늘 미소를 짓게 만든다. 크리스마스이브면 나는 의식적인 행사로 죽은 줄기들을 잘라낸다. 그리고 이전 세대의 재배자들이 그러했던 것처럼 죽은 줄기들을 불태운다. 태우는 데는 그럴 만한 이유가 있다. 아스파라거스를 키우는 사람들에게 재앙인 해충, 색이 화려한 아스파라거스잎벌레가 줄기에서 겨울을 나기 때문이다. 내가 품어주었던 모든 균은 이 선의의 계절에 불타며 종결한다.

아스파라거스 밭을 돌보려면 일 년 내내 부지런한 잡초를 뽑아야 한다. 아스파라거스는 다른 식물들과 경쟁하는 것을 싫어하기 때문이다. 탐욕스럽기도 해서 영양가 있는 퇴비로 봄에 멀칭(식물을 재배할 때 경지토양의 표면을 덮어주는 일)해야 하고, 토양에 질소를 첨가하기 위해 가끔 나무를 태운 난로에서 검댕을 가져와 뿌려줘야 한다. 그리고 그 보상은 늘 노력할 가치가 있다. 날씨에 따라 다르지만 아스파라거스는 3월 말이나 4월 초에 모습을 보이기 시작한다. 길이가 17센티미터쯤 뾰족하게 자란 첫 번째 줄기로 칼을 가져갈 때 드디어 그간의 인내심에 보상이 주어진다. 율리우스 카이사르가 그랬던 것처럼 녹인 버터에 살짝 찍어 새로운 계절을 알리는 가장 훌륭한 전조를 즐길 시간이다.

잎사귀를 위하여

상추는 샐러드의 왕이다.
요리사의 도움 없이도 맛있고 건강하게 먹을 수 있기 때문이다.
- 서튼 앤 선스, 《씨앗과 뿌리에서 나온 채소와 꽃의 문화(1884)》

겨울은 가장 맛있고 사랑스러운 농작물을 수확하는 시기이다. 나는 언제나 내 채소밭이 제공하는 것을 사랑하는데, 아마 일 년 중 어느 시기보다도 겨울에 가장 사랑하는 것 같다. 소란했던 크리스마스와 새해가 아직 생생하고 바깥은 비참할지도 모르지만, 비닐하우스에 들어가서 뭘 가져올까 생각하면 늘 정신이 고양된다. 기온은 쌀쌀하다. 세번강 하구에서는 축축한 수건처럼 안개가 피어오른다. 나는 기대감에 차서 텃밭 한 곳에서 거꾸로 뒤집힌 화분 하나를 들어올린다. 모습을 드러내는 것은 잎이 단단하게 꽉 들어찬 통통한 주먹이다. 안에서 불을 켠 것처럼 흰색 안에 창백한 녹색 빛이 보인다. 이 겨울 나의 첫 번째 흰색 벨기에 치커리이다.

나는 샐러드 채소로 이 아름다운 이파리만 수확하지 않는다. 근처에는 자몽 크기의 루비색 이탈리아 적색 치커리 덩이들이 저녁 식사 접시에 올릴 프랑스 에스카롤(꽃상추의 일종역주)과 함께 질서정연하게 줄지어 있다. 에스카롤 일부는 비슷한 크기의 흰색 플라스틱 모자를 쓰고 있어서 물기 많고 부드러운 연두색의 잎 무리를 감춰준다. 바깥의 긴 비닐하우스 아래에는 줄지어 선 영국 상추가 쉬고 있다. 분홍색과 노란색 잎맥으로 물든 짙은 녹색 잎들이 6인치(약 15센티역주) 높이의 울타리를 이루고 있는 모습이다. 오늘 밤, 나는 진정한 유럽식 샐러드를 먹을 것이다. 영양가 높고 건강하며 완벽하게 맛있는 샐러드를.

상추와 상추의 사촌들인 식용 치커리는 놀라울 정도로 맛있고 품종이 다양해서 일 년 내내 나의 채소밭을 가득 채운다. 오늘날에야 전 세계가 상추를 먹지만, 몇백 년 전까지만 해도 그렇지 않았다. 식물 육종가들은 당시 존재했던 극소수의 품종을 손에 넣고 유전적 창의성을 미친 듯이 뽐냈다.

치커리와 상추는 세계에서 두 번째로 큰 꽃식물군인 국화과(Asteraceae)에 속한다. 상추는 상추(Lactuca)속에 속하는데, 이 단어(Lactuca)는 상추를 자를 때 나오는 유백색 즙을 가리킨다. 이 액은 수면제와 근육 이완제 역할을 하는 가벼운 마약인데, 이것은 상추가 처음 작물화되던 시기부터 우리의 사회문화적 역사와 밀접하게 연관된 여러 가지 이유 중 하나다.

시작

재배되는 상추의 야생 부모가 무엇인지에 관해서는 여전히 많은 학술적 논쟁이 있다. 전 세계에서 약 백 종의 야생종이 발견되었기 때문일 것이다. 과거에는 비옥한 초승달이 주로 경작된 곳이고 락투카 세리올라(Lactuca serriola)가 최초의 부모일 것으로 생각되었다. 그러나 다른 많은 종들이 약 8,000년 전의 신석기 농부들이 상추를 길들인 사실을 뒷받침했다. 상추가 4,500년 전 이집트에서 처음으로 모습을 드러내기 훨씬 전에 쿠르디스탄과 메소포타미아에서 처음 작물화되었다는 주장도 설득력이 있다.[1]

재배용 상추, 즉 락투카 사티바(Lactuca sativa)는 다음의 일곱 가지 군으로 분류된다. 버터헤드 상추, 결구 상추, 잎 상추, 라틴 상추, 줄기 상추(아스파라거스 상추 또는 셀터스라고도 부른다), 오일시드 상추, 그리고 최초로 작물화된, 속이 성긴 유형의 상추인 코스 상추 등이 있다. 오일시드 상추는 이집트에서 널리 재배되는데, 씨앗에서 기름을 추출하기 위해서였다. 하지만 겨자 등 그 당시 이집트인들이 길렀을 다른 작물만큼 기름을 많이 생산하지는 않는다. 나로서는 왜 하필 상추에서 기름을 짜냈는지 조금 미스터리지만, 오일시드 상추는 오늘날에도 계속 재배되고 있다. 이집트인들이 사랑했던 다른 상추로는 코스 상추가 있다. 코스 상추는 맛있는 잎을 많이 생산한다. 코스 상추의 이미지는 4,500년 전 무덤에서 처음 나타났다. 기원전 1800년경 아비두스(이집트 중부의 옛 도시[역주])에 있는 최(Choe)의 신성한 예배당 무덤의 벽에 코스 상추처럼 보이는 것이 얕게 조각되어 장식되어 있다.[2]

이집트인들은 상춧잎을 먹기도 하고, 다산과 풍요의 신인 민(Min)과 관련 있는 신성한 의식에 사용했다. 상추는 흰색 또는 우유 같이 희부연 유액이 풍부하다는 점 때문에 최음제로 여겨졌던 것 같다. 심지어 오늘날에도 이집트인들은 상추를 먹으면 아이를 많이 낳을 수 있다고 믿는다. 그들은 아랍어로 '지역'을 의미하는 발라디(Balady) 품종을 먹는데, 생김새가 아비두스에 있는 속이 성기고 뾰족한 코스 상추와 비슷해 보인다.

그리고 이집트인들이 유대인에게 상추를 소개했다고 추측되는데, 유대인들은 상춧잎을 유월절 만찬 때 먹는 쓴 약초 중 하나로 사용했다. 야생 치커리는 코스 상추와 습성이 매우 비슷하고 쓴맛이 나며, 같은 시기에 비옥한 초승달에서 작물화되고 있었다. 따라서 유월절에 쓰인 여러 가지 잎 중에 국화과의 여러 종이 포함되었을 가능성이 있다. 이스타르와 탐무즈는 메소포타미아의 수메르인들의 신이자 그리스의 신 아프로디테(비너스)와 아도니스와 동격이다. 이스타르와 탐무즈의 이야기에서 고대 문명이 상추도 숭배했다는 것을 알 수 있는데, 탐무즈는 상추 밭 위에서 눈을 감았다고 전해진다(그리스 신화에서는 아프로디테의 연인 아레스의 질투로 사냥 중 멧돼지에 치어 흐른 피에서 아네모네가 피었다고 전해진다편집자 주). 그의 죽음을 기리고 인생의 덧없음의 상징으로서 상추를 길렀고 추모 행렬과 함께했는데, 그리스인들은 상추로 가득 찬 이 화분들을 '아도니스의 정원'이라고 이름 지었다.[3]

2,500년 전 그리스인들이 상추를 재배했을 때, 그들은 상추가 성욕을 억제하고 졸음을 유발한다고 여겼다.[4] 그리스와 로마 문헌에는 상추의 약효에 관한 많은 언급이 있는데, 소화에도 좋다고 여겨졌다. 상추는 아마도 장 건강을 유지하는 데 도움이 되었을 것이다. 로마인들은 연회의 마지막에 상추를 먹어 잠을 유발했다. 누군가는 그렇게 많은 음식을 먹고 상추를 먹으면 잠이 더 빨리 오는지 궁금해했겠지만 말이다. 나중에 로마인들은 식사를 시작할 때 상추를 무와 함께 먹어 식욕을 돋웠다! 자극도 되면서 잠도 오게 해주는 식물이라니!

중국인들은 그리스인들과 같은 시기에 상추를 먹고 있었지만, 잎보다는 줄기를 더 좋아했다. 두꺼운 줄기가 달린 키가 크고 묵직한 상추는 티베트가 원산지이다. 서양에서 온 재배용 상추와 교배되었을 것이며, 농부들은 풍미가 많은 굵은 줄기를 선택하는 데 집중했을 것이다. 셀터스(셀러리와 상추를 교배해 나온 채소[역주])라고 알려져 있는 이 품종은 잎도 시금치처럼 요리해서 먹는다. 셀터스는 또한 러시아와 인도에서 재배되었다. 상추 육종이 실제로 시작되던 19세기에 유럽으로 들어왔지만 유럽 사람들의 입맛에는 맞지 않았던 모양이다. 셀터스는 현재 꽤 유행하는 식물로 북반구 전역의 일부 세련된 정원에서 볼 수 있지만, 대부분은 중국인 이민자가 경작하는 주말 농장이다. 1930년대 후반 미국에 재배용 채소로 진출하기도 했는데, 실제로는 아마추어 애호가들만 재배하고 있다. 나는 아직 키워보지 않았지만, 시도해보면 재미있을 것 같다.

모양이 바뀌다

내가 가장 좋아하는 상추는 그리스의 코스섬에서 이름을 따왔다. 이 원통형 상추는 코스섬에서 적어도 지난 3,000년 동안 자랐다. 로마인들은 이 상추를 카파토시아 상추라고 불렀는데, 헤로도토스에 따르면 카파토시아는 페르시아인들이 그리스와 지중해 동부의 땅을 묘사하기 위해 사용한 이름이었다. 이 지역을 방문하는 사람들은 오래되고 버려진 계단식 논으로 덮인 산과 산허리를 보지 않고 지나칠 수 없을 것이다. 골짜기에는 융단 같은 작은 논밭들이 산재해 있다. 이 땅들은 2,500년 전 원예 활동의 중심지였다. 그땐 정교한 관개 시설로 풍부한 수확물을 낼 수 있었고, 기후도 일 년 내내 상추를 재배하기에 완벽했다.

로마의 몰락과 함께 재배용 상추에 대한 기록들은 줄었다. 초서(Chaucer, 1343-1400)는《캔터베리 이야기(The Canterbury Tales)》에서 다소 부정적인 용어들로 재배 형태의 상추에 대해 썼다. 피터 쇠퍼(Peter Schöffer, c.1425-1503)가 그린 네 가지 서로 다른 유형 중 어느 것도 우리가 오늘날 상추라고 여기는 것과 닮지 않았는데, 제이콥 마이든바흐(Jacob Meydenbach)가 1491년에 편찬한 자연사 백과사전에 포함되었다(당시 식물 삽화는 다소 주관적이었다). 레온하트 푹스는 1543년 출판한《새 약초 식물지(New Herbal)》에서 동그랗고 속이 꽉 찬 양배추에 관해 최초로 묘사했다. 다른 16세기 식물학자인 램버트 도도엔스, 프랑스 식물학자 자크 달레샹(Jacques Daléchamps,

1513-1588), 피에트로 안드레아 마티올리(Pietro Andrea Matthioli, 1501-1577), '독일 식물학의 아버지' 야코부스 테오도로스(Jacobus Theodorus, 1525-1590) 등은 잎이 적은 다양한 유형과 양배추, 버터헤드 상추를 묘사하면서 그리스와 로마의 논평가들이 한 묘사를 추가했다. 그중에는 플라이니 디 엘더와 헤로도토스가 있었다. '샐러드'가 우리 건강과 행복, 정신과 현재에 끼치는 중요성은 존 에블린(John Evelyn)이 1699년 그의 책 《아세타리아: 채식에 대한 담화(Acetaria: a Discourse of Sallets)》에서 열정적으로 표현했다. "졸음을 유발하는 특성 때문에 상추는 예전부터, 지금도 여전히 전 세계에서 채식하는 사람들의 주요 기반이 되고 있다. 채식은 멋지고 신선하다. 다른 특성들을 제외하고… 도덕, 절제, 금욕에 긍정적인 영향을 끼친다."

최근에 도착한 것

야생 상추의 다양한 종은 1633년 식물학자 토마스 존슨(Thomas Johnson, 1600-1644)이 처음 영국에서 기술했다.[5] L. 세리올라(L. serriola)는 야생종으로, 가장 많이 재배된 상추 품종을 낳았다. 18세기 산업혁명이 시작되면서 비로소 영국 전역에서 확고하게 자리를 잡았는데, 잡초처럼 쉽게 자라는 습성 때문이었다. 이는 즉 교란토양(원상태에서 힘을 받아 파괴된 토양[역주])에서 잘 자란다는 것을 의미한다. 18세기 중반에 시작된 운하망의 확장과 함께 약 50년 뒤에 철도가 뒤따라 등장하면서 야생 상추가 번성하기 좋은 여건이 조성되었다. 교란토양에서 가장 잘 자라는 경향은 진화 측면에서 보자면 훌륭한 특성이다. 왜냐하면 인간은 매우 효과적으로 토양을 교란하는 종이기 때문이다. 우리의 먼 조상들이 농부가 된 덕분에 잡초 같은 식물이 우리 주변에 무성하게 자라났다. 상추 애호가들은 모두 각자 자신이 가장 좋아하는 품종이 있고, 몇몇 다른 유형과는 애증의 관계를 맺고 있다. 나는 씨앗을 얻기 위해 버터헤드 유형을 기를 테지만, 내게 이 부드럽고 매끌매끌한 것을 먹으라고는 하지 않았으면 좋겠다. 내가 가장 좋아하는 것은 모두 전통적인 코스 품종이다.

유럽 본토에 소개된 재배용 상추는 찰스 1세(Charles I, 1600-1649)의 통치기 때부터 영국에 확고히 자리 잡았다. 하지만 영국인들은 18세기 중반이 되어서야 자신들만의 상추를 육종했다. 1743년 처음 기록된 브라운 바스 코스(Brown Bath Cos)는 내가 가장 좋아하는 품종으로, 우리 집에서 불과 몇 킬로미터 떨어진 곳에서 육종된 것이다. 네덜란드에 있는 유전 자원 센터(CGN)이라는 유전자 은행은 방대한 양의 상추 품종을 보관하고 있다. 그중 가장 오래된 이름을 가진 프랑스 품종은 1755년 처음 기록된 패션 블론드 아 그라니 블랑쉬(Passion Blonde à Graine Blanche)와 1777년에 기록된 팔라틴(Palatine)이다. 오스트리아-헝가리 제국에서 유래한 메셔(Mescher)는 영국에서도 재배되고 있던 또 다른 18세기 품종이다. 겨울을 나는 버터헤드 상추치고 매우 맛있다. 변화하는 풍경이 야생 상추에 이상적인 환경을 제공하여 절단된 철도와 도로변과 밭 가장자리의 식물군에 예쁘게 추가될 수 있었는지는 모르지만, 오늘날 우리가 즐기는 상추는 이미 정원이나 밭을 집으로 느끼고 있었다.

선택지가 너무 많다

내가 여름에 주로 먹는 상추는 19세기 말 프랑스산인 리틀 젬(Little Gem)이다. 이것은 코스 품종으로, 다른 이름으로도 통한다. 미국인들은 이 품종이 로메인 유형의 아삭함과 버터헤드의 달콤함을 가졌다고 언급한다. 로메인 또는 로만 상추는 프랑스인들이 이 상추군에 붙인 이름이다. 14세기 초 몇몇 교황이 로마에서 아비뇽으로 이주하면서 이 상추를 가져와 궁전 정원에서 재배했을 때였다. 이런 이유로 로메인은 아비뇽 상추라고도 불린다.

맛 측면에서는, 19세기 서머싯 육종가들이 베스 코스(Bath Cos)라는 아름다운 품종을 생각해냈다. 베스 코스는 1842년 처음 기록되어 전 세계에서 상업 작물로 널리 재배되었다. 내가 가장 좋아하는 또 다른 품종은 로비츠 그린 코스(Lobjoits Green Cos)이다. 1790년대로 거슬러 올라가는 이 큰 품종은 일 년 내내 자랄 수 있어서 겨울을 나는 동안 먹을 수 있는 최고의 샐러드 작물이 되어준다. 1855년 캔드에서 처음 육종된 반야드 매치리스(Bunyard's Matchless)는 훌륭하고 크며 겨울을 나는 또 다른 코스 품종이다. 나는 이 품종을 맛만큼이나 이름 때문에 좋아한다. 내가 작성한 아주 맛있는 겨울나기 상추 목록의 상위권에 속이 성긴 잎 상추 유형인 블러디 워리어(Bloody

Warrior)가 있다. 19세기 말부터 상업적으로 팔렸던 영국 품종인데, 짙은 녹색 잎에 거의 검은색처럼 짙은 빨간색 반점이 흩뿌려져 있어서 이런 이름이 붙었다. 내 샐러드 그릇에서 현대 품종은 찾을 수 없지만, 내가 좋아하는 오래된 품종들은 가을과 겨울 동안 느리게 자라고 초봄에 가장 맛있다. 그 맛은 나무랄 데가 없다.

유행이 바뀌다

현대 잎 양상추는 오늘날 인기 있지만 요리해서 먹은 역사는 오래되었다. 어느 슈퍼마켓에나 있는 별 맛이 나지 않는 잎이 담긴 봉투는 이탈리아인들이 몇 번이고 잘라 먹을 수 있는 훌륭한 종류의 상추를 생산하는 달인이었다는 사실을 알려준다. 이중에는 단일 품종인 라투기노(Lattughino)가 있다. 라투기노는 이른 봄에 톡 쏘는 맛이 나는 잘라도 계속 자라는 잎을 만들고, 이어서 부활절에는 풍미가 좋은 크리스프헤드 상추를 제공한다.

사랑스러운 이름을 가진 미국 품종 중에는 훌륭한 가보이자 잎이 성긴 아미쉬 디어 텅그(Amish Deer Tongue)와 크리스프헤드 품종으로 결구가 성기며 겨울을 나는 브론즈 애로우(Bronze Arrow)가 있다. 많은 품종이 계속 상업적으로 이용 가능하다는 것은 우리 음식 문화에서 이러한 오래된 품종들이 품질과 중요성을 갖추고 있다는 증거다.

상추는 빅토리아 시대 내내 원예 단체에서 글쓰기 주제가 되었다. 1884년 판 《정원사 연대기(The Gardeners' Chronicle)》는 화이트 파리 코브 코스 상추(White Paris Cove Cos lettuce)에 대해 이렇게 적고 있다. "이것은 의심할 여지없이 여름에 기를 수 있는 가장 좋은 코스 상추이다. 키는 크지만 겉잎이 감싸고 있어 끈으로 묶지 않아도 윗부분이 가려져 속잎은 흰색이 된다." 오, 나도 요리에 기쁨이 될 이 품종을 키워보고 싶지만, 슬프게도 모든 채소 품종의 90퍼센트가 그러하듯 이 품종도 영원히 사라졌다... 아니지, 어쩌면 아닐 수도? 이 품종은 이름이 비슷한 화이트 파리 코스 상추와 같은 것일 수도 있다. 이 품종을 여전히 미국에서 쉽게 구할 수 있길 바랄 뿐이다. 같은 책에서 R. 밀른(R. Milne) 씨는 영국에서 샐러드를 먹는 것에 대해 다음과 같이 말했다.

> "왜 영국 정원사들은 이토록 샐러드를 무시할까? 나는 3월 13일에 사우스 데본의 시드머스에 갔다. 사랑받는 도시였다. 호텔은 으리으리하고, 라디에타소나무 등 질 좋은 침엽수로 둘러싸여 있었다. 동백꽃도 꽃을 피웠다. **담이 둘러진 7~8에이커의 부엌 정원에는 온실 등이 있었다**[내 강조사항]. 여기서 볼 수 있는 유일한 샐러드 채소는 겨자와 갓류 식물이다. 마치 대단한 별미처럼 매 식사마다 호사스럽게 제공된다. 하지만 상추, 엔다이브(꽃상추의 일종역주), 심지어 셀러리도 없고 무도 없다. 소스를 만드는 데 쓸 신선한 민트도 없다. 기후가 훨씬 더 나쁜 프랑스 북부와 뭐가 다른지 모르겠다. 그곳에서는 매년 이맘때면 무 종류인 롱 아 바우트 블랑(Rond à Bout Blanc)이 매일 아침식사로 나오고, 맛

있는 상추가 매끼 제공된다. 팔머스(영국 서남부 항구 도시역주)는 개인 정원이 많은 지역으로 시드머스보다도 훨씬 더 사랑받는 지역이다. 리비에라(지중해 연안의 해안 지방역주)조차 따라올 수 없는데, 나무고사리, 야자 식물, 엠보트리움(Embothrium, 남미 남부, 칠레 등에 서식하는 은엽수과 식물역주), 딕소니아(Dicksonia, 원시적인 특성이 있는 나무고사리속 식물역주) 그리고 다른 고급 식물들이 무성하게 자라고 있다. 이곳에서는 약간 질긴 양상추와 조금 더 질긴 엔다이브를 먹을 수 있다. 아주 조금만 제공되는 데다 그게 전부다. 차라리 요리사들이 채소가게에 가서 프랑스 상추를 구하는 것이 낫지 않을까? 이것에 뭔가가 있다는 것이 두렵지만, 호텔 주인들은 프랑스 상추를 손님에게 제공하지 않는다."

트립어드바이저(TripAdvisor)가 밀른 씨에게 150년이나 늦게 온 것 같아 안타깝다. 의심할 여지없이, 그렇게 분별력 있게 상추를 먹는 사람이라면 웹스 원더풀(Webb's Wonderful)을 마구 먹었을 것이다. 훌륭하고 아삭아삭한 이 여름 상추는 그 당시부터 영국 음식 문화의 일부였다. 이 품종은 웨스트미들랜즈에 기반을 둔 원예 기관인 와이치볼드의 웹스(Webbs)에서 육종했다. 또 다른 품종으로 크리스프헤드 유형인 추 드 나플(Chou de Naples)이 있다. 이 품종은 19세기 말 프랑스에서 육종되었고, 발모랭 앙드리외가 판매한 많은 크리스프헤드 재배종의 모체가 되었다. 그러나 크리스프헤드에서 영감을 받아 상추 생산을 완전히 새로운 수준으로 끌어올린 것은 미국인들이었다.

빙산의 일각

빙산이라는 뜻의 '아이스버그'가 만들어지기 전까지 상추는 지역 작물이었다. 오래 보관하기가 쉽지 않았기 때문에 멀리 이동하지 못했다. 아이스버그 상추라는 이름의 유산 품종은 1894년 미국에서 처음 육종되었고, 오늘날에도 여전히 구할 수 있다. 1930년대, 40년대가 되자 캘리포니아의 살리나스에 있던 육종가들은 잎이 성기고 오래 보관할 수 있는 프랜치 바타비아(French Batavia) 종류에서 현대 품종을 개발했다. 아이스버그도 이때 탄생했다.

미국 정부는 1825년부터 식물 육종에 적극적이었다. 존 퀸시 대통령은 전 세계에 있는 미국 영사들에게 희귀한 종자와 식물을 국무부에 보내 번식시키고 분배할 수 있게 하라고 지시했다. 미국 농부무는 "국민들을 위해 새롭고 가치 있는 종자와 식물을 구하고, 번식시키고, 보급하기 위해"[6] 1862년에 설립되었다. 나는 아이스버그 품종에서 가장 중요한 재배종은 그레이트 레이크(Great Lakes)라고 주장하는데, 이것은 최초의 진정한 현대 아이스버그 상추이다. 미국 농부무와 미시간 농업 실험소(Michigan Agricultural Experiment Station) 소속인 토머스 W. 휘태커(Thomas W. Whitaker)가 육종 계획으로 얻은 품종이었다. 이름에도 불구하고(그레이트 레이크, 즉 오대호는 미국과 캐나다 사이에 있는 다섯 개의 대형 호수이다[역주]) 실제로는 캘리포니아에서 육종한 것이다. 그레이트 레이크는 1941년 판매를 시작했고, 한때 미국 전체 아이스버그 상추 생산량의 95퍼센트를 차지했다. 1970년 중반까지 시장의 선두주자였다.[7] 최초의 아이스버그 재배종은 얼음에 포장하면 기차를 타고 대서양 연안까지 이동할 수 있었고, 며칠, 심지어 몇 주 동안 보관해두고 먹을 수 있었다.

길게 보관하려는 욕구는 상추 재배에 혁명을 일으켰지만, 나의 겸허한 의견으로 보면 우리 식단의 질을 향상시키는 데 아무런 도움이 되지 않았다. 슬프게도 현대의 아이스버그 상추는 미국 음식 문화의 어디에나 있긴 하지만, 아무 샌드위치, 햄버거, 샐러드에 아무렇게나 추가되는, 아무런 맛이 나지 않는 채소이다. 그렇기 때문에 나는 미국인들이 드디어 그들의 방식의 문제를 알아차리고 더 나은 음식을 향해 방향을 돌리는 것을 보면 꽤 안심이 된다. 지금은 조금 더 풍미가 생겼지만, 내가 보기엔 여전히 아쉽다. 미리 포장된, 속이 성긴 상추가 1위를 차지하고 있다. 이 상추도 비유적으로, 실제로도 신선하다. 현대 잡종뿐 아니라 많은 전통 품종들이 미국 전역의 고급 슈퍼마켓의 샐러드 통로를 채우고 있다. 차가운 이름만큼이나 무시무시한 아이스버그가 녹아내리고 있지만, 달콤하고 묵직한 드레싱에 흠뻑 젖은 크고 차가운 조각은 여전히 미국 식단의 주식이다.

우리처럼 씨앗을 보관하는 것을 좋아하는 사람들에게 상추는 꽤 다루기 쉬운 작물이다. 자가 수분을 하기 때문이다.[8] 그렇다고 교차 수분을 하지 않는 것은 아니라서, 만약 상추 몇 개를 기르고 있다면,

그중 약 5퍼센트는 약 40미터 떨어진 이웃과 잡종을 만들 것이다. 교차 수분하는 능력, 특히 가까운 이웃과 교차하는 능력은 인간에게 작물화되던 초기에 그랬듯, 상추가 지난 5,000년 동안 성공적으로 길들여진 이유이며 장기 생존의 열쇠이기도 하다. 단 5퍼센트만이 유전자를 공유하지만, 상추는 유전적으로 다양하고 튼튼하다.

상추꽃은 자가 수분하고 물질을 많이 분비하지 않지만, 꽃에 꿀이 있다면 꿀벌과 꽃등에 등 다양한 꽃가루 매개자에게 매우 매력적인 꽃이다. 하지만 상추가 진화해서 번식하는 데 꽃가루 매개자를 필요하지 않다면, 왜 여전히 그들을 끌어당기는 걸까? 답은 꽤 간단하다. 진화적 변화와 적응 과정에서 많은 유전적 특성이 불필요하긴 하지만, 이러한 유전자들은 필요하지 않을 뿐 생존 능력을 저해하지 않기 때문에 식물의 게놈에 남는다.

파란색 꽃을 피우는 사촌

상추는 모양과 크기, 계절성, 그리고 요리 세계에서 차지하는 위치와 우리의 사회적, 문화적 정체성에 있어서 중요한 채소다. 그렇지만 현재 우리는 우리가 소비하는 많은 샐러드 작물 중 하나로 여긴다. 오늘날 우리는 원래라면 샐러드를 만들 수 있을 거라 생각하지 않았던 식물의 잎과 싹을 먹는다. 비트 새싹, 시금치, 모든 종류의 배추속 식물의 잎, 완두콩 새싹…이런 것들 말이다. 나열하면 끝이 없다. 하지만 잎을 먹는 두 가지 샐러드 작물이 있는데, 생으로도 먹고 요리해서도 먹는다. 그중 하나는 큰 뿌리를 가지고 있고 특히 불쾌하긴 해도 커피의 대안이 된다. 시코리움(Cichorium)속 중 치커리와 엔다이브로, 내가 가을과 겨울에 꼭 키우는 채소다. 두 채소는 종종 같은 채소로 취급되는데, 프랑스인들이 치커리를 '엔다이브'라고 부르기 때문이다. 두 채소는 밀접한 연관이 있지만 엄연히 다른 종이다. 여름철이 아닌 시기에도 진정으로 맛있는 잎을 먹을 수 있다는 걸 생각하면, 이탈리아, 프랑스 그리고 북부 유럽 전역의 육종가들에게 감사하다. 선택할 수 있는 매우 예외적인 수의 품종이 생겼으니 말이다.

16세기 약초학자들은 얇고 속이 빈 식물의 모양을 의미하는 시리아어 단어인 암부비아(ambubaia)를 써서 야생 치커리인 시코리움 인티버스(Cichorium intybus)를 묘사했다. 이것은 유럽과 중동 북아프리카의 대부분 지역이 원산지이며, 쓴 잎은 먹을 수 있었다. 우리는 시리아인들과 이집트인들이 적어도 4,500년 전에 더 먹기 쉬운, 길들여진 치커리 품종을 개발한 것에 감사해야 한다. 영국에서 야생 치커리는 전통적으로 푸른 치커리로 알려져 있다. 사랑스럽고 푸른, 민들레 같은 꽃 때문에 붙은 이름이다. 프랑스에서 흔히 부르는 이름은 치코레 수바게(chicorée sauvage)였다. 프랑스인들은 이 매력적인 식물의 재배용 품종을 바버 드 캐피사(Barbe de Capucin, 카푸친의 수염)라고 부르기도 했다.

오래가지 못한 비밀부터 오래 지속된 음료까지

전통적으로 치커리의 쓴 잎은 색을 연하게 하는 방식으로 맛을 더 맛있게 끌어올린다. 이 방법은 오늘날까지 이어지고 있다. 연두색, 하얀색, 분홍색 '치콘(치커리 뿌리에서 돋아난 싹역주)'이 현재 슈퍼마켓 냉장고에 가득 차 있는 걸 보면 알 수 있다. 어떻게 우리는 이러한 완벽한 모양의 표본에 도달하게 되었을까? 이 이야기는 1844년으로 거슬러 올라간다. 벨기에의 한 원예가가 야생 치커리에서 뿌리를 기르는 실험을 하던 중 버섯밭에 묻혀 있던 한 식물에서 어떤 흰색 잎이 나오는 것을 발견했다. 그것은 우연히 나온 야생 치커리의 돌연변이었다. 그렇게 우리가 오늘날 사 먹는, 유명한 위트루프(Witloof) 또는 라지루티드 브뤼셀(Large-Rooted Brussels) 치커리가 탄생했다. 위트루프는 플랑드르어로 '흰색 잎'을 뜻하는데, 야생 치커리에 붙여졌던 오래된 이름이기도 하다. 우리의 이름 없는 벨기에인은 그 발견을 비밀로 하려고 열심히 노력했지만, 동료 원예가들은 꼬치꼬치 캐물었을 것이다. 아니면 본인이 스스로 자랑을 했을지도 모른다. 어쨌든 곧 모두가 그 식물을 기르게 되었고, 높게 평가되는 상업 작물이 되었다.[9]

치커리 뿌리는 1779년에 커피 대용품으로 처음 사용되었다. 때는 프로이센의 프리드리히 대왕이 커피 원두의 수입을 금지한 지 삼 년이 흐른 시점이었다. 브런즈윅(독일 북부 지방의 이름역주)의 여관 주인인 로월 색소니(Lower Saxony)가 군주에게서 양보를 받아 캠프커피(커피와 치커리로 만든 시럽역주)의 기초가 되는 대체품을 제조했다. 그렇게 1876년 스코틀랜드에서 구역질 나는 시럽이 발명되었다. 치커리를 커피 대용으로 사용한다는 건 내게는 내키지가 않는 일이다. 커피가 비싸고 공급은 부족했던 당시에는 아주 잘 되었을지도 모르지만 말이다. 특히 이 시럽은 전쟁 시에 영국 음료의 버팀목이 되었다. 1950년대와 60년대 초에 자란 나는 이 검은 점액이 담긴 병을 경멸의 눈으로 바라봤다. 엄마가 끓인 것을 딱 한 모금 마셔봤지만, 내가 마실 만한 음료가 아니라는 걸 아는 데는 충분했다. 그것은 오늘날에도 여전히 제조되고 있고, 나로서는 놀랍지만 누군가는 여전히 그걸 마시고 싶어 한다! 나는 노스요크셔(영국 잉글랜드 북부의 주[역주])의 한 요리사가 새로운 커피 대체재를 만들기 위해 치커리를 재배하고 있다고 생각한다. 그래서 아마도 나는 나의 어린 시절 편견을 한쪽에 두고, 그 요리사가 내 마음을 바꿀 수 있을지 알아봐야 할 것이다. 아마도 더 맛있는 대안은 말린 치커리 뿌리를 이용한 한국의 전통차일 것이다.

우리 음식 문화에서 매우 중요한, 시코리움(Cichorium)의 다른 종은 엔다이브[C. 엔디비아(C. endivia)]이다. 엔다이브는 야생 부모인 C. 푸밀룸(C. pumilum)과 C. 칼붐(C. calvum)이 작물화되면서 나온 산물로, 두 야생종 모두 북아프리카 해안가에서 발견된다. 이 생각을 뒷받침하는 고고학적 증거는 없지만, 이집트인들이 경작했을지도 모른다. 엔다이브에 관한 최초의 언급은 로마의 시인 호레이스(Horace, 기원전 65~8)의 유명한 시다. 그는 자신이 먹는 간단한 식단의 재료를 나열했는데, 여기 치커리가 포함되어 있었다. 그는 야생 치커리가 작물화된 형태를 묘사하기 위해 엔다이브라는 단어를 사용했을 것이다. 당시에는 농작물들 사이에 명확한 구분이 없었기 때문이다. 이것은 치커리처럼 17세기에 북부 유럽에서 재배되던 작물로 처음 등장했고, 지금은 여러 가지 맛있는 종류로 나오고 있다.

오늘날 가장 유명한 엔다이브 유형은 세 가지 품종으로 나뉜다. 첫 번째는 잎이 말린 그룹인 C. 크리스품(C. crispum)으로, 우리에게 구불구불한 잎이 밖으로 뻗어 있고 엔다이브 품종들을 주었다. 안쪽은 빛이 닿지 않아 색이 연하다. 19세기 중반, 프랑스의 위대한 식물육종 회사인 빌모랭 안드리외(Vilmorin-Andrieux)는 프리제(Frisée)라고 알려진 이 그룹의 수십 가지 품종을 정말로 팔고 있었다. 그중에는 내가 가장 좋아하는 시코레 프리제 그로스 판칼리에르(Chicorée Frisée Grosse Pancalière)도 있었다.

에스카롤은 두 번째 그룹인 C. 라티폴리움(C. latifolium)의 프랑스어 이름이다. 이 그룹은 잎이 넓고 평평하며 밖으로 뻗어 있는 엔다이브로 역시 종종 속은 창백하다. 이중에는 맛으로는 이길 수 없는 프랑스 대표 품종인 게안테 마레셰르(Géante Maraîchère)와 글로스 부클레(Grosse Bouclée)가 있다. 세 번째 그룹인 C. 포로숨(C. folosum)은 라디치오(적색 치커리가 결구된 것역주)의 이탈리아 품종이다. 19세기부터 재배된 대표 품종 중에는 그루몰로 로사(Grumolo Rossa)와 로사 디 베로나(Rossa di Verona)가 있다. 이들은 위트루프처럼 잎이 하얗게 될 수 있다. 또한 바리에가타 디 키오자(Variegata di Chioggia) 처럼 적색과 백색이 같이 있는 품종도 있다. 라디치오와 같은 군에 카탈루냐 치커리들이 있다. 이것들은 푼타렐레 디 갈라티나(Puntarelle di Galatina) 품종처럼 속이 단단해지지 않는다. 말할 것도 없이 녹색, 빨강색, 다양한 색, 흰색으로 구성된 이 멋진 종족은 유럽 요리라는 무대에서 중심을 차지했고, 지금 전 세계에서 재배되고 있다.

영국에서 식물학자들은 12세기까지 재배용 엔다이브와 파란색 치커리에서 온 엔다이브 한 종류를 구분하지 못했다. 이후 400년 동안 엔다이브는 일반적인 샐러드 채소로 쓰이지 않았다. 위트루프 치커리는 영국에서 먹은 이 속(屬)의 최초의 재배 형태였다. 20세기 후반이 되어서야 우리는 이 놀라운 채소의 다양한 모습을 모두 받아들였다. 앞으로도 그럴 수 있기를 바란다.

시장과 질 좋은 상품을 파는 채소 재배업자들을 돌아다니면서 판매되는 샐러드 작물의 종류가 계속 늘어나는 것을 보면 매우 안심이 된다. 대부분은 현대 품종으로, 다른 모든 현대 품종과 마찬가지로 균일하고 빨리 자라고 오래 보관할 수 있으며 구매자 눈에 잘 들어오게끔 육종된 것이다. 때문에 종종 맛은 육종 계획에서 등한시되지만, 여전히 사람의 미각을 간지럽히는 많은 든든한 품종들이 있다. 리틀 젬과 같은 상추, 옆으로 퍼져 자라는 점점 더 많은 상추 품종과 색과 질감을 가진 엔다이브도 점점 인기를 얻고 있다. 슈퍼마켓의 통로는 라디치오, 빨갛고 하얀 치커리, 천상의 에스카롤로 가득 차 있다. 모두 영양가 높고 맛있는 것들이다. 그러나 더 오래 '신선하게' 보관하기 위해 질소를 채운 봉지에 포장하면, 낭비일 뿐 아니라 맛도 떨어진다. 우리는 싱크대, 날카로운 칼, 샐러드 채소 탈수기를 버려서는 안 된다. 편리함과 게으름 때문에 버리면 진정으로 세속적인 쾌락을 놓치는 것이나 마찬가지다. 비가 오나 해가 뜨나, 더운 여름이나 추운 겨울이나, 상추, 치커리, 엔다이브는 무수히 많은 형태로 내 텃밭에서 늘 자라고 있다. 원하면 일 년 중 매일 수확할 수 있다. 그야말로 마법이다.

마늘아 고맙다

불손한 손을 가진 자가 자기 아비의 목을 부러뜨리면,
그에게 마늘을 먹게 하라. 마늘이 독미나리보다 더 나쁘다.
- 호레이스,
《제3단: 저 사악한 마늘(Epode III: That Wicked Garlic, 기원전 30)》

마음이 벅찬 또 다른 여름날이었다. 6월 말, 나는 일주일간의 휴가를 마치고 집으로 돌아와 현관문을 열었다. 집 가득 향이 났다. 마늘이었다. 자극적인 향이었고 흙냄새가 났다. 나는 코를 앞세워 부엌으로 들어갔고, 식탁에서 나를 기다리고 있는 것은 다채로운 색상의 화려한 우표들로 완전히 덮인 커다랗고 달콤한 플라스틱 병이었다. 셀로판 테이프 뚜껑을 제거하는 데는 아주 잠시밖에 걸리지 않았고, 곧 나 같은 마늘 애호가들이 꿈꿀 수 있는 가장 천국 같은 광경이 보였다. 항아리 안에는 내가 거의 매일 먹는, 크고 지방이 많고 짙은 자주색의 마늘쪽이 맨 꼭대기까지 가득 차 있었다. 나는 놀랐다… 그리고 기억이 떠올랐다.

놀라움이 가득한 땅

지난 3월 나는 오만에 있었다. 수도 무스카트에 도착했을 때 가장 먼저 방문한 곳은 마을 변두리에 있는 중앙 채소 시장이었다. 거대하고 현대적인 창고 단지로, 많은 종류의 과일과 채소들이 보관되어 있었고, 그중 다수가 지역에서 재배한 것이었다. 당근 자루에는 사막의 마법이라는 라벨이 달려 있었다. 오이, 콩, 허브, 바나나, 망고, 토마토, 그리고 신선한 어린 마늘 등의 채소의 많은 품종들로 끝이 보이지 않을 정도로 가득했다. 오만은 대추로 유명하고, 절대 부족한 법이 없다. 오랫동안 식물을 재배해온 이곳의 특성에 대해 아무것도 모른 채 이곳에 도착한 나는 상쾌한 아침, 시장을 거닐고 상인들과 잡담을 나누며 이 사막 왕국이 강렬한 문화를 가지고 다양한 지역 품종을 가지고 있다는 것을 생각하지 못했다. 실제로 많은 농부들이 정부의 격려로 많은 농작물의 종자를 기르고 저장하고 있었는데, 그중 가장 중요한 것이 사료 작물인 알팔파(콩과의 풀로 자주개자리라고도 불린다[역주])였다. 그들은 수 세대에 걸쳐 직접 씨앗을 저장해왔고, 그 결과 오만 알팔파는 여름 기온이 최고 50도까지 오르는 기후에 잘 적응하게 되었다.[1]

조금 더 깊게 알아보고 싶었다. 다음 정거장은 사이크 고원의 산악 지대인 제벨 아크다르였다. 해발 약 2,000미터에 있는 이 놀라운 지역은 장미 향수를 만드는 다마스크장미를 기르는 것으로 유명하다. 사람들은 그게 오만에서 나오는지 잘 모르지만, 환상적인 대추 다음으로 가장 사랑스러운 오만의 수출품일 것이다! 내가 2012년 그곳을 여행했을 때 도로는 부분적으로 포장 공사를 막 마친 상태였다. 사륜

구동이 필수였고 주요 고속도로를 벗어난 검문소에서는 미소 한 번으로 통행료를 대신했다. 작고 오래된 마을들은 가파른 절벽에 매달려 있고, 계단식 논밭은 계곡 바닥까지 이르는 1,000미터까지 층을 이루고 있었다. 내가 있었던 이른 봄에는 장미뿐 아니라 모든 꽃들이 막 피어나고 있었다. 농부들은 석류, 복숭아, 포도, 그리고 지역 품종의 토마토, 오이, 마늘 등 많은 채소를 기르고 있었다. 마을과 계단식 논을 잇는 좁은 길과 오솔길의 미로를 따라 헤매다 보니 어린 마늘 식물이 보였다. 서리는 자주 내리지만 비는 거의 오지 않는 곳에서 겨울을 보낸 마늘이었다. 오만에서 초기 아랍 정착민들이 처음 거주한 곳은 바니 리암으로 알려져 있다. 수백 년에 걸쳐 지역 농부들이 건설한 가장 웅장한 계단식 논을 세계 어디에서나 볼 수 있는 것은 놀라운 일이 아니다. 일 년에 30센티미터 조금 넘게 비가 오는데, 영국 동부에서 가장 건조한 지역 강수량의 절반 정도밖에 되지 않기 때문에 이곳에서는 한 방울의 물도 소중하다. 물은 수 세기에 걸쳐 건설한 관개 수로와 물탱크의 정교한 연결로 모이기 때문에 거의 모든 것을 재배하기에 충분하다. 겨울은 짧고 춥다. 햇볕이 내리쬐고 가장 더운 여름에도 기온은 31도 이상으로 거의 오르지 않는다. 장미 말고도 많은 식물들이 이 고원에서 아주 행복하게 자란다.

오만은 늘 북아프리카와 동아프리카, 그리고 인도 아대륙를 잇는 고대 해안 무역로의 일부였다. 무스카트 외곽의 엘 와티흐에서 나온 고고학적 증거는 약 1만 년 전 비옥한 초승달에 초기 정착 공동체가 있었던 시기부터 오만에 사람이 살았다는 것을 보여준다. 그래서 오만의 농업 유산은 지구상 어딘가로 멀리 거슬러 올라간다. 사람들은 씨앗을 바다를 통해, 그리고 알레포와 콘스탄티노플로 가는 고대 무역로를 따라 이리저리 운반했다. 이것은 수천 년 동안 아라비아반도의 비옥하고 고립된 곳에서 과일과 채소가 광범위하게 재배되었음을 알려준다.

근처에서 마늘이 자라는 것을 발견하고 알자발 호텔로 돌아온 나는 호스트인 나반 알나바니(Nabhan Al-Nabhani)에게 그것들이 토종 품종인지 물었다. 그는 활짝 웃으며 내가 걸어온 마늘 계단식 밭이 자기 소유라고 말했다. 그의 가족은 대대로 같은 마늘을 재배해왔다고 한다. 나반은 16세기와 17세기 전반에 걸쳐 오만을 지배했던 포르투갈인들이 마늘을 전했을지도 모른다고 생각했다. 사실일 수도 있지만, 씨앗 탐정의 코가 실룩거리기 시작했다. 마늘은 3,000년 전 무역로를 통제하려던 바빌로니아와 아시리아 침략자들뿐만 아니라 무역상들을 통해서도 오만에 도착했을 수 있다. 만약 그렇다면 이 마늘은 오만에서 수천 년 동안 자랐을 것이다. 나는 용기를 내서 나반에게 여름에 마늘을 수확할 준비가 되었을 때 마늘쪽을 몇 개 보내줄 수 있는지 물었다. 그는 그러겠다고 약속했고, 그래서 부엌 식탁에 향기로운 병이 나를 기다리고 있었던 것이다.

식물 재료 수입은 엄격하게 통제되고 있고, 그래야만 한다. 마늘을 포함하는 파속 식물도 예외는 아니다. 우표로 뒤덮인 향기로운 병을 보니, 세관에서 평가를 무사히 마치고 우리 집 문까지 계속 올 수 있었던 것이 분명했다. 더 확인한다고 해도 괜찮았다. 그러나 마늘쪽 1킬로그램이 내 시선을 끌었고, 나는 얼마나 맛있는지 맛부터 보았다. 맛이 그저 그렇다고 해도 실망하지 않을 생각이었다. 마늘의 짙은 보라색 외피를 까자 약간 보랏빛이 도는 사랑스러운 하얀 마늘쪽이 모습을 드러냈다. 맛은 그야말로 특별했다. 나는 마늘의 톡 쏘는 맛과 강한 맛을 좋아하는데, 오만에서 온 이 보물은 나를 실망시키지 않았다. 나는 마늘쪽 몇 개를 친구와 이웃들에게 나눠주고, 이듬해 키울 40여 개를 골라낸 뒤 나머지를 먹어치웠다.

아주 다른 기후에서 온 씨앗(이번 경우엔 구근)을 발견했을 때 내가 직면하는 첫 번째 과제는 내 텃밭에서 얼마나 잘 자라는지 지켜보는 것이다. 사실 내가 재배하는 거의 모든 과일과 채소는 여기 영국 날씨에 매우 잘 적응한다. 비닐하우스가 아주 큰 역할을 해준다. 나는 오만 마늘을 가을에 심어 6월에 수확할 준비를 한다는 것을 알았다. 대부분의 마늘은 구근을 분화하기 위해 추운 기간을 나야 한다. 그렇지 않으면 얻는 것은 하나의 큰 단일 마늘쪽이다. 또한 사이크 고원은 12월과 2월 사이에 정기적으로 서리가 내리면서 다소 쌀쌀해지지만 건조하기도 해서 영국의 춥고 습하며 긴 겨울과는 거리가 멀다. 그래서 이 마늘은 안 좋은 기후 조건을 피해야 가장 잘 재배될 수 있을 것이다. 초여름에 수확하는 것을 생각하면 이것은 예외적으로 '오래 보관할 수 있는 채소'이다. 오만에서 온 이름 없는 마늘은 '하드넥' 유형

(마늘대가 단단한 유형역주)에 가까운데, 이것은 겨울이 끝나기 직전이 가장 맛있다.

건강의 역사

책에 소개된 모든 채소 중에서 아마 마늘이 주는 건강상의 이점이 가장 많이 알려졌을 것이다. 마늘의 먼 친척인 리크와 양파처럼, 마늘은 아마릴리다과의 알리움(Allium)속(파속 식물역주)에 속한다. 금세기 초에 나온 연구는 마늘이 키르기스스탄과 카자흐스탄의 티엔 샨 산맥의 북서쪽에서 기원했다고 지적한다.[2] 가장 초기에 재배된 농작물 중에서, 마늘은 적어도 6,000년 전 신석기 농부들이 심을 수 있는 가장 좋은 작물을 고르기 훨씬 전부터 식량으로 사용되었을 것이다. 가장 오래된 마늘 유적은 이스라엘의 에인 게디 근처, 사해에서 가까운 보물 동굴(Cave of Treasure)에서 발견되었다. 이 유적은 기원전 4,000년 초로 거슬러 올라간다. 그리고 5,000년 전 중앙유럽과 동부 유럽 그리고 북아프리카 전역에서 널리 재배되었다.

이집트 사람들, 특히 노동자들은 마늘을 매우 귀하게 여겼다. 기운을 돋우는 능력이 있다고 믿었기 때문에 피라미드를 짓는 노예들에게 매일 배급되었다. 마늘은 투탕카멘(기원전 c.1342–1323)의 무덤에서도 발견되었는데, 의도적으로 남긴 것인지 사고인지는 알려지지 않았다. 그리스 역사가인 헤로도토스에 관한 다소 흥미로운 이야기가 있다. 헤로도토스는 기자에 있는 피라미드를 방문했을 때 파라오가 노동자들에게 주기 위해 마늘과 다른 몇 가지 채소에 지불해야 했던 터무니없는 가격에 대해 적었다. 그가 오해를 했거나 번역 과정에서 무언가가 빠졌을 것이다. 왜냐하면 당시 매우 비쌌던 것은 마늘이 아니라 피라미드를 짓는 데 쓰는 비소석 유형의 돌이었는데, 그 돌을 태우면 마늘 냄새가 났으니 말이다.[3]

탈무드는 마늘을 위충과 기생충을 다루고 성생활을 보조하는 데 사용할 것을 제안했다. 채소가 또 한 번 최음제로 쓰인 것이다! 그러나 유대인이나 이집트인들의 문헌에는 마늘에 종교적인 의미가 있었다는 증거는 없다. 그리스인들은 이집트인들처럼 마늘에 같은 특성들이 있다고 생각했고, 마늘을 군인들에게 배급해서 더 잘 싸우게 할 수 있다고 믿었다. 마늘은 또한 최초의 올림픽 선수들에게 처방되어 세계 최초의 경기력 향상 약물이 되었다.[4] 누군가는 야심 찬 운동선수들이 마늘을 먹을 수 있는 양에 제한이 있었는지 궁금해한다. 처방된 용량이나 심지어 임상 실험도 있었는지 말이다.[5] 네로 군대의 수석 의사인 디오스코리데스는 마늘이 동맥에 좋다고 생각했지만, 마늘이 혈액이 아닌 공기를 운반한다고 믿었다. 그러나 그는 무언가를 알고 있었을지도 모른다. 심혈관 약물로서의 마늘의 잠재력이 오늘날 중요한 연구 주제이기 때문이다. 플라이니 디 엘더는 마늘로 치료할 수 있는 질병 23개를 나열했다. 고대인들은 확실히 이 채소의 의심할 여지없는 약효를 어느 정도 알고 있었다.

약초로서 마늘에 대한 최초의 기록은 기원전 3,000년부터 산스

크리트어 문헌에 등장한다. 같은 시기에 그리스인과 로마인들은 마늘을 노동자와 군인들에게 배급했고, 인도인들은 심장병과 관절염을 치료하기 위해 먹었다. 로마인들이 서유럽에 마늘을 소개했고, 마늘은 이미 언급된 질병들뿐 아니라 결핵, 페스트, 콜레라의 치료제로도 사용되었다.

중국인들은 마늘을 쑤안(蒜)이라고 부른다. 단일 문자라는 점에서 아주 오래되었음을 짐작할 수 있고, 나아가 마늘이 고대 중국 음식문화에서도 중요한 역할을 했다는 것을 뜻한다. 4천 년 전, 중국인들은 마늘을 음식 방부제로 사용했고 날고기와 함께 먹는 것을 좋아했다. 마늘이 장충을 치료할 수 있다는 것도 알고 있었고, 마늘은 다른 약초들과 함께 사용되어 우울증, 발기부전, 불면증, 두통, 피로 등을 치료했다.

이 채소의 라틴어 이름인 알리움 사티붐(Allium sativum)은 프랑스어로 마늘을 의미하는 아일(ail)과 이탈리아어로 마늘을 의미하는 알리오(aglio)에서 잘 드러난다. 마늘(garlic)이라는 단어는 갈리크(garleac)에서 왔다. 갈(gar)은 중세 영어로 '창'을 의미하고 리크(leac)는 앵글로색슨어로 '허브'를 의미해 머리가 뾰족한 마늘쪽을 표현한다.

선과 악을 위한 음식

1553년 프랑스의 앙리 4세는 자신을 악령으로부터 보호하기 위해 세례 성수에 마늘을 첨가했다. 그전까지 마늘은 농부들의 음식이었고 가난한 사람들과 노동자 계층만 먹었다. 그러나 약으로는 모든 사람이 소비했다. 의사들은 질병의 냄새로부터 자신들을 보호하기 위해 마늘을 가지고 다녔을 것이다. 그리고 물론, 긍지 높은 뱀파이어 사냥꾼들은 늘 마늘을 가까이 둘 필요가 있었다. 비록 우리는 뱀파이어를 슬라브 국가 및 그 문화와만 연결시키는 경향이 있지만, 뱀파이어는 기독교 이전의 유럽 문화와 유대교, 메소포타미아 전역에 존재했다. 심지어 유럽 문화에서 보호 수단이 되기 오래 전부터 이미 중국과 동남아시아의 많은 지역에서 뱀파이어를 쫓는 데 사용하고 있었다.

그러나 모든 사람이 마늘에 매료된 것은 아니다. 일부 불교 신자들은 마늘, 양파, 리크, 달래, 파 등 다섯 가지 자극적인 파속 식물을 식단에서 제외한다. 몸에 나쁜 영향을 준다고 믿기 때문이다. 브라만 계급과 자이나교도도 파속 식물을 먹지 않는다. 고대 인도 의학 문헌인《아유르베다(Ayurveda)》는 음식을 사트바, 라자스, 타마스의 세 가지 범주로 분류한다. 이는 각각 선, 열정, 무지를 나타낸다. 양파와 마늘은 라자스와 타마스로 분류돼서 열정과 무지를 늘린다는 것을 의미하기 때문에 식단에서 제외한다.[6]

마늘 특유의 향을 내는 화합물은 알리신이다. 모든 식용 파속 식물에서 발견되는, 황 함유 성분은 마늘이 가진 많은 약효의 핵심이다. 인터넷에는 마늘의 건강상의 이점과 의학적 효능을 극찬하는 사이트가 넘쳐난다. 그곳엔 마늘로 치료할 수 있는 모든 질병들이 무수히 나열되어 있다. 임상적으로 입증된 속성은 항염증제 효과, 소독 효과 그리고 항진균제 효과이다. 제1차 세계 대전 동안 마늘은 상처 소독제로 사용되었고, 참호에 퍼진 이질(전염병의 일종역주)을 줄이는 데 쓰였다. 마늘을 먹으면 콜레스테롤, 혈압 그리고 폐암과 뇌암을 포함한 특정 종류의 암에 걸릴 가능성이 낮아지는지 알아보기 위한 많은 연구가 진행되었고, 지금도 진행되고 있다. 마늘은 피부에 생긴 사마귀를 제거하는 데도 분명 꽤 효과가 있다. 그러나 많은 건강식품과 대체 의약품에 관한 소책자들을 읽어보면, 의학적 효과는 임상으로 입증된 것보다 '믿음'이나 '주장'인 경우가 많다. 마늘은 항생제의 특성이 있'을 수 있'고, 체중 감소에 도움을 줄 '수 있'으며, 진균성 피부 감염을 완화하는 데 '도움이 될 수' 있다. 또한 다른 많은 음식과 마찬가지로 혈액 순환을 개선하기 때문에 최음제 효과가 있다고 주장된다. 확실한 것은 마늘이 현재 진행되고 있는 광범위한 임상 연구와 실험의 중심에 있고, 마늘을 규칙적으로 많이 먹으면 인기가 많아지지는 않겠지만 거의 확실히 건강은 좋아진다는 것이다.

마늘은 자연이 준 가장 훌륭한 슈퍼푸드이자 약초 전문가들의 무기고에 있는 가장 중요한 무기 중 하나이다. 마늘이 없는 세상을 상상할 수 없을 정도로 중요한 재료이며, 수천 년 동안 전 세계의 음식 문화에 요리의 본질적인 열정을 불러일으켰다. 나는 최근 인도 북서부의 라자스탄을 여행하면서 그 대표적인 예를 목격했다.

사라질 위기에 처한 지역 농작물 품종을 추적하던 중, 나는 요새 도시인 비카너의 시장에서 먹을 것을 찾고 있었다. 그곳에서는 지역에서 자란 마늘이 더미로 판매되고 있었다. 인도 마늘은 더 울퉁불퉁한 현대 중국 품종과 다르다. 중국 품종은 맛이 톡 쏘면서 색이 더 하얀 인도 품종보다 구근이 크고 그 안에 큰 마늘쪽이 더 적게 들어 있다. 라자스탄 사람들은 자신들의 마늘을 자랑스러워하는데, 그럴 만하다. 각 구근 속에는 스무 개 이상의 얇은 마늘쪽이 들어 있다. 자존심 강한 라자스탄 사람은 죽어도 중국 마늘은 사지 않을 것이다. 열정적인 노점상과 나의 농부 가이드를 보고 분명해졌다. 마늘은 최소 지난 4,000년 동안 인도 요리의 주재료였다. 비록 내가 오만에서 발견한 멋진 보라색 마늘과 지금은 매우 다르지만 밀접한 관련이 있다. 그 이유는 곧 더 이야기하겠다.

씨 없는 이야기

마늘은 두 가지 형태가 있다. 소프트넥(softneck, 이렇게 불리는 이유는 식물이 익으면서 고개를 숙이기 때문이다)인 알리움 사티붐은 라자스탄 마늘처럼 작은 구근 안에 마늘쪽이 단단하게 채워져 있다. 하드넥(hardneck, 익어도 줄기가 곧게 유지되기 때문에 이렇게 불린다)인 A. 사티붐 변종 오피오스코로돈(A. sativum var. ophioscorodon)이 있다. 오만에서 온 마늘이 그 예이다. 비록 마늘이 작물화되던 당시 중앙아시아, 인도-중국, 북아프리카, 중앙유럽에서 야생으로 자라고 있었지만, 대부분 마늘의 야생 부모는 현재 중앙아시아의 마늘 원산지인 더 추운 지역에서만 발견된다. 열매를 맺지 못하는 소프트넥과 달리 많은 하드넥은 화서라고 알려진 꽃차례를 생산한다. 꽃차례는 꽃 머리가 피기 전에 먹으면 맛있다. 그러나 피는 꽃들은 거의 늘 불임이며, 주아(구슬눈)만 있고 씨앗은 없다. 이러한 하드넥 품종은 수는 적지만 크기는 더 큰 마늘쪽을 생산하는데, 톡 쏘는 맛은 덜하다. 이런 점 때문에 라자스탄 사람들은 하드넥 품종을 경시한다! 하드넥 품종은 소프트넥 품종만큼 오래 보관하지 않고 가을에 심는다. 마늘쪽을 만들려면 추운 날씨가 필요하기 때문이다. 초여름 덜 익은 구근을 수확해서 먹으면 아주 맛있고, 이런 마늘은 '신선한' 마늘로 판매된다. 소프트넥 마늘은 완전히 불임이라 꽃차례를 거의 만들지 않으며, 가을에 심을 때부터 한여름까지 성숙하고 나면 다음 해 봄까지 저장할 수 있다.

마늘은 처음 작물화된 이래 단 한 가지 방법으로 번식해왔다. 바로 분열이다. 마늘쪽 하나를 심으면 구근을 얻게 되고 구근 안에는 많은 마늘쪽이 들어 있다. 그 안의 모든 마늘쪽은 유전적으로 동일한 클론이다. 어떤 하드넥 유형은 꽃과 씨앗을 낳지만, 새로운 품종을 개발하는 것은 고사하고, 그것에서 마늘을 만드는 것조차 복잡하다. 곧 보게 될 것처럼 이 소심한 식물에게 잘 맞는 방식이 아니다.

야생 마늘인 알리움 우르시눔(Allium ursinum)은 곰마늘로도 알려져 있다. 곰마늘은 봄에 탁 트인 삼림지대에서 자라는 것을 볼 수 있는데, 사랑스러운 흰 꽃과 광택이 나는 녹색 잎이 무리를 짓고 있다. 재배용 마늘과 같은 속이지만 완전히 다른 종이기 때문에 혼동해서는 안 된다. 곰마늘과 마늘은 둘 다 우리에게 친숙한 매운 냄새를 풍긴다. 그래서 이름이 비슷하다. 비싼 음식을 파는 고급 레스토랑을 운영하기 위해 재료를 구하러 다니는 사람들이 곰마늘을 많이 찾지만, 봄에 탁 트인 삼림지대를 돌아다닐 준비가 된 사람들은 이 재밌고 맛있는 허브를 공짜로 먹을 수 있다.

학계는 늘 논쟁이 오가며, 마늘의 진짜 야생 부모가 누구인지에 관해 논의 또한 계속되고 있다. 한 연구자 그룹은 A. 롱기쿠스피스(A. longicuspis)인 리갈(Regal)이라고 본다. 19세기 중반 이 식물을 기술한 에드워드 아우구스트 폰 리갈(Edward August von Regal, 1815-1892)에서 이름을 따왔으며, 중앙아시아 토착종이다. 식물 사냥꾼은 리갈을 중국과 키르기스스탄 국경에 위치한, 다소 놀라운 이름을 가진 하늘산(중국어로는 톈산이라고 한다)에서 발견했다. 리갈은 6,000년 이상 그곳에서 자랐을 것이다. 특정 구근만 선택하면서, 씨앗 생산은 더 큰 구근이나 마늘쪽을 선호하는 방향으로 제한되었고, 오늘날 이 품종은 열매를 맺지 못하는 것으로 추정된다. 하지만 정말 그런가?

마늘은 가장 걸출하고 잘 문서화된 역사를 갖고 있음에도 불구하고 다양한 용어로 묘사된 것은 매우 최근의 일이다. 식물 육종가와 유전학자들은 마늘 원산지를 벗어난 곳에서 살았던 최초의 농부들이 야생 품종에서 선택한 마늘에서 어떤 종류의 마늘을 재배했는지에 대해 한동안 논의했다. 5,000년 전의 기록을 보면 마늘의 색깔, 크기, 습성은 언급되지 않는다. 천 년 전 남부 유럽에서 재배되기 시작했을 때 하드넥과 소프트넥의 다른 점이 언급되었을 뿐이다. 윈스콘신대학교 원예학과의 마늘 전문가인 필립 사이먼(Philipp Simon)은 운 좋게도 지난 세기 말 무렵 중앙아시아에서 야생 마늘을 수집할 수 있었다. 그가 발견한 대부분은 하드넥 표본이었고 소프트넥도 몇 개 있었다. 하드넥 식물들은 씨앗을 많이 생산했다. 그걸 본 사이먼은 지난 천 년 동안 재배용 마늘에서 우리가 발견한 색, 모양, 맛의 엄청난 다양성은 야생 개체군 간의 교차 수분과 교배의 결과로 나온 상당한 유전적 변화 덕분이라고 결론 내렸다. 현재 진행 중인 연구는 재배 마늘의 일부 유전자형이 실제로 씨앗을 생산한다는 것을 증명한다. 이제 기존 교배 기술을 새로운 품종들을 개선해 육종하는 것이 다음 연구의 주제이다.[7]

사이먼과 다른 학자들이 아는 한, 마늘은 재배 과정에서 무성 생식만 한다. 오늘날 우리가 구근 하나에서 마늘쪽을 분리해서 심는 것처럼 말이다. 즉, 마늘은 수천 년 동안 크게 변하지 않았다. 내가 오만과 라자스탄에서 발견한 마늘도 마찬가지로 모두 클론들이고 유전적으로 매우 균일하다. 뭐, 거의 그렇다.

식물 사냥꾼과 식물학자들은 중앙아시아와 동아시아에서 마늘 원산지의 특정 지역에서 자라는 많은 다른 품종을 발견했다. 예를 들어 알리움 툰셀리아눔(Allium tuncelianum)은 튀르키예 중부 아나톨리아 지역의 문주르 계곡의 토착종이다. 이 품종은 지역 음식 문화의 소중한 부분이지만, 슬프게도 과도한 개발과 종자 집단이 적은 문제로 인해 심각한 멸종 위기에 처해 있다. 많은 연구가 이것의 지속적인 생존을 확보하기 위해 시험관 수정 및 다른 번식 기술을 시도하고 있다. 이 품종은 수년간 유럽 정원에서 씨앗보다는 식물의 개화구근을 통해 재배되어왔다. 최근에는 알리신 함량이 매우 높은 훌륭한 요리용 마늘로 육종가들의 관심을 끌고 있다. 이 품종은 자유롭게 꽃을 피우며 동그랗게 말린 사랑스러운 꽃줄기가 올라온다. 꽃줄기는 크고 공 모양의 옅은 보라색 꽃송이를 만드는데, 익으면 작고 검은 씨앗을 대량으로 생산해낸다. 재배사들은 마늘이 바이러스에 감염될 수 있다는 점에 주목한다. 마늘은 무성 번식하기 때문에 이 바이러스들은 감염된 식물에 자리를 잡고는 수확의 질을 낮추고 크기를 감소시킨다. 하지만 씨앗이 있으면 문제가 되지는 않는다. 마늘쪽에 존재하는 모든 바이러스는 마늘쪽에 머무르기 때문에 씨앗은 병에서 자유롭다. 유성 생식을 이용해 새로운 품종을 개발할 수 있는 식물 육종가들에게는 좋은 점이다.

매우 현대적인 식물

육종가들에게 큰 도전은 다양한 클론들을 교차 수분함으로써 유성 번식을 통해 품종을 향상시키는 것이다. 작물화된 마늘은 어떤 꽃도 거의 씨앗을 생산하지 않는다는 점에서 절망적이다. 일반적으로 꽃은 작은 주아를 가지고 있는데, 그 안에는 단순히 부모를 똑같이 복사한 많은 클론들이 있을 뿐이다. 이것들은 꽃을 밀어내고 꽃이 발육하는 것을 막는다. 육종가들이 주아를 제거해야 남아 있는 몇 안 되는 꽃들이 수분할 수 있다. 식물들의 주아를 줄이려면 세심하게 통제된 기후 조건에서 길러야 한다. 인내심이 필요한 일이다. 유성 생식으로 나온 자손 표본 중 일부를 선택해서 주아를 만들지 못하게 한 다음에 진짜 마늘 씨앗을 만드는 데 집중해야 하기 때문이다. 새로운 품종을 생산하는 이 방법은 1980년대에서야 시작됐다. 그전에는 수천 년 동안 수천 개의 클론만이 자랐을 것이다.[8]

1991년 농업 유전학자인 알레산드로 보치니(Alessandro Bozzini)는 과학 저널인《이코노믹 보태니(Economic Botany)》에 편지를 썼다. 그가 1987년에 발견한 대단한 것에 관해서였다. 나폴리에서 약 30마일 떨어진 카이아초라는 작은 마을 근처의 어느 밭에서 씨앗이 있는 꽃을 피우는 지역 마늘이 자라고 있었던 것이다. 보치니는 이 씨앗 일부를 나폴리대학교의 그의 연구실로 가지고 갔고, 그중 80퍼센트를 발아시킬 수 있었다. 엄청난 생식률이었다.[9] 이제 아마도 역사상 처음으로 식물 육종가들은 마늘을 유성 생식으로 교배하고 잡종을 만들어 우리 식단을 풍부하게 할 새로운 품종을 만들 수 있다. DNA 지문 채취 또한 우리가 마늘의 기원과 분포를 더 잘 이해하도록 도울 것이다.

증오에서 사랑으로

영국인들은 마늘에 대한 독특한 불신과 혐오가 있었다. 심지어 오늘날에도 일부 기성세대들은 마늘을 싫어한다. 마늘 애호가, 특히 '마늘 입 냄새'로 고통받는 남부 유럽 출신 사람들을 향한 외국인 혐오가 있을 정도였다. 십대 시절의 나는 마늘이 들어간 음식을 먹으면 입에서 나는 악취를 없애기 위해 반드시 이를 닦아야 했다. 하지만 오늘날에는 이야기가 다르다. 지난 50년간 '외국 음식'의 긍정적인 영향 덕분에 영국인 대다수는 마늘을 받아들였다. 최근 종자 카탈로그에는 수십 가지 품종이 소개되어 있는데, 대부분은 영국의 전문 농부들이 기른 것이다. 불과 몇 년 전만 해도 영국은 모든 마늘을 수입했다. 기르는 마늘도, 먹는 마늘도. 하지만 더는 수입에만 의존하지 않는다. 새롭고 더 이국적인 품종들을 기르는 원예가들이 집착하는 부분을 공유하려 한다.

최근에 나는 노팅엄의 텃밭 가꾸기 모임에서 나의 씨앗 탐정 모험 중 하나를 이야기하고 있었다. 노팅엄에는 천 개가 넘는 시민 농장이 있다. 그날 장소는 폴란드 클럽으로 한쪽 끝에 긴 바가 있는 큰 방이었다. 이야기를 하는데 마리안(Marian)과 잭 크냅치크(Jack Knapczyk) 형제가 카운터에 기대어 듣고 있는 것이 보였다. 강연을 다 마쳤을 때, 나는 바에 초대받아 좋은 폴란드 맥주를 마셨고 분홍색 러시아 마늘의 통통한 마늘쪽을 한 주먹 건네받았다. 익명의 러시아 이민자가 재배한 것이었다. 그 이민자는 몇 년 전 그의 고향에서 이 마늘을 가지고 왔고, 매년 폴란드 클럽에 마늘을 나눠주었다. 마리안과 잭은 정원사가 아니기 때문에 직접 마늘을 기르지 않았다. 정기적으로 공급받고 있으니 그럴 필요도 없지만! 하지만 두 사람은 마늘을 아주 좋아했고, 우리는 좋은 마늘을 만드는 데 필요한 것들에 대해 길고 다소 난해한 대화를 나누었다. 당연히 나는 그날 받은 마늘쪽을 심었고 나의 원예 리스트에 추가했다. 마늘쪽은 큰 하드넥 구근을 형성했다. 5월에 돼지 꼬리처럼 말리는, 풍미가 좋은 꽃줄기가 올라온다. 구소련을 여행하면서 이렇게 좋은 분홍색 마늘을 본 적이 없었기 때문에 이것을 수확하고 땋아서 현관에 매달아 놓는 내내 설렌다. 겨울에는 요리하는 즐거움이 된다. 내가 수집한 적은 마늘 품종은 이 마법 같은 파속 식물과 우리와의 관계의 풍부함과 다양성을 증명한다. 소중히 간직해야 한다.

2부

서부에서 오다

1960년대 멕시코 테와칸 계곡에서 리처드 맥나이쉬(Richard MacNeisch)가 발굴한 작업 덕분에 우리는 옛 남아메리카인이 어떻게 수렵채집에서 농업으로 이동했는지에 대한 빛나는 연대표를 볼 수 있게 되었다. 맥나이쉬와 그의 연구팀은 열두 개의 유적지에서 농업의 증거를 발견했는데, 약 12,000년 전으로 거슬러 올라가는 증거였다. 처음에 수렵채집인들은 토끼, 작은 사슴, 도마뱀과 같은 사냥감이나 식물 음식을 먹고 살았다. 먹을 수 있는 식물은 시기에 맞춰 체계적으로 찾아다녔다. 약 9,000년 전에는 사냥감이 줄어들었던 것으로 보이지만(사냥을 너무 많이 했기 때문일 것이다), 다른 환경적 요인이 작용했을 수도 있다. 결과적으로, 아보카도와 스쿼시 같은 야생 식물을 모으는 데 더 많은 시간을 보냈다. 사람들은 식량이 부족한 건기에는 작게 무리를 지어 먹이를 찾아다녔고, 사냥감이 풍족한 시기에는 힘을 합쳤다. 야생 식물의 산발적인 성장은 미미했을 것이다.

식물 작물화는 5,000년에 걸쳐 점진적으로 증가했고, 그래서 약 7,000년 전, 우리 식단의 10퍼센트가 경작된 작물에서 나왔다. 아마란스(비름과 식물역주), 옥수수, 스쿼시, 칠리 등 다수가 유입되었다(이것들은 테와칸 계곡 밖에서 온 것이었다). 다음 4,000년 동안 테와칸 계곡의 사람들은 그 어느 때보다 더 나은 농부가 되었고, 3,000년 전부터는 먹는 거의 모든 것을 재배하기 시작했다.[1] 그리고 불과 500여 년 전, 작물화된 작물의 놀라운 다양성이 진화했다. 남아메리카 원주민들의 천재성이 '구대륙'의 음식 문화 속으로 가는 길을 찾은 결과였다.

신대륙과 구대륙이라는 지리적 묘사는 유럽의 발명품이지만, 워낙 간단한 전달법인지라 언어적으로 어디에나 존재하게 되었다. 사실, 15세기 말 유럽은 '신대륙'이 발견되었다고 믿었다. 하지만 모든 아메리카 원주민들에게는 신대륙이 아니었다. 이 진실을 결코 잊어서는 안 된다. 또한 요리를 하는 데에 있어 우리 모두의 식단을 풍요롭게 한 영광스러운 발견을 상기할 때, 우리 중 누구도 그 발견이 유럽 식민지 개척자들이 신대륙 사람들에게 자행한 폭력적인 이주와 대량 학살, 그리고 16세기 초에 시작된 노예무역으로 알려진, 아프리카인의 노예화와 납치의 산물이라는 것을 잊어서는 안 된다.

크리스토퍼 콜럼버스(Christopher Columbus, 1451-1506)는 스페인의 이사벨라 여왕에게 세 가지 일을 명령받았다. 첫째, 인도로 가는 직항로를 찾는 것, 둘째, 스페인에게 부를 다시 가져올 것, 그리고 마지막은 그가 만난 원주민들을 가톨릭으로 개종시키는 것이었다. 콜럼버스는 1492년 오늘날 바하마에 있는 섬에 도착했다. 그곳에서 그는 탐험 일기를 자세히 썼지만, 그가 식물학자는 아니었다. 원주민인 아라와크 부족은 그에게 처음 담배를 소개했는데, 그들은 구멍이 뚫린 단순한 나무 조각을 사용해서 콧구멍으로 담배를 피웠다.[2] 아라와크족은 두 가지 탄수화물 공급원으로 살고 있었다. 하나는 이미 세계 여러 곳에서 자라고 유럽인들에게 알려진 카사바(구황작물의 일종역주) 품종인 마니호테스쿨렌타(Manihot esculenta)이고, 다른 하나는 고구마인 이포모에아 바타타(Ipomoea batatas)로 남아메리카 일부 지역이 원산지인 작물이다.

1493년에 스페인으로 돌아온 콜럼버스는 옥수수, 담배, 고구마, 칠리, 그리고 두 가지 종류의 콩을 가지고 왔다. 20년 뒤, 정복자 에르난 코르테스(Hernán Cortés, 1485-1547)가 멕시코와 중앙아메리카를 정복하면서 더 많은 작물이 유럽에 소개되었다. 그중에는 긴 섬유 목화, 아보카도, 파인애플, 코코아, 스쿼시, 다른 콩 종류, 토마토, 카사바, 감자 등이 있었다.

채소의 영향력

오늘날 우리는 햄버거 가게가 늘어나는 것을 보면서 미국 패스트푸드의 현대적인 문화 제국주의가 명백하게 드러난다고 생각할지도 모른다. 그러나 세계 식단에서 가장 심오한 변화는 500년도 더 전에 크리스토퍼 콜럼버스가 1492년 신대륙을 우연히 발견한 뒤에 시작되었다. 나는 유럽 사람들이 당연하게 생각하는, 유럽 고유 음식 문화에 깊숙이 자리 잡은 많은 채소들이 멕시코 남부의 작은 구석에서 처음 재배되었다는 것이 매우 놀랍다. 토마토, 칠리, 옥수수, 그리고 수많은 종류의 콩, 스쿼시는 모두 그 지역에서 처음 나왔고, 나 자신의 자아 감각에 근본이 되어주고 있다. 예를 들어 인도인들도 그들 요리에 혁명을 일으킨 재료인 칠리를 제공해준 포르투갈인들에게 감사해야 한다. 하지만 내가 인도를 여행할 때 만난 그 누구도 그들이 가장 좋아하는 향신료가 멕시코에서 왔다는 건 몰랐다.

콜럼버스가 대서양을 건너 신대륙으로 간 여정은 서구 음식 문화의 변화와 세계화에 중요한 순간이었다. 그로써 구대륙에 전에는 본 적 없었던 수많은 농작물들이 전해졌기 때문이다. 그들의 존재 자체가 식물에 관한 지배적인 통설과 모든 지식이 그리스 철학자들의 저술 안에서 발견될 수 있다는 믿음에 도전장을 던졌다. 다음 장에 나오는 채소들은 16세기 1분기에 신대륙의 스페인과 포르투갈 식민지에서 유럽으로 들어온 것이다. 이것들은 유럽 식단뿐만 아니라 과학적 사고에도 혁명을 일으켰다. 세상이 완전히 바뀌었다.

단순한 과일 이상

무뚝뚝한 이목구비를 가진
이 혈색 좋은 청년은 온 세상의 눈에
머리 대신 토마토를 가진 것처럼 보였다.
- 마르셀 프루스트(1871-1922),
《소돔과 고모라(Sodom and Gomorrah, 1921)》

유독 날씨가 궂은 여름이었던 것으로 기억한다. 하지만 토스카나의 몬테풀치아노 주변의 포도밭과 작은 농장들은 익어가는 포도나무들이 빠르게 성장하고 있었다. 나는 텔레비전 시리즈를 보고 있었는데, 영국 여성 케이티(Katie)와 그녀의 토스카나 토박이 남편인 지안카를로(Giancarlo)의 신혼생활 이야기였다. 그들은 예쁜 마을의 외곽에서 요리 학교를 운영하고 있었다. 지안카를로는 런던에 성공한 레스토랑을 가진 재능 있는 요리사로, 그의 이탈리아 가족을 프로그램 제작에 참여시키고 싶어 했다. 내가 곧장 나와 동류라는 것을 알아본 사람은 그의 사촌인 넬로(Nello)였다. 그는 풍성한 정원에 훌륭한 대추 토마토를 길렀는데, 작은 젖꼭지 모양의 열매들이 매달려 있었다. 이 토마토는 그와 그의 가족이 대대로 길러온 것으로 진짜 토스카나 가보였다. 나는 자연스럽게 직접 기르기 위해 씨앗을 집으로 가져가고 싶다는 마음이 들었지만, 한편으로는 어떻게 그의 토마토가 이탈리아 다른 지역에서 온 비슷한 유형과 어깨를 나란히 하게 되었는지 궁금했다. 그런데 글쎄, 그의 입에서 모든 다른 이탈리아 토마토의 열등한 성질을 겨냥하는 길고 긴 모욕이 나왔고, 나는 다소 놀랐다. 나는 그의 집에서 겨우 살아 나왔다. 시칠리아 토마토가 토스카나 토마토보다 우수할 수 있다고 주장하는 건 폭력적인 보복만 불러일으킬 무모함이었다! 넬로의 대추 토마토는 명성을 지키고 있고 나는 이것을 거의 매해 길러낸다. 이것의 기원은 500년 전 유럽에서 토마토 재배가 시작된 시기로 거슬러 올라간다.

나는 내 텃밭에서 기르는 농작물을 세계 어디에서든 발견할 때면 지역을 소유하는 감각과 문화적 정체성을 느낀다. 그중에서도 가장 강력하게 이 감정들을 불러일으키는 것은 토마토이다. 토마토는 내 종자 도서관의 가장 큰 부분을 차지한다. 내 도서관에는 유럽, 아프리카, 중동, 동남아시아, 미국 전역에서 온 70여 종이 보관되어 있다. 과거에 상업적으로 구할 수 있었던 영국 품종을 보관할 때도, 채소를 길러서 씨앗을 나눌 때도, 다른 원예가들이 좋아하는 품종을 시도해 좋은지 나쁜지 확인할 때도, 나는 늘 전 세계 재배사들과 함께 지역 품종의 독특함과 문화적 중요성에 대해 논한다.

색은 속일 수 있다

현대 품종에는 더 많은 선택지가 있지만, 오늘날 토마토는 주로 소비자들이 좋아할 만한 특성을 유지하기 위해 육종된다. 당신이 구매하는 것은 긴 보관 기간, 균일한 외형, 균등한 색상, 그리고 종종 훌륭한 소설 작품인 라벨에 적힌 맛에 대한 설명을 보장한다. 물론 현대 품종에도 예외는 있다. 나는 선골드(Sungold)라는 토마토를 키우는데 정말 맛있는 품종이다. 하지만 현재 음식 평론가와 요리사들 사이에는 전통 유산과 가보 품종을 홍보하려는 강렬한 움직임이 있고, 소비자들 역시 그것들에 대한 상당한 갈망이 있다. 녹색, 노란색, 금색 또는 흰색 토마토는 일반적인 빨간 토마토처럼 슈퍼마켓 통로에서도 볼 수 있으며, 유산 또는 가보라는 설명을 달고 있다. 그러나 확인해야 한다. 작은 상자에 담긴 색이 있고 귀여운 모양의 과일들은 대부분 거의 예외 없이 현대 잡종이다. 하지만 감사하게도 열정적인 원예가들, 유기농 농부들 그리고 전통적인 육종가 군단은 계속해서 진정한 유산과 가보 품종을 유지하고 있다.

심지어 감정을 겉으로 잘 드러내지 않는 영국에서도 나 같은 재배사들은 어떤 품종이 가장 맛있는지, 당도와 산도와 향은 어떤지에 관해 끊임없이 논쟁한다. 가장 사랑스러운 토마토는 따뜻하고 햇볕이 잘 드는 나라에서 재배된다는 것은 의심의 여지가 없는 사실이다. 때문에 영국에서 정말 좋은 토마토를 재배하는 건 과감한 도전이다. 여름에는 조도가 낮고 밤이 시원하기 때문에 수확물이 실망스럽기 쉽다. 나는 여러 해 동안 수확물이 좋지 않았기 때문에 잘 알고 있다. 상업적으로 토마토를 기르는 재배사들은 첨단 기술을 이용한 해결책을 채택하고 있다. 다양한 색상의 LED를 사용해 인공 빛 아래에서 키워

더 좋은 맛과 생장력을 촉진하는 방식 등을 쓴다. 그러나 나에게 먹을 가치가 있는 유일한 토마토는 태양 아래에서 따뜻하게 키워서 완전히 익었을 때 수확한 토마토다. 만약 내 텃밭에서 토마토가 자라지 않는 일이 생긴다면, 나는 창백한 모조품에 돈을 낭비하느니 아예 안 먹고 살 것이다.

독이 있는 과(科)

솔라눔 리코페르시쿰(Solanum lycopersicum) 토마토의 이야기는, 우리가 먹는 다른 많은 채소와 과일처럼 다채롭다. 이것은 가지과에 속하며 그 안에는 3,000개의 강한 종이 있다. 가지과에는 타마릴로라고도 불리는 나무토마토, 그리고 감자와 오베르진(미국에서는 가지라고 부른다)이 속해 있다. 고추와 칠리도 가지과에 속하고 담배도 그렇다. 맛있는 케이프 구스베리(종이 등 모양의 겉껍질 안에 체리 크기의 달콤한 황금색 열매가 열린다)와 토마티요(내가 가장 안 좋아하는 채소 중 하나다)도 이 과의 구성원이다. 향이 덜한 친척으로는 독이 있는 치명적인 가지과가 있다. 바로 매우 아름답지만 독이 있는 꽃이 피는 관목인 다투라(Datura)와 페튜니아다. 나는 둘 다 먹는 걸 좋아하지는 않는다. 환각을 일으키는 맨드레이크도 또 다른 친척인데, 토마토와 마찬가지로 알칼로이드가 가득하며 어떤 것은 치명적이다. 거대한 가지과에 속하는 식물의 범위를 대충 살펴보면, 그 안에는 먹을 수 있는 작물 중 가장 맛있는 것도 있지만, 당신을 확실히 죽일 수도 있는 식물도 있다는 것을 분명히 알 수 있다. 익지 않은 토마토는 독성이 있는 알칼로이드 토마틴을 포함하고 있는데, 이는 살균, 살충, 항균 특성을 가지고 있어 포식자와 질병으로부터 스스로를 보호하는 데 쓰인다. 토마틴은 요리할 때 분해된다. 그래서 녹색 토마토 튀김을 너무 많이 먹어서 죽었다고 해도 토마토 탓을 할 수는 없다. 토마토는 익지 않았을 때 독성이 있고, 그러한 특징은 같은 가지과의 독이 있는 식물들을 떠오르게 하기 때문에 토마토는 처음 유럽에 도착했을 때 시작이 순탄하지 않았다. 우리가 보게 될 것처럼, 토마토는 처음 소개되고 한 세기가 넘도록 유럽 사람들에게 의심 어린 눈초리를 받아야 했다.

우리가 오늘날 즐겨 먹는 모든 재배용 토마토는 페루 해안 지역이 원산지인 붉은 야생 토마토 솔라눔 핌피넬리폴리움(Solanum pimpinellifolium)[1]의 후손이다. 모든 야생 토마토는 몇 가지 놀라운 특성을 가지고 있다. 원산지의 기후가 작물이 자라기에 그리 좋지 않기 때문이다. 엘니뇨가 활동할 때를 제외하고는 비가 거의 내리지 않기 때문에, 많은 야생 토마토는 시원한 바다가 일으키는 습기로 가득 찬 해안 안개 속에서 자란다. 폭우가 내리면 토마토가 자라기에 충분한 물이 제공되므로 다른 토마토들은 종종 2,000미터 이상의 높은 고도에서 발견되기도 한다. 주목할 만한 예는 S. 칠렌스(S. chilense)이다. 가뭄에 적응한 이 종은 뿌리를 깊게 내려 물을 얻는다. 야생 토마토들은 붉은 열매를 맺는 S. 핌피넬리폴리움을 제외하면 녹색을 띄며 일반적으로 쉽게 자란다. 남아메리카에서 자생하는 야생 토마토 14종 중 한 종은 특히 주목할 만한 생태적 지위를 찾았다. S. 치즈마니애(S. cheesmaniae)는 갈라파고스 제도의 토착종이며 지역 주민인 자이언트 갈라파고스 거북이에게 매우 인기 있는 간식이다.

토마토는 기회주의적인 과일이기도 하다. 수분이 충분하면 다년생 식물로 자랄 수 있지만 가뭄이 들면 일년생 식물로 자란다. 씨앗은 건조한 땅속에서도 오랜 기간 살아남을 수 있다. 또한 성장기에 물이 부족해도 잘 시들지 않는다. 씨앗은 퇴비로 만들거나 먹어서 소화할 때에도 거의 파괴되지 않는다. 하수 처리장을 통과해도 죽지 않을 것이다. 내가 어렸을 때 농장에서 지역 하수 처리장에서 처리한 사람의 오물을 받은 적이 있는데, 그게 겨울에는 검은색 더미였다가 초여름에는 카멜레온처럼 파릇파릇한 토마토 묘목 숲으로 바뀌는 것을 보고 기뻐했던 것이 기억난다!

비록 내가 텃밭에서 야생으로 재배하고 있는 S. 핌피넬리폴리움은 맛이 꽤 좋지만, 대다수의 다른 야생 토마토 종의 열매가 다 그렇다고 말하기 어렵다. 많은 학자들은 원주민들이 왜 야생 토마토를 먹지도, 길들이지도 않는 것 같은지 그 이유를 고민하며 머리를 싸맨다. 비록 독성이 강하지는 않지만, 야생 토마토는 심한 복통을 일으킬 수 있고 시어서 먹기에 매력적인 음식도 아니다. 하지만 아마도 원주민들이 야생 토마토를 먹지 않은 이유는 분명할 것이다. 단지 맛이 별로였던 것이다. 토마토의 본고장 중앙에 위치한 페루는 식량 작물이 다양하다는 점에서 지구상에서 가장 중요한 지역 중 하나이다. 감자와 칠리를 포함해 가지과의 다른 채소들이 이곳에서 재배되었다는 고고학적 증거는 많지만, 토마토에 대한 언급은 전혀 발견되고 있지 않으며, 심지어 오늘날에도 토마토는 남아메리카 토착 요리의 본질이 아니다.

멕시코로 가는 길

재배용 토마토로 진화한 이야기가 시작되는 시점에서, 품종 S. 라이코페르시쿰 변종 세라시폼(S. lycopersicum var. cerasiforme)이 등장해 결정적인 역할을 한다. 이 품종의 진화는 북부 페루와 아마도 에콰도르 남부에서 초기 작물화되는 과정의 첫 단계에서 나온 결과이자, 이후 메소아메리카에서 작물화되는 과정에서 '개선된' 결과로, 이로써 더 큰 열매를 낳는 품종들이 나타났다. 최초로 토마토를 육종한 위대한 사람들은 이 지역의 마야인들이었다. 이들은 S. 핌피넬리폴리움와 S. 세라시폼을 이용해 다양한 색깔, 모양, 크기를 만들어냈다. 두 품종은 모두 교배가 가능한 식물로, 서로 자유롭게 교배할 수 있었다.[2] 식물학자 찰스 릭(Charles Rick, 1915-2002)은 제2차 세계 대전 이후 아메리카 대륙에서 토마토 사냥을 했고, 엄청난 수의 새로운 야생 토마토를 모을 수 있었다(동일한 품종이 다른 지역에서 자라며 다른 특성을 보이는 예이다). 오늘날 이렇게 새로 발견한 토마토를 가장 많이 보관하고 있는 곳은 1,500종을 보유하고 있는 토마토 유전자 자원 센터(Tomato Genetic Resources Centre)이다. 이 센터는 캘리포니아 데이비스에 있으며 1970년대 릭이 설립했다. 재배용 토마토의 진화를 더 잘 이해하고, 새로운 품종으로 이어질 수 있는 추가 연구를 위한 귀중한 유전 자원을 가지고 있는 중요 기관이다.

나는 기원전 1세기와 2세기에 살았던 원주민 사람들의 마음속으로 들어가고 싶다. 페루와 에콰도르에서 메소아메리카로 이주한 부족민들이 토마토를 옮겼다는 증거는 없다(만약 그들이 씨앗을 가지고 다녔다면 그 길을 따라 식물의 흔적이 남았을 것이다). 나는 식물학자이자 야생 토마토 전문가인 토마스 스테들러(Thomas Städler)에게 북부 안데스의 원주민들이 배를 타고 메소아메리카로 이동했을지도 모른다는 의견을 제시했다. 그는 내 생각이 신선하다고 했다! 남아메리카의 최초 정착민들은 만년설이 녹아 육로 다리(현재의 베링 해협)가 끊기기 이전인 3만 년에서 1만 6천 년 사이에 아시아에서 그들의 길을 닦았고, 오직 배로만 가능한 이동을 했다. 만약 사람들이 남아메리카와 중앙아메리카 사이의 척박하고 살기 어려운 지역을 지나 북쪽으로 이주하지 않았다면, 어떻게 토마토가 메소아메리카의 멕시코에 도착해서 열매의 크기와 모양이 이토록 크게 변했을까? 하지만 그들은 이주했고, 유용한 씨앗을 챙겨왔을 것이고, 아마도 그중 일부는 배 밑바닥 창고에서 살아남았을 것이다. 작물화되었다는 고고학적 증거는 세부적으로 내용이 부족하지만, 그렇다고 해서 내가 이 생생한 시나리오를 상상하는 것을 멈춰야 할까?

스페인 사람들은 빨간색 열매를 토마테(tomate)라고 불렀다. 이 단어는 토마틀(tomatl)이 변한 것으로, 토마틀은 스페인 사람들이 나타나기 최소 700년 전에 이곳을 지배하던 아즈텍 사람들의 언어인 나우아틀어이다. 사실 마야인과 사포텍인들을 포함해 많은 멕시코 인디언 문화는 토마토를 재배했고 자신들만의 독특한 이름을 지어주었다. 스페인 사람들이 이 땅에 도착하기 훨씬 전에 농부들은 열매의 색을 선택했다. 귤색, 노란색, 분홍색, 흰색이었다.[3] 그들은 또한 씨방이 두 개인 S. 세라시폼의 돌연변이를 선택해서 씨방이 여러 개인 열매를 생산해 크기를 키웠다. 배와 자두 모양을 가진 돌연변이도 매우 바람직하다고 여겨서 품종을 더욱 다양하게 만들었다. 멕시코는 줄곧 지구상에서 가장 많은 다양한 토마토 품종을 가진 토마토의 고향이다. 그러나 토마틀은 아즈텍인들이 토마토와 토마토의 가까운 친척인 토마티요를 부르는 일반적인 이름이었다.

모든 이의 마음속에 있는 장소

식물학자 J.A. 젠킨스(J.A. Jenkins)[4]는 아즈텍 사람들이 다양한 종류의 토마토를 부르던 이름을 쭉 나열했다. 별 토마토, 사슴 토마토, 사슴의 눈, 작은 토마토, 모래 토마토, 밭 토마토, 붉은 토마토, 자두 토마토, 박 토마토, 복숭아 토마토, 콩팥 토마토, 홈이 패인 토마토 등이다. 이 목록은 다양한 품종을 만든 당시 재배사들의 기술이 얼마나 대단했는지를 보여준다. 젠킨스는 또한 1940년대 중반에 멕시코를 방문하여 토착 요리에 대해 중요한 관찰을 했다. 멕시코인들은 지역 토마토를 선호하는데, 그중에는 멕시코시티 남서쪽과 북동쪽의 베라크루스와 할리스코 지역에서 자라서 소비되는 야생 품종들이 있다. 이 토마토들은 수출된 적이 없다. 젠킨슨이 얼마나 많은 멕시코인들이 야생에서 딴 작은 토마토(그 지역에서는 시장에서 대량으로 판매된다)가 재배용 토마토보다 더 맛있다고 생각하는지 설명한 부분을 읽고 있으면, 목구멍으로 침이 꼴깍 넘어간다. 19세기까지 재배용으로 알려진 모든 종류의 토마토와 다른 곳에서는 알려지지 않은 자연 발생한 잡종은 모두 멕시코에서 발견되었다.

젠킨스가 멕시코에서 식물을 사냥하고 있을 당시 현대 토마토 육종은 여전히 초기 단계였다. 다른 품종끼리 교배해서 특정한 좋은 특성을 더 많이 가진 자연 수분 품종을 만드는 것이 기반이었다. 전 세계의 토착 문화는 지역 품종의 상당한 다양성을 유지하며, 그들의 생존은 지역 문화 음식의 강화뿐 아니라 전통적으로 식물을 육종하는 것에 꼭 필요한 유전 물질을 제공하는 데 중요하다. 오늘날 국제 농업기업이 지배하는 새로운 품종은 거의 예외 없이 일대잡종이다. 그러나 재배사 집단은 요리하는 즐거움을 위해 유산과 가보 품종을 계속해서 전파하고 유지하고 있다.

이름에 들어 있는 단서

이탈리아 동식물 연구가인 피에트로 안드레아 마티올리는 1544

년 토마토를 명명할 때, 라틴어 말라오레아(Mala aurea)와 일반적인 이름인 포미도로(pomi d'oro)가 모두 '황금 사과'를 의미한다고 말했다. 언어와 문화의 힘은 대단해서, 이탈리아어로 토마토는 여전히 포모도로(pomodoro)이다. 마티올리의 설명에 따르면, 유럽에 처음 도착한 토마토는 노란색이었다. 하지만 빨간색 토마토는 1544년 전에도 분명 이탈리아에 있었을 것이다. 왜냐하면 그가 빨간색 토마토에 대해서도 설명했고, 스페인 정복자들이 단 하나의 품종만 가지고 고향으로 돌아왔다는 것은 상상할 수 없기 때문이다!

한 세기 전만 해도 토마토가 어디에서 처음 작물화되었는지에 대해서는 합의점이 없었다. 당시에는 메소아메리카가 아닌 페루에서 처음 길들였다는 견해가 지배적이었는데, 식물학자와 약초학자들이 토마토에 처음 붙인 이름 때문이었다. 일부 사람들은 토마토가 1535년 스페인 정복 이후 페루에서 유럽으로 처음 전해졌다고 믿는다. 그 근거로 토마토의 이름이 말라 페루비아나(Mala peruviana)와 포미 델 페루(Pomi del Peru)였다는 걸 드는데, 둘 다 '페루 사과'라는 뜻이다. 파두아의 식물학자인 멜키오레 귈란디노(Melchiorre Guilandino, c.1520-1589)는 그 시대 다른 식물학자들처럼 지리학에 대한 이해가 거의 또는 전혀 없었고 멀리 떨어진 모든 지역을 단지 '외국'이라고 여겼지만, 조금은 다르게 생각했다. 1572년 출판물에서 그는 토마토를 특정 지역이나 나라가 아닌 일반적으로 아메리카 대륙에서 왔다고 보고, 토마틀이라는 이름을 붙였다. 또한 토마토가 더 일찍 유럽에 소개되었다는 사실뿐만 아니라, 젠킨스에 따르면 토마토가 테미스티탄에서 왔다고 언급해 정확한 원산지를 확인했다. 테미스티탄(Themistitan)은 테믹스티탄(Temixtitan)으로도 적히는데, 이는 우리가 현재 멕시코시티로 알고 있는 도시에 아즈텍인들이 부르던 이름인 테노치티틀란(Tenochtitlan)가 잘못 전해진 이름이다. 정복자 에르난 코르테스는 1521년 테노치티틀란을 포위했고, 1524년 스페인으로 돌아왔을 때 의심할 여지없이 토마토 씨앗을 고향으로 가져왔다.[5]

황금 사회부터 케첩까지

또 다른 네덜란드인 식물학자인 렘버트 도도엔스는 플랑드르어를 번역해 토마토를 '사랑의 사과(Amorous apples)' 또는 '황금 사과(Golden apples)'라고 묘사했다. 그는 다양한 다른 언어로 토마토에 이름을 붙였다. 영어로는 사랑의 사과(Apples of Love), 황금 사과(Golden Apple)라고 부르고, 프랑스어로는 사랑의 사과(Pommes d'amours)라고 부르는 식이었다. 유럽 전역에서 이렇게 토마토가 빨리 움직인 건 새로운 약용 식물을 확인하려는 르네상스 약초학자들의 열정 덕분이었다. 비록 호기심에 지나지 않는다고 여겨졌지만 말이다. 17세기가 되자 이탈리아인들은 토마토를 포모도로라고 부르기로 어휘를 굳힌 반면, 영국 사람들만 토마토를 사랑의 사과라고 불렀다. 흔히 사용되었던 또 다른 이름인 울프 피치(Wolf Peach)는 라틴어로 바꾸면 리코페르시콘(Lycopersicon)가 된다. 1753년 칼 린네는 이 이름을 솔라눔 리코페르시쿰 토마토의 종을 분류하는 데 사용했다. 18세기 말, 영어권 세계는 마침내 토마토라는 이름에 정착했다. 귈란디노가 이 과일을 부르는 데 쓴 이름을 영어화한 것일 수도 있지만, 어쩌면 포미도로(pomi d'oro)에서 유래한 것일 수도 있다.

중국인들은 이 과일을 묘사하기 위해 다소 다른 언어를 사용했다. 비록 토마토가 중국에서 처음 사용된 때의 명확한 기록은 없지만, 토마토는 16세기 초 해안 지역을 따라 중국 요리에 들어 왔다. 다른 신대륙 음식들이 세계를 점령하던 시기였다. 토마토는 중국인들에게 그들 고유 과일을 상기시켰기 때문에 그들은 '외국 가지'나 '서양 홍시'라는 이름을 붙였다. 오늘날 토마토소스와 동의어인 케첩이라는 단어가 생선 소스를 의미하는 중국 남부의 민난어 단어인 코에챱(kôe-chiap)에서 유래했다는 것도 잊지 말자. 18세기에 영국 선원들이 말레이반도에 이 소스를 소개했고, 그 덕분에 이 소스는 인도네시아에서 케첩이 되었다. 곧 이 단어는 달콤하거나 짭짤한 소스를 묘사하는 데 사용되었다. 영국 사람들은 이 매콤한 소스를 캐첩(katchup)[6]이라고 부르며 영국의 단조로운 음식에 생기를 불어넣기 위해 즐겨 사용했다. 호두와 버섯뿐만 아니라 멸치와 굴 같은 다른 비린내 나는 재료들을 첨가했다. 많은 면에서 전통적인 영국 조미료인 우스터셔 소스와 유사했다. 그리고 분명히 제인 오스틴은 버섯을 넣은 이 소스를 좋아했다. 1812년 미국의 원예가인 제임스 미즈(James Mease)는 이 소스에서 영감을 받아 토마토, 브랜디, 향신료로 소스를 만들고 설탕으로 단맛을 냈다(오늘날 토마토케첩을 처음 발명한 사람이 제임스 미즈다[역주]). 그 뒷이야기는 역사로 남았을 만큼 잘 알려져 있다!

공포에서 유행으로

토마토가 처음 유럽에 도착한 후 100년 동안 이탈리아인들은 토마토를 관상용 식물로 칭송했다. 식탁에 놓으면 예쁘다고 생각했지만 절대 먹지는 않았다. 맨드레이크와 독이 있는 가지과 식물이라는 두 가지 점이 관련되어 이 악명은 공고해졌다. '사랑의 사과'라는 의미의 영어와 불어는 토마토가 최음제라는 일부 사람들의 믿음을 보여준다. 부드럽고 잘 짓눌러지는 토마토 과육이 외음부과 닮았다고 생각했다. 르네상스 시대와 그 이후, 의사와 약초학자들은 최음제 역할을 하는 식물들이 열이 많고 습하다고 생각했다. 이러한 특성들은 이 식물들을 지나치게 영양분을 풍부하게 만들어, 평범한 인간에게 명백히 '성적' 충동을 일으켰다. 토마토는 즙이 많지만 차가운 성질이 있다고도 생각되었다. 즉 토마토를 먹으면 성을 밝히게 되기보다는 아프게 된다는 것을 의미하기도 했다.[7]

시작은 다소 불길했지만, 16세기 말이 되자 일부 사람들은 토마토를 욕망보다는 호기심으로 먹었다. 튼튼한 위를 가진 농부와 노동자들은 토마토를 충분히 좋아했다. 대부분 시간 동안 더위와 싸우고 땀에 젖어 있었던 이들은 토마토의 위험에 면역력이 있었다. 그러나 토마토의 진짜 요점은 무엇이었을까? 토마토는 기운을 주거나 영양분을 주는 특성이 없다. 일반적으로 외국 음식은 이미 우리가 가지고 있는 것보다 못하다는 이유로 빈축을 샀다. 16세기와 17세기 유럽 전역에서 일반적으로 그렇게 믿었고, 채소 혐오로 더욱 강조되었다. 채소 혐오란 일반적으로 채소를 완전히 피하지는 않더라도 조금만 먹는 것을 의미한다. 당시 의사들은 사랑의 사과에 대해 해줄 만한 좋은 말이 없었다.

낮게 자라는 특성

토마토는 다른 문제도 있었는데, 다소 칙칙하고 습하고 서늘한 북부 유럽 기후에서 잘 자라지 못했다는 것이다. 심지어 이탈리아와 같이 토마토가 잘 자라는 나라에서도 땅에 붙어서 뻗어 자라는 습성 때문에 인기가 없었다. 일반적으로 작물에 대한 편견 때문이었는데, 바로 키가 작으면 영양 상태도 똑같이 바닥일 거라는 생각이었다. 오늘날 재배사들은 이러한 무한 성장 특성(줄기가 서리나 초식동물 등으로 인해 방해받기 전까지 계속 자라는 것)을 이용한다. 줄과 막대를 따라 넝쿨이 수직으로 자라게 해서 수확이 용이해지고 더 작은 공간에서 더 많은 수확량을 낼 수 있다.

17세기 중반이 되어서야 토마토의 요리하는 즐거움으로서의 특성이 더 널리 인정받았고 토마토는 불길한 명성을 지워가기 시작했다. 영국의 동식물학자이자 정원사인 존 레이(John Ray, 1627-1705)는 1660년대에 이탈리아 여행을 기록으로 남겼다. 그는 "매로(멕시코와 중앙아메리카가 원산지인 박과(Cucurbitaceae) 박속(Cucurbita)의 식물이 생산하는 채소[편집자주]), 후추, 소금, 기름"을 넣고 토마토를 요리했다고 적었다.

이탈리아에서 토마토는 조미료로 쓰인다. 처음 소개된 토마토 요리법은 17세기 이탈리아 요리사인 안토니오 라티니(Antonio Latini)의 작품에서 발견된다. 그는 토마토를 이용하는 세 가지 방법을 기술했는데, 모두 스페인 방식이었다. 그중 첫 번째 요리법은 이탈리아식 케첩을 만드는 방법이었다. 이 시기에 스페인은 이탈리아의 많은 영토를 지배하고 있었는데, 아마도 그 때문에 이러한 요리 기술이 나온 듯하다.

스스로 길러 먹는 것은 장점이 있다

18세기 말까지 영국의 종자 상인들은 토마토를 사랑의 사과라고 등록했다. 1760년 존 웹(John Webb)은 별다른 설명 없이 사랑의 사과 하나를 판매했다. 1780년 런던 펜처치가의 J. 고든이 펴낸 텃밭을 위한 종자와 식물 카탈로그에는 빨간색과 노란색 두 가지 품종이 판매용으로 실려 있었다. 유럽 대륙에서는 상황이 더 나았다. 모양과 크기 면에서 다양한 지역 품종이 있었고, 지역 요리의 일부가 되고 있었다. 이러한 다양성은 자연적이고 우연한 교배로 인해 발생했다. 토마토는 대체로 자가 수정이 가능하며, 이는 그들이 스스로 수분할 수 있다는 것을 의미한다. 하지만 조건이 맞으면 다른 품종과도 교배할 수 있다. 토마토 꽃에는 세 가지 유형이 있다. 튀어나온(돌출된) 암술머리가 있는 것과 꽃 안에 착생한 암술머리가 있는 것, 마지막으로 이중 꽃 또는 천수국 유형으로 아주 오래되고 큰 비프스테이크 토마토 품종들과 동의어다. 세 유형 모두 자가 수정하며 속이 빈 꽃밥 안에 화분이 있다.[8] 착생한 암술머리가 있는 토마토의 경우 수분은 꽃이 흔들릴 때 밖으로 날아간다(이것은 나 같은 재배사들이 아침저녁으로 꽃이 핀 토마토를 잘 흔들어주는 이유다). 판매용 토마토를 기르는 사람들은 토마토를 흔들어주는 기계를 가지고 있다(이 일을 해줄 벌들을 유리온실에 풀어놓는 사람도 여전히 있지만 말이다). 자연에서는 영리한 벌들이 꽃의 바닥에 매달려 몸을 강하게 진동해 수분을 떨어뜨린다. 이것이 토마토가 우연히 다른 품종과 교배되는 이유다. 수분이 다른 꽃의 암술대에 우연히 붙는 것이다. 새로운 품종이 생긴 주요 원인이었고, 사실상 연구라기보다 우연히 육종된 것이다. 19세기 후반에서야 육종가들은 더 체계적으로 노력하게 되었다. 오늘날 상업적으로 구할 수 있는 거의 모든 품종은 암술머리가 꽃에 착생하는 유형이다. 돌출된 암술머리를 가진 유산과 가보 품종도 여전히 많다. 이는 곧 나와 같은 종자 보존자가 이러한 품종들을 주의해서 서로 떨어트려 놓아야 한다는 것을 의미한다. 서로 교배하지 않도록 말이다. 사실 착생한 암술머리를 가진 토마토를 교배시키는 것은 매우 어렵다. 꽃가루는 보통 꽃이 완전히 자라기 전에만 생존이 가능하기 때문이다. 그러므로 잘 흔들어주면 이르게 수분을 시작할 수 있고, 이 때문에 이런 유형의 토마토는 씨앗을 저장하기 매우 쉽다.

미국으로 가다

유럽에서처럼, 미국에서도 토마토는 명성을 쉽게 얻을 수 없었다. 17세기 초 스페인 정착민들이 카리브해에서 캐롤라니아로 이주했을 때 토마토가 미국 남부 주에 왔다는 몇 가지 증거가 있고, 18세기에는 확실히 경작되고 있었다. 비록 초기 정착민들은 토마토를 기를 시간이 없었고, 대서양을 건너 이주하면서 유럽인들의 편견도 함께 가지고 왔지만 말이다. 멕시코로 육로로 이동해 북아메리카의 토착 부족들이 경작한 것 같지도 않다. 토머스 제퍼슨은 1781년에 출판한《버지니아주에 관한 기록(Notes on the State of Virginia)》에서 토마토를 식용 작물로 언급했다. 1809년 제퍼슨이, 정확히는 그의 노예들이 몬티첼로에 있는 그의 뉴욕주 집에서 토마토를 재배하기 시작했다. 그러나 북부 주에서는 토마토를 먹기까지 많은 설득이 필요했다. 이번에도 이유는 토마토 재배에 기후가 이상적이지 못하다는 점 때문만은 아니었다. 주로는 북부 유럽 이민자들이 토마토에 대해 아무것도 모르거나 두려워했기 때문이었다.

1820년대에 미국인들은 마침내 토마토를 먹기 시작했고 씨앗 상인들은 한두 개 품종을 목록에 올렸다. 영국에서 거의 반 세기 전에 구할 수 있던 것과 비슷한 품종이었다. 나는 특히 로버트 기번(Robert Gibbon) 대령이라는 자의 생동감 있고 허구적인 이야기를 좋아한다.

그는 1820년 가을 뉴저지 세일럼의 법원 계단에 서서, 많은 군중 앞에서 그의 의사가 해준 조언에 반대했다. 의사가 그에게 토마토를 한 바구니씩 먹으면 결국 맹장염에 걸릴 거라고 한 것이다. 로버트 기번의 이야기는 널리 신뢰를 얻었고 토마토가 미국 요리의 중심으로 가는 여정에 운명적인 변화를 예고했다. 갑자기 이 소박한 과일은 모든 병의 만병통치약이 되었다. 토마토 추출물은 아주 작은 병이라도 있다면 누구나 갖고 싶어하는 만능약이 되었다. 평범한 미국의 돌팔이 의사의 가방에는 뱀기름과 함께 토마토 추출물의 다양한 변종이 있었을 것이다. 대부분은 그 안에 토마토가 들어 있지 않았지만. 19세기 중반에 이르자 토마토에 치료 특성이 있다고 추정되었고 미국은 토마토에 열광했다. 사실상 전 세계가 그랬다.

미국에서 재배된 토마토는 유럽 토마토보다 더 크고 납작한 경향이 있었다. 1850년대에 미국 육종가들은 크기와 색상뿐 아니라 균일성을 위해 토마토를 선택하기 시작했다. 처음 성공한 재배 품종은, 20년 이상 체계적인 교배의 결과로 나온 트로피(Trophy) 토마토였다. 메릴랜드 볼티모어 카운티의 핸드(Hand) 박사가 육종한 것이다. 한 유형에서 꽃밥을 제거하고 다른 유형의 암술대에 그것을 붓질했다. 트로피 토마토가 두 가지 일반적인 미국 품종인 '라지 레드(Large Red)'와 '얼리 레드 스무스(Early Red Smooth)'를 교배한 결과라는 증거가 있다. 핸드 박사는 1843년 시작해 약간의 시행착오 끝에 사과 크기의 토마토를 만들어냈다. 부드러운 껍질은 윤이 나고 빨간 색이

었다.[9]

핸드 박사가 이름을 지었든 그의 영리한 미래 사업 동료인 로드 아일랜드주의 조지 E. 워링(George E. Waring)이 이름을 지었든, 트로피 토마토는 많은 사람들을 흥분시켰다.[10] 열광하는 대중에게 1980년 소개되고, 워링은 앞장서서 씨앗 스무 개가 들어 있는 꾸러미를 5달러에 팔았다. 금반지보다 비싼 가격이었다. 그러고는 가장 무겁게 자란 토마토에 100달러의 상금을 걸었다. 당연히 미국 전역의 정원사들은 토마토 씨앗을 샀고 워링은 큰돈을 벌어들였다. 트로피 토마토는 수십 년 동안 미국에서 아주 잘 팔린 토마토이며, 오늘날에도 계속해서 육종 라인의 일부로 남아 있는 수많은 다른 품종의 원조이기도 하다.

지역 정체성이 있는 토마토

19세기는 식물 육종가들에게 특별한 시기이다. 19세기의 마지막 4분기에 씨앗 판매자들은 적어도 열두 가지의 토마토 품종을 구할 수 있었다. 1885년 프랑스의 빌모랭 안드리외는 열다섯 가지 품종을 가지고 있었다. 그중에는 이탈리아 왕인 움베르토 1세(Umberto I, 1844-1900)의 이름을 딴 킹 험버트(King Humbert)라는 품종도 있었다. 움베르토 왕의 배우자인 마르게리타(Margherita)는 그 유명한 피자의 이름에 영감을 준 인물이다. 1887년 왕립 원예 협회는 킹 험버트를 품평하며 "특별한 작물"이라고 표현했다. 지역에서 이름을 붙인 수백 종의 품종이 육종되었고, 그중 많은 품종이 여전히 남아 있다.

그러나 토마토를 진지하게 지역 정체성으로 받아들인 사람들은 이탈리아인과 스페인인이었다. 이탈리아 전역에 지역 자체 토마토가 있는 것으로 생각되는데, 로마의 판타노(Pantano), 파르마의 코스톨루토(Costoluto), 리구리아의 쿠오르 디 부에(Cuor di Bue), 다시 로마에서 나온 코스톨루토 피오렌티노(Costoluto Fiorentino) 등 다양하다. 적어도 피자를 좋아하는 사람들에게 세계에서 가장 중요한 토마토 중 하나는 산 마르자노(San Marzano)이다. 이탈리아 사람들이 존경하는, 뭐, 적어도 나폴리 사람들이 존경하는 이 토마토는 원산지 명칭 보호(D.O.P.) 기준을 통과했는데, 이것은 이 지역의 베수비오산 기슭의 작은 농장에서 자란 토마토만이 산 마르자노 품종의 이름을 달고 판매될 수 있다는 것을 의미한다. 물론 수천 톤의 통조림 토마토가 이 이름을 달고 전 세계에서 판매되고 있지만, 그 토마토들은 베수비오산에서 자란 게 아니다! 또 다른 신분 도용 사례일까?

스페인 사람들은 적어도 150개의 이름 있는 토종 품종을 가지고 있다. 내가 스페인 남부 알메리아의 니하르 지역에서 우연히 발견한 라프(Raf) 토마토 같은 일부 품종은 겨울 작물로 약간 염분이 있는 조건에서 가장 잘 자란다. 프랑스에서 육종되어 1960년대 초에 처음 상업적으로 판매된 라프[프랑스어로 푸사륨(토양이 있는 균속 중 하나 역주)에 저항한다는 말의 머리글자를 딴 이름]는 열매에 울퉁불퉁하게 홈이 난 마르망데(Marmande) 유형과 상업 품종인 레드 글로벌(Red Global)가 교배되어 나온 것이다.

슬프게도 이러한 독특한 토마토들의 운명은 균형에 달려 있다. 농부들은 더 이상 맛은 있지만 수확량이 적은 지역 품종을 기르는 데 집중하지 않는다. 대신 수확량과 수익성이 많은 최신 일대잡종(똑같이 다시 자라지 않기 때문에 농부는 씨앗을 저장할 수 없다)을 선호한다. 그러나 식물 육종가들은 여전히 가능한 한 폭넓은 유전자 자원에 접근할 필요가 있다. 그래서 라프와 같은 토마토 품종을 프랑스 육종가들은 여전히 기르고 있다. 덕분에 겨울 동안 유럽 전역의 고급 채소 가게에서 가끔 발견할 수 있다. 다행이도 라프는 자연 수분하는 품종이기 때문에 나는 씨앗을 저장할 수 있고 이 훌륭한 토마토를 계속 기르고 맛볼 수 있다.

스페인 사람들은 가을에 수확하고 겨울 동안 숙성하는 품종을 개발하는 데 꽤 전문적이다. 내 머릿속에 가장 기억에 남는 씨앗 사냥 모험이 있다. 당시 나는 생일을 축하하기 위해 휴일에 카탈루냐 북부의 가로트하 지역에서 도보 여행을 즐기고 있었다. 그리고 동료 종자 보존자인 헤수스 바르가스를 찾아갔다. 초봄이었고, 나는 전형적인 카탈루냐식으로 토마토를 먹는 방법을 즐길 수 있었다. 이곳은 스페인 동부의 다른 많은 지역처럼, 과육을 빵에 버터처럼 펴 발라 먹는다. 카탈루냐아어로 '토마토를 바른 빵'이라는 의미의 파 암 토마켓(Pa amb tomàquet)은 종종 아침 식사로도 먹는데, 이 음식은 전통적으로 겨우내 저장하고 숙성시키는 특별히 껍질이 두꺼운 토마토를 사용한다. 헤수스는 내게 두 가지 토종 품종을 주었다. 카탈루냐어로 매달린 랍스터 토마토라는 의미의 라고스테스 토마테 데 펜자르(Lagosterz Tomate de Penjar)라는 품종과 복숭아 껍질이라는 의미의 필 데 멜로코톤(Piel de Melocotón)이었다. 지원하고 통풍이 잘되는 헛간에 매달아서 토마토를 숙성시키면 초봄까지 보관할 수 있다. 달지는 않지만 그들의 이름만큼이나 재미있는 맛이 난다. 북부 유럽 전역에서 수많은 다양한 종류의 토마토가 육종되고 있지만, 우리는 정말로 대서양으로 돌아가서 훌륭한 맛뿐만 아니라 훌륭한 이름을 가진 이러한 토마토들을 추적할 필요가 있다.

미국 재배사들은 19세기 후반에 토마토 육종에 열풍을 일으키기 시작했다. 오늘날에는 소수만이 그 전통을 이어가고 있다. 나는 내 냉장고에 있는 토마토 씨앗 상자들을 확인하면서 과거에 느낀 즐거움과 앞으로 다가올 즐거움을 생각했다. 훌륭한 미국 유산 토마토 중에는 솔트 스프링 선라이즈(Salt Spring Sunrise), 스펙클드 로만(Speckled Roman), 볼리비안 오렌지 체리(Bolivian Orange Cherry), 브로드 리플 옐로우 커런트(Broad Ripple Yellow Currant), 브랜디와인(Brandywine) 등이 있다. 브랜디와인은 금주를 하는 아미쉬 농부들이 지역의 강 이름을 따서 지었다. 내가 재배한 토마토 중 가장 좋은 것은 체로키 퍼프(Cherokee Purple), 라일락 자이언트(Lilac Giant) 그리고 아미쉬 옐로우(Amish Yellow)이다. 목록은 계속 늘어가고 있다. 식량의 세계화로 인해 지금 전 세계 어디에서나 자라고 있는 수백 가지 품종을 목록화한 책이 많다.

육종 열풍이 불다

유럽에 토마토가 도착하면서 재배사들은 색이 다채롭고 맛있는 특성을 선택하는 데 매우 능숙해졌다. 이것은 농작물이 대부분 지역에서 소비될 때 좋은 방법이었다. 단일 식물에 기반하여 다음에도 기를 식물을 선택하였고, 적은 수에서 씨앗을 저장했다. 대부분의 토마토가 교배가 가능하기 때문에 부모 식물에게서 온 씨앗은 동일한 자손을 낳는다. 그러므로 씨앗은 가족과 공동체 내에 저장되었고 가보라는 집합적 설명 아래 속하게 되었다. 19세기 말 상업적인 식물 육종이 시작되기 전까지 토마토는 대부분 가보 품종이었다. 육종가들은 다양한 유형을 생산하는 자연 수분 품종들의 드문 교차를 이용하기 시작했다. 이것은 19세기 후반 모두가 토마토에 열광하기로 작정해서 수요가 공급을 초과하기 전까지는 문제가 되지 않았다.

갑자기 전 세계가 한 나라의 끝에서 끝까지 이동해도 상하지 않는 토마토를 요구하기 시작했다. 미국 남북전쟁(1861-1865) 동안 처음 등장한 통조림의 수요를 맞추려면 토마토는 더 균일하고 고르게 익어야 했다. 따라서 수확이 더 효율적으로 바뀌었다. 전쟁 후에 토마토가 과하게 생산되는 것을 일부 재배사들은 기회로 보고 '토마토 트러스트'를 형성하여 통조림 산업을 독점하고 장악했는데, 중간 상인들과 다른 공급업자들이 보이콧을 하여 이를 막은 적도 있다. 이 이야기는 토마토에 대한 미국의 태도 변화가 얼마나 혁명적이었는지를 보여준다.

자연 수분 품종부터 일대잡종까지

종자 카탈로그를 찬찬히 살펴보다 보면 일대잡종 토마토를 반드시 만나게 될 것이다. 처음 나온 일대잡종은 싱글 크로스(Single Cross)로 1946년 외형, 생산량, 보관 기간을 개선하기 위해 육종되었다. 맛이 가치 있는 특성으로 여겨진 건 최근 몇 년 사이의 일이다. 오늘날 슈퍼마켓 진열대에는 영양의 질과 맛을 동시에 주장하는 다채로운 새로운 토마토가 가득하다. 이러한 최근 품종들은 자연적으로 발생하는 항산화물질인 리코펜 수치가 더 높다. 이 특성은 토마토를 붉은색으로 만들고 요리할 때 몸에 더 쉽게 흡수된다.

전 세계적으로 소수의 토마토 육종가들만이 잡종 종자를 생산하고 있는 상황에서 경쟁은 잔인하다. 새로운 잡종을 만들기 위해 유전자원을 유지하려면 비용이 많이 들고 육종가들은 끊임없이 새로운 품종들을 생각해내야 한다. 그들의 비밀스럽고 방어적인 사업에는 혁신이 많다. 일대잡종의 지적 재산권의 엄청난 가치를 정당화하려면 크기와 식사 품질을 충족시켜야 한다. 결과적으로 상업용 토마토의 평균 수명은 겨우 오 년이다. 연간 세계 토마토 종자 시장은 약 1조 3천억 원이다.[11]

외형은 중요하지만 내게는, 그리고 당연히 토마토를 좋아하는 사람들에게 가장 중요한 것은 맛이다. 토마토의 맛은 당도, 산도 그리고 몇 가지 변덕스러운 화합물 사이의 일련의 상호작용으로 결정된다. 토마토의 산도와 고형분의 양을 측정하면 과학적으로 맛을 예상할 수 있다. 당도와 산도의 정확한 균형으로 특정한 맛 보장에 성공한 것은 유전자 변형(GM)을 이용한 연구와 함께 일어난 일이다.[12] 그러나 맛을 개선시키는 육종은 다소 어려운 것으로 입증되었다. 그리고 토마토를 기르는 사람이라면 누구나 알겠지만, 온도와 빛의 수준이야말로 요리하는 즐거움을 주는 근본적인 요소이다.

육종가들은 새로운 토마토 라인을 개발하는 데 유전자 변형을 쓸 수 있는 가능성에 매우 흥분했다. 처음이자 유일하게 신선하게 먹을 수 있었던 유전자 변형 토마토는 플라브르 사브르(Flavr Savr, 철자를 틀린 게 아니다)였다. 이 품종은 1994년 캘리포니아 생명공학 회사인 칼진(Calgene)이 시장에 내놓았다. 보관 기간을 늘리기 위해 특별히 육종한 품종이었다. 이 품종은 일반적으로 별 맛이 나지 않는다고 조롱을 받았고 1997년 판매가 중단되었다. 재배하는 데 비용이 너무 많이 들기도 했지만, 판매가 중단된 주된 이유는 '프랑켄슈타인 음식'을 먹는 것에 대한 소비자들의 저항감 때문이었다. 칼진은 역시 번창하지 못하고 몇 년 뒤 몬산토(Monsanto)에 인수되었다. 제네카(Zeneca)는 플라브르 사브르와 비슷한 토마토를 육종해서 퓌레를 만드는 용도의 토마토로 판매했다. 이 품종은 전통적인 농작물보다 더 저렴하게 생산할 수 있었다. 20세기 말에는 이 토마토가 담긴 거의 200만 개의 깡통이 영국 일부 슈퍼마켓에서 마트 '자체 브랜드'로 판매되었다. 분명히 유전자 변형이라고 라벨이 붙은 이 제품은 잠깐이지만 아주 잘 팔렸다. 그러나 1998년 판매는 다시 부정적인 여론으로 인해 감소했다. 문제의 슈퍼마켓들은 '자체 상표' 브랜드에 유전자 변형 성분을 사용하지 않기로 약속했고, 그렇게 토마토의 유전자 변형 이야기는 마침표를 찍었다.

최초의 유전자 조작 토마토는 2020년 말에 일본에서 판매 승인을 받았다. 판매용 토마토를 기르는 재배사들은 열정적으로 묘목을 받아들였다. 아마추어 원예가들을 위한 씨앗은 곧 판매될 예정이다. 시칠리안 루즈 하이 가바(Sicilian Rouge High GABA) 토마토로 알려진 이 품종은 혈압을 낮춰주는 아미노산 수치가 더 높아서 건강에 분명 좋다. 얼마나 성공할지는 시간이 지나야 알 수 있을 것이다.

오늘날 육종가들은 새로운 품종을 만들기 위해 바람직한 특성을 가진 토마토의 유전학을 이해하고 전통적인 교배를 시도한다. 일부는 오랫동안 시도되었고 이해된 전통적인 육종 기술을 사용하여 시장에 출시된다. 특히 미국에서는 전통적인 육종 관행이 많은 숙련된 소규모 운영자들이 이 일을 수행하고 있다. 그러나 세계 시장을 지배하는 것은 일대잡종이다.

지속 가능한 농업을 지지하는 일부 사람들의 의견과 달리, 새로운 식물 육종이 모두 비난받아야 하는 것은 아니다. 일대잡종 토마토는 요즘 풍미 면에서 훨씬 더 좋다. 질병 저항력과 수확량이 향상되었고 모양, 크기, 색이 다양하다. 그 어느 때보다 많은 사람들이 토마토를 먹고 있다. 사실 토마토는 세계에서 가장 많이 재배되는 채소이다. 모든 재배 채소의 16퍼센트가 바로 이 소박한 토마토다.

* * *

봄이었고, 나는 집이었다. 태양이 빛나고 있었다. 몇 주 전에 뿌린 대략 여섯 종 정도 되는 품종이 내 관심을 끌었다. 그들은 모종 트레이에서 개별 화분으로 이사해야 했다. 덜 자란 잎을 만지면 이미 토마토 특유의 향이 풍겼다. 긍정적인 마음이 가득해지고 토마토들이 행복하게 잘 자라기를 바란다. 넝쿨에서 처음 익은 열매를 딸 순간이 벌써부터 기다려진다. 6월 초면 좋겠다. 아마도 작년에 우연히 서로 교배했을 것이고 이번 여름 나는 새롭고 멋진 선물을 받게 될 것이었다. 애덤스(Adam's) 토마토라고 이름 붙였다. 울림이 좋다.

흔하지 않은 콩

콩은 심장에 좋다.

많이 먹을수록 방귀가 많이 나온다.

방귀를 뀔수록 기분이 좋아지니,

매 끼마다 콩을 먹자!

– 작자 미상

1981년 9월이었다. 이탈리아 동부 돌로미티의 아찔하게 높은, 상어의 이빨 같은 정상의 봉우리들이 가을 안개에 덮여 있었다. 벨루노라는 아름다운 마을의 좋은 시민들과 나란히 공회당 건물에 앉아 있을 때 내 앞에 나타난 풍경이었다. 나는 그곳에서 주목할 만한 영국의 전쟁 영웅이자 모험가인 빌 틸먼(Bill Tilman, 1989-1977)에 관한 영화를 만들고 있었다. 그 행사는 그의 이름을 딴 거리를 기념하는 연회였다. 행사는 우연히 이 이탈리아 구석에서 독특한 농작물의 수확이 완료된 시기와 맞아떨어졌다. 매우 이탈리아적인 행사이기 때문에, 음식은 아주 맛있었고 분위기는 떠들썩했다. 이곳에서 나는 수확물을 소개받았다. 바로 이날 이후로 나의 충실한 친구가 된 파골리 디 라몬(Fagioli di Lamon), 즉 라몬 콩(Lamon bean)이다.

나는 맛있는 야채 소스에 갈색의 통통한 콩을 넣은 사랑스러운 파스타 요리를 기억한다. 이 콩의 유래를 묻자, 옆에 앉아 있던 부인

이 이 콩의 독특함과 웅장함에 대해 자세히 설명해주기 시작했다. 네 가지 유형이 있는 파골리 디 라몬은 근처 고원에서 자라며 그 고원의 이름을 따 이름이 지어졌다. 내가 먹었던 것은 그중 스파뇰(Spagnol)이었다. 오늘날 이 콩과 그 자매인 스파뇰리(Spagnolit), 칼로네가(Calonega), 카날리노(Canalino)는 유럽 법에 따라 특별한 지위를 가지고 있다. 1993년부터 '벨루노 계곡 특산품(PGI) 라몬 콩 보호 연합'이라는 기관을 통해서 재배되고 판매되고 있다.[1] 이 콩은 꼬투리에 아름다운 빨강과 하얀색의 줄무늬가 있고 그 안에 얼룩덜룩한 빨강 콩과 흰색 콩이 있다. 당시 나는 이 콩의 문화적, 사회적 중요성을 오히려 잊은 채 성급하게도 내가 이미 기르고 있는 볼로토 콩과 같다고 생각했다. 나는 부인과 저녁을 먹으며 꽃피운 우정이 거기서 끝날 것이라 생각했다. 내가 그녀의 콩을 모욕했기 때문이다. 하지만 그녀는 내 사과를 받아주었고 어리석게도 내 텃밭에서 기르고 있던 창백하고 매력 없는 모방품 대신 라몬 콩을 기르고 싶다는 소망을 이루게 해줬다. 주방에서 주방장이 콩이 담긴 작은 가방을 들고 나왔다. 나는 그 이후로 이 콩을 계속 보관하고 기르고 있다. 당시에는 콩과 이런 식으로 만나는 일이 다음 40년 동안 여러 번, 반복해서 일어날 줄은 몰랐다.

벨루노의 볼로토 콩

파골리 디 라몬은 크랜베리라고 알려진 그룹의 품종인 볼로토 콩의 일종이다. 콜롬비아에서 유래했으며 그곳에서는 카르가만토 콩이라고 부른다. 이 콩은 이탈리아로 전해졌는데, 당신이 이 지역에서 전해져 내려오는 이야기를 믿는다면, 1521년 에르난 코르테스가 멕시코를 정복했을 때 아즈텍에서 이 콩을 얻어 전한 것이다. 다음 이야기는, 코르테스가 당시 스페인의 왕이자 거의 이탈리아의 왕이기도 했던 카를 5세에게 이 콩을 주었다는 것이다. 카를 5세는 이것을 교황 클레멘스 7세에게 전달했다. 그리고 클레멘스 7세는 1532년 이것을 르네상스 인문주의자인 피에로 발레리아노(Piero Valeriano, 1477-1558)에게 전달했다. 이것을 소중히 여긴 발레리아노는 이 콩에 대해 정말 화려한 글을 남겼다(그가 쓴 것인지 의심이 남아 있긴 하다).

클레멘스 신부님께서 멀리서 선물을 가져오셨다.
주시면서 말하셨다. "너의 고향 언덕이 풍성해질 것이다.
새로운 열매로 벨루노의 들판을 기쁘게 할 것이다."
그러므로 나는 고향으로 돌아가
받은 씨앗을 뿌렸다.
그러나 밭에도, 텃밭에도 맡기지 않았다.
그보다는
우리 집을 토기로 장식하고,
창문을 받침 접시로 장식했다.
물론 아주 작은 작물이 나오길 기대했다.
그리고 보라!

처음에는 놀랄 만한 나뭇잎 숲이 생겼고,

모든 곳에 수많은 보라색 꽃이 피었다.

매번

덩굴손과 콩을 품은 꼬투리가 가득 달린다.[2]

신데렐라 콩

많은 사랑을 받는 강낭콩은 페이즈올루스 브로우리스(Phaseolus vulgaris)의 셀 수 없이 많은 변종 중 하나이다. 보통은 강낭콩이라고 하고, 영국에서는 프렌치 콩이라고 부른다. 우리는 이 콩을 유럽에 소개해준 크리스토퍼 콜럼버스에게 감사해야 한다. 하지만 강낭콩의 친척인, 그가 서인도 제도에서 가져온 리마콩과 달리, 강낭콩은 유럽 음식 문화에 아슬아슬한 마지막 순간에 들어갔다. 가난한 사람들이 먹는 농작물인 '농민 음식'의 신전에 합류했던 것으로 보인다. 농부들은 아마도 강낭콩이 당시 유럽 전역에서 소비되던 동부콩(원산지가 아프리카다)이나 잠두콩 등 다른 비슷하게 생긴 콩들과 거의 같다고 생각하고, 강낭콩의 기원이나 심지어 이름에 대해서는 별 생각을 하지 않았을 것이다. 강낭콩 꼬투리와 동부콩 꼬투리는 많이 닮았다. 그러나 내 눈에는 전혀 흔하지 않은 이 콩이 어떻게 세계적인 음식이 되었는지를 계속 이야기하기 전에, 강낭콩의 기원을 먼저 살펴보자.

강낭콩의 야생 부모는 멕시코 북부에서 아르헨티나에 이르는 지역에서 자란다. 강낭콩의 기원을 살피기 위해 지역을 두 개로 크게 나눠 보자. 하나는 북쪽의 메소아메리카(멕시코 포함)이고, 다른 하나는 남쪽의 안데스 산맥이다.[3] 두 지역의 고유한 야생 강낭콩은 유전적으로 구별되며, 구조 때문에 지역적으로 특이한 수많은 토종 품종을 낳았다. 이것은 생식 격리(생리적인 현상의 차이로 교배가 이뤄지지 않아 개체군이 분리되는 현상[역주])를 초래했고, 수천 년 넘게 지속되었다. 그들의 유전적 차이는 이러한 야생 콩들이 에콰도르와 페루 북부에서 발견된 공통 조상에서 시작하여 수십만 년 또는 수백만 년 동안 진화 과정을 거쳐 두 가지 아종으로 진화했음을 알려준다.[4] 메소아메리카에서 발견되는 야생 강낭콩은 P. 불가리스 변종 멕시카나(P. vulgaris var. mexicana)이고, 페루 안데스 산맥에서 발견되는 것은 P. 불가리스 변종 아보리지네우스(P. vulgaris var. aborigineus)이다. 두 지역에서 각각 독립적으로 작물화되었지만, 어디에서 먼저 시작되었고 얼마나 오래 전에 작물화된 것일까? 이 주제에 관해서는 많은 논쟁과 논문이 있다.

야생 강낭콩을 찾을 수 있을 거라 기대했던 고고학적 장소, 특히 멕시코에 그 흔적이 없다는 것은 오늘날의 야생 토종 품종이 같은 지역 재배용 토종 품종의 원시 부모라는 것을 암시한다. 즉 이들은 서로 밀접하게 연관되어 있고 그러므로 이들을 선행하는, 지금은 멸종한 가장 초기의 야생 콩과 비슷하다는 것이다. 어떤 사람들은 작물화된 강낭콩의 고고학적 유적이 메소아메리카보다 남아메리카에서 더 오래되었고, 따라서 더 일찍 작물화되었을 것이라고 주장한다. 이제 유전자 지도와 유전자 분석이 이 문제를 해결한 것으로 보인다. 강낭콩은 메소아메리카에서 처음 작물화됐고, 두 자매인 옥수수와 스쿼시와 함께 남쪽으로 이동하여 안데스에서 두 번째로 작물화됐다. 단순하게 정리하기 위해 식물 과학자들은 이제 모든 작물화된 강낭콩을 하나의 종인 페이즈올루스 불가리스(Phaseolus vulgaris)라고 부른다. 언제 신석기 농부들이 콩을 모으기 시작했는지, 콩이 그들 식단의 일부였다는 것을 증명하는 고고학적 기록은 메소아메리카 유적지에서는 적어도 9,000년, 안데스 유적지에서는 거의 8,000년 전으로 거슬러 올라간다.

이것저것 섞인 가방

야생 강낭콩은 모두 덩굴식물이다. 작은 씨앗들을 품고 있는 뒤틀린 꼬투리는 익으면 땅에 떨어진다. 덤불로 자라는 작은 품종들은 전적으로 초기에 인간이 개입한 결과로 보이고, 야생 조상이 없다. 재배용 강낭콩의 특징 중 두 가지는 광범위한 지역적 다양성, 그리고 씨앗이 야생 콩의 씨앗보다 크다는 점이다. 엄청난 수의 품종이 있기 때문에 성장 습성뿐 아니라 색깔과 크기 면에서 다양성을 보인다.[5]

강낭콩의 가장 강력한 특징 중 하나는 폐화 수정을 한다는 점이다. 이는 꽃이 피기 전에 꽃봉오리 안에서 자가 수정한다는 것을 의미한다. 따라서 돌연변이나 무작위 교잡의 결과로 새로운 품종이 생기면, 그 품종은 안정적이고 뚜렷하게 지속된다. 이런 점 때문에 강낭콩은 씨앗을 저장하기 쉬운 가장 쉬운 작물일 것이다. 유전적 사고가 아니고서는 사실상 교차가 일어나는 것은 불가능하며, 이는 모든 저장된 씨앗이 부모와 같다는 것을 의미한다. 이러한 특징은, 우리가 보게 될 것처럼, 강낭콩이 신대륙 요리의 주식이 되는 데 필수적이었다.

멕시코의 고지대에 있는 시장을 방문하면 알록달록한 강낭콩의 만화경을 볼 수 있다. 건조된 콩이 더미를 이루고 있는데, 여섯 가지 또는 더 많은 지역 품종들과 원시 품종들이 여러 색깔과 무늬를 하고 판매되기를 기다리고 있다. 이것들은 의도적으로 같이 재배되고 섞여서 판매되지만, 때로는 하나의 색으로 분리해서 더 비싸게 팔기도 한다. 나중에 다시 이야기하겠지만, 내가 특히 소중하게 생각하는 콩이 있다. 그러나 멕시코 토착 농부들은 적어도 지난 천 년간 다양한 품종의 콩을 함께 재배하는 방법을 사용해왔다. 그들은 우리에게 많은 것을 가르쳐준다. 여러 종류의 콩을 같이 기르는 데는 몇 가지 중요한 이유가 있다. 첫째, 이들 농부들은 서로 다른 콩이 함께 자랄 때 더 좋은 작물을 얻는다는 데 모두 동의한다. 둘째, 콩은 서로 교차 수분하지 않기 때문에 각 품종의 독특한 특성이 잘 보존된다. 발아 실험을 보면 혼합 재배가 왜 더 많은 수확량을 보장하는가를 이해할 수 있다. 여러 품종의 콩들이 발아하는 데 걸리는 시간은 수분과 온도, 두 가지 요인에 달려 있다. 농부들은 봄비가 내릴 때 씨를 뿌리려고 하는데, 이것에 완전히 의존하기는 어렵다. 때때로 강수량이 부족하면 일찍 파종했다가 실패할 수 있다. 온도가 낮으면 발아가 느리다. 비가 늦게

오는 더 선선한 봄은 자연적으로 발아가 느린 토종 품종에는 도움이 된다. 농부들은 이 경작법으로 농작물들이 생존할 가능성을 극대화한다. 비록 수확량이 더 많은 작물 품종들의 수확량이 결과적으로는 더 적을 수도 있지만, 적어도 그들은 거래할 작물이 있고 굶지 않는다. 수확할 시기가 오면, 덩굴을 감고 올라가는 강낭콩의 꼬투리들은 서로 다른 속도로 익기 때문에 몇 주에 걸쳐 수확된다. 농부들은 시간을 분배할 수 있고 추가 노동을 덜 해도 된다. 다양한 다른 품종을 함께 파종하는 전통적인 방법은 고지대 농업의 특징이다. 저지대 농장에서 발견되는 높은 온도의 토양에서는 더 균일하고 더 빠른 발아가 가능하기 때문에 농부들은 단일하고 수확량이 높은 품종을 집중적으로 심는다.

우리는 종종 식물이 작물화된 과정이 농부들이 농작물의 형태 변화를 관찰하여 선택해서 새롭고 더 나은 품종이 나온 결과라고 믿는다. 그러나 오늘날 시장이나 콩밭을 돌아다니다 보면 다른 작물화 과정의 결과물을 보게 된다. 모양, 크기, 색깔 면에서 풍부한 다양성은 농부들의 기호로 자연스럽게 적응된 많은 야생 토종 품종에서 선별한 결과이다. 재배용 토종 품종과 그들의 이웃인 토착 야생 친척 사이의 우연한 유전자 흐름은 수천 년에 걸쳐 농부들이 원하지 않는 특성을 가진 콩을 낳았을 것이다. 꼬투리가 휘었거나, 씨껍질이 두껍거나, 콩이 작거나 하는 특징들은 사람에게 작물화되는 동안 시간이 흐르면서 제거되었을 것이다.

때때로 당신은 멕시코 고지대 시장에서 단일 품종의 콩을 발견할 수 있다. 그중 훌륭한 맛과 많은 생산량 때문에 내가 아주 좋아하는 품종은 작고 다소 왜소화된(키가 작아진[역주]) 유형인 블랙 델가도(Black Delgado)이다. 이 품종은 멕시코 남부의 오아하카 지역이 원산지다. 이것은 세 가지 토종 품종 중 하나인데, 잘 보존된 콩 유적을 낳은 고고학적 유적지들끼리 겹치는 지역에서 발견된다. 해당 지역에서는 프리졸 데가도(Frijol Delgado)라고 알려져 있다. 계속해서 널리 재배되고 있으며 자급자족하는 농민들의 농업에 중요한 부분을 차지하고 있다. 많은 학자들은 그것이 수천 년 동안 경작되어온 토종 품종이라고 결론을 내렸다. 세계 최초의 농부들이 기른 이러한 품종들의 직계 후손 채소를 기른다는 것은 나와 나의 먼 조상들의 직접적인 연결성을 강화해준다. 맞다, 블랙 델가도는 맛도 좋다. 특히 매콤한 콩 스튜와 어울린다.

지중해 동부에서 토종 콩이 이집트 문화에 깊게 뿌리내릴 때, 매우 다양한 품종의 강낭콩 재배가 메소아메리카와 안데스 문화에서 자기만의 자리를 굳히고 있었다. 넝쿨이 타고 올라가는 품종, 덤불을 이루는 품종이 다 있었다. 남아메리카 최초의 신석기 시대 농부들이 그들의 콩을 길들이던 시기에 그들의 먼 친척들은 비옥한 초승달에서 잠두콩을 길들이고 있었다. 이 사실은 이제 거의 의심의 여지가 없다. 실제로 농업이 신대륙에서 처음 시작했는지에 관해 현재 학계에서는 활발한 논쟁이 있다. 그리고 확실히 신대륙 토착 농부들의 기술은 지구 반대편의 농부들보다 더 뛰어나지는 않더라도 비슷했다.

그러나 강낭콩은 신대륙 원주민들의 식단을 구성했던 다른 두 가지 작물과 상당히 깊게 얽혀 있다. 두 작물은 바로 옥수수와 스쿼시다. 비록 이전 농부들이 이 세 가지 작물을 더 일찍 재배하지 않았다고 생각할 이유는 없지만, 고고학적 기록은 이 세 작물이 3,500년 전에 메소아메리카에서, 그리고 그보다 훨씬 더 나중에 북아메리카에서 함께 널리 재배되었다는 것을 암시할 뿐이다. 함께 기를 때 잘 자라는 이 세 종을 북미 원주민들은 이것들을 '세 자매'라고 부르고, 나도 직접 해보고 싶은 재배법이다. 콩은 공기 중의 질소를 뿌리혹에 저장시키며 질소가 부족한 옥수수 식물을 기어오르는 것을 좋아한다. 한편 바닥에서 기면서 자라는 스쿼시 식물은 잡초를 막고 수분 증발을 줄여준다. 건조한 애리조나 사막에 사는 호피족과 같은 농부들에게 매우 중요한 점이다. 같은 장소에서 다양한 유형의 채소를 기르는 이러한 혼합 재배는 토양이 건강해지고 비옥해지는 데도 매우 유익하다. 단일 재배를 하는 현대 농업 관행과는 정반대이다. 현대 농업은 작물의 순환이 없거나 제한적인 것을 완화하기 위해 비료와 화학물질을 많이 투입한다. 혼합 재배가 토양의 질과 비옥함을 향상시키고 탄소 격리(대기 중의 이산화탄소를 격리시켜 토양에 저장하는 과정[역주])를 증가시킨다는 것은 현재 널리 인정되고 있다.

보이지 않는 수입품

강낭콩이 유럽에 도착했을 당시, 모든 콩은 쿠치나 포베라(cucina povera, 가난한 사람들의 음식)의 일부였기 때문에 부유하고 교양 있는 사람들의 식탁에는 등장하지 않았다. 모든 콩은 한데 뭉쳐 이탈리아어로는 파지오로(fagiuolo), 아랍어로 파술리아(fasoulia)로 불렸다. 동부콩을 뜻하는 그리스어를 통해 콩이 라틴어로 파세오루스(phaseolus)로 불린 것에서 온 것이었다. 1542년 독일의 식물학자 레온하르트 푹스는 신대륙에서 온 강낭콩에 대해 언급하지 않았다. 그는 그것이 동부콩과 같은 것이라고 말하며 스밀락스 호르텐시스(Smilax hortensis)라고 불렀는데 부정확한 사실이었다. 스밀락스 호르텐시스는 콩과 식물이 아니며 다른 속에 속하고, 종종 사르사로 알려져 있다. 사르사는 전형적인 미국 청량음료의 핵심 성분이다. 마침내 뜻이 통하기까지 십 년이 더 걸렸고, 식물학자들은 강낭콩이 농부들이 먹는 다른 콩들과 완전히 다르다는 것을 인식했다. 식물학의 아버지로 불리기도 하는 플랑드르의 식물학자 렘버트 도도엔스는 1552년 출판된 그의 유명한 약초 의학서《작물의 역사(De frugum historia)》에서 이 차이를 지적하기 위해 상당히 상세하게 설명했다.

이 시기 식물학자들은 비록 강낭콩이 유럽에서 재배되는 새로운 종으로 확인했지만, 어디에서 왔는지는 알지 못했다. 강낭콩의 원산지를 처음 확인한 사람은 의사이자 식물학자인 카스토레 듀란테(Castore Durante, 1529-1590)이다. 그는 1586년 출판된 가정을 위한 건강 치료법《건강의 보고(Il Tesoro della Sanità)》에서 신대륙인 '인도 제국'에서 온 이 새로운 콩의 의학적 효능을 나열했다. 책에서 그는 이 콩의 다소 흥미로운 성질을 묘사했다. 적어도 남자들에게, 특히 빨간색 콩은 즐거운 성교와 더 많은 정자 생산에 효과가 있다고 적었다. 이쯤 되면 성생활에 큰 효과를 주지 못하는 채소가 있는 걸까?[6]

강낭콩에 대한 최초의 영어 설명은 식물학자인 존 제라드(John Gerard, 1545-1612)가 1597년에 출판한 중요한 책《약초 또는 식물의 모든 역사(The Herball or Generall Historie of Plantes)》에 등장한다. 책에서 그는 두 종류의 넝쿨 '키드니 빈(강낭콩의 한 품종[역주])'에 대해 묘사했다. 하얀색을 페이즈올루스 알바(Phaseolus alba)라고 부르고 검은색을 페이즈올루스 니제르(Phaseolus niger)라고 불렀다. 그리고 넝쿨이 꼬이는 습성 때문에 '정원 청미래덩굴속'으로 분류하고 두 가지 왜소한 유형인 빨간색 키드니 빈인 스밀락스 호르텐시스 루브라(Smilax hortensis rubra)와 연한 노란색 키드니 빈인 스밀락스 호르텐시스 플라우스(Smilax hortensis flaus)에 대해 설명했다. 그 뒤로 더 많은 품종에 대한 설명이 뒤따르는데, 이 모든 이름들은 당시의 식물 분류의 세계에 얼마나 규율이 없었는지를 보여준다. 브라질 키드니 빈은 P. 브라질리아누스(P. Brazilianus), 아메리카 대륙의 퍼징 빈은 P. 아메리치 푸간테스(P. Americi Purgantes), 그리고 이집트의 부분적으로 색이 있는 키드니 빈은 P. 이집티아쿠스(P. AEgyptiacus)였다. 그는 많은 씨앗 모양과 색깔을 설명했다.[7] 16세기 말에 많은 형태의 강낭콩이 널리 알려졌다는 것은 확실하다. 제라드가 묘사한 이집트 콩은 영국과 미국에서 재배되고 있으며, 흰제비콩으로 불린다. 흰제비콩은 두 가지 색(짙은 보라와 흰색)이 어우러져 아름답고, 둥근 씨앗은 말릴 수 있다. 어린 꼬투리를 먹어도 맛있다. 400년 전 영국에서는 대개 신선한 녹색 콩으로 먹었지만, 피클로 만들거나 소금에 절여서 그때까지도 여전히 매우 지루했던 겨울 식단에 다양한 먹거리를 제공하려고 했다. 흰제비콩의 말린 씨앗은 많은 강낭콩들처럼, 겨울 스프와 스튜에 유용하고 영양가 있는 재료가 되었다.

16세기 후반에 식물학자들이 보여준 호기심은 부분적으로 인쇄술의 영향 덕분에 움직일 수 있었다. 이 혁신적인 신기술이 지식의 보급을 널리 공유할 수 있게 해주었기 때문이다. 전에는 알려지지 않았던 많은 수의 식물 종이 도착했기 때문이기도 했다. 고대인들이 몰랐거나 분류하지 않았던 종들이 들어온 것이다. 식물학자와 약초학자들은 분류학을 완전히 재검토해야 했다. 그들이 콩과 식물의 새로운 구성원들을 정확하게 설명하기 전까지는 덤불로 자라는 강낭콩과 넝쿨로 자라는 강낭콩이 모두 남부 유럽에서 재배되고 있다는 것만 추측할 수 있다. 1494년 콜럼버스가 강낭콩 일부를 가지고 돌아왔을 때 스페인과 포르투갈의 전문가들이 그것을 구분해서 언급하지 않았다는 사실은 그들 역시 그 콩이 동부콩과 관련 있다고 추정했다는 것을 시사한다.

이탈리아인들의 사랑

처음으로 강낭콩을 마음에 품은 사람은 이탈리아 사람들이었다. 파골리 디 라몬은 이탈리아 품종 중 가장 먼저 이름 붙은 것으로 생각되지만, 강낭콩과 진정으로 사랑에 빠진 이들은 토스카인들이었다. 이들은 계속해서 스스로를 '콩 먹는 사람들(mangiafagioli)'이라고 자랑스럽게 부른다. 몬테풀치아노 외곽의 포도밭과 소규모 경작지 사이에 있는 시골 호텔의 부엌에 앉아 TV 요리 시리즈를 만들었던 기억이 떠오른다. 요리사인 지안카를로 칼데시(Giancarlo Caldesi)는 리볼리타를 준비하는 전문 지식을 내게 알려주고 있었다. 리볼리타는 집에 있는 모든 콩과 또 다른 이탈리아 고전인 카볼로 네로 케일(나는 이 채소를 좋아하지는 않는다), 그리고 오븐에서 굽고 남은 모든 빵을 넣어 만드는 스프이다. 이 음식은 쿠치나 포베라의 좋은 예이다. 농부들은 믿을 수 있고 영양이 풍부한 채소를 먹고 살았고, 간단하고 멋진 다양한 콩 요리를 생각해냈다. 이제 그 요리들이 이탈리아 요리책을 가득 채우며, 콩을 즐기는 새로운 방법을 찾고자 하는 우리들에게 정보를 준다.

아마도 토스카나 콩 중에서 가장 추앙받는 품종은 졸피노(Zolfino)일 것이다. 색이 유황색이라서 붙은 이름이다. 오늘날 졸피노 역시 PGI 지위를 가지고 있으며, 원산지인 프라토마뇨에서 소수의 농부들이 기르고 있다. 이곳은 피렌체 남동부의 구불구불한 언덕에 자리 잡은 지역으로 세 개의 작은 마을이 있다. 토스카나 사람들만 이 콩을 사랑하는 것이 아니다. 많은 미식가들이 졸피노를 깍지 없이 먹는 콩 중에서 가장 좋은 콩이라고 생각하고, 이 콩의 얇은 껍질은 오스티아(l'Ostia, 성찬식용 빵)처럼 입안에서 녹는다. 오늘날 이탈리아 종자 카탈로그는 북부 이탈리아의 한 지역과 관련된, 많은 독특한 종류의 볼로토 콩으로 채워져 있다. 이탈리아 중부와 남부에서 흔히 볼 수 있는 흰 카넬리니 콩은 프랑스에서도 가장 흔한 흰색 콩 중 하나이다.

이탈리아인들이 다음 세기에 걸쳐 개발한 것은 단지 깍지 없이 먹는 콩만이 아니다. 17세기 말까지 생콩은 부유한 사람들의 식탁에 내놓기 적합한 음식이었다. 이 콩은 녹색, 노란색, 보라색으로 색이 다양했다. 오늘날 우리는 이것들을 뭉뚱그려 프렌치 콩이라고 부른다. 품종 이름은 지역 음식 문화나 요리에 스며든 마을, 도시의 이름을 따서 지어졌다. 어떤 콩들의 이름은 먹어보라고 유혹하는 듯하다. 메라빌리아 디 베네치아(Meraviglia di Venezia), 트리옹포 비올레토(Trionfo Violetto), 스토르티노 디 트렌토(Stortino di Trento) 등이 그러하다.

생콩은 부자들에게 더 인기가 많았을지도 모른다. 콩을 많이 먹거나 가까운 사람들에게 저주나 마찬가지인 속 부글거림을 덜 유발했기 때문이다. 소화관에 가스가 차는 것은 콩이 올리고당이라는 특정 복합 탄수화물을 만들기 때문이다. 올리고당은 분자가 크고, 우리 몸은 이것을 더 단순한 당으로 분해하는 효소를 생성하지 않는다. 따라서 소장을 통해 흡수되어 손상되지 않은 상태로 대장에 도달한다. 대장 속 박테리아는 올리고당을 대신 분해할 수 있다. 그렇게발효가 되면서 방귀를 유발하는 가스가 생성된다.* 이탈리아 사람들이 선구자였을지 모르지만, 오래지 않아 이 훌륭한 콩은 유럽 전역의 식사객들의 마음과 배로 들어갔다. 프랑스 농민들은 다른 유럽 농민들과 마찬가지로 강낭콩과 동부콩을 구별하지 않았을 가능성이 크다. 프랑스가 마침내 이것을 그들의 국가 요리의 일부로 만들기로 결정했을 때, 그들은 이것에 새롭게 까치콩(haricot)이라 이름 붙였고, 이 이름은 17세기에 프랑스 문학에서 처음 등장했다. 까치콩이라는 이름은 아즈텍 나우아틀어로 강낭콩을 뜻하는 단어인 아야콧(ayacótl)에서 온 것으로 생각된다.[8] 16세기가 되자 먼저 사회적 경향이 변했다. 식물학자들은 '고대인들'이 식물 왕국에 대해 모든 것을 알지는 못했다는 것을 깨달았다. 이 변화는 17세기 말엽 시골 생활에 대한 낭만적인 호기심으로 이어졌고, 정원 가꾸기, 목가적인 풍경 만들기, 이국적인 채소 키우기 열풍이 일었다. 그때쯤 모든 콩에 대한 편견은 극복되었고 생콩, 말린 콩 모두 정원 작물로 더 널리 받아들여졌다. 그러나 처음에 가장 귀하게 여겨진 것은 강낭콩 꽃이었다. 빨간색 콩은 신선한 꼬투리를 재배하기 가장 좋은 것으로 여겨졌고, 특히 안목 있는 파리 식객들이 쉽게 받아들이는 편이었다.

* 방귀를 뀌는 것은 건강한 소화 과정의 일부이다. 콩을 많이 먹는 것과 상관없이 우리 모두는 하루에 적어도 열네 번 방귀를 뀐다는 것을 알고 있는가? '절대로 방귀를 흘리지 않는다'는 사람은 진실을 말하고 있지 않는 셈이다.

역사가 풍부한 콩

미국 원주민들은 적어도 3,500년 전, 오늘날의 미국 남부로 처음 이주했을 때 이미 콩을 기르고 있었다. 많은 전통 품종들이 그들의 채소밭에 정기적으로 등장했고, 콩들은 부지런히 생콩과 껍질 없이 먹는 콩을 생산해냈다. 콩들의 이름은 부족과 지역을 떠오르게 한다. 내가 가장 좋아하는 것은 아름다운 넝쿨 콩으로, 초록색 꼬투리가 익으면서 짙은 보라색으로 변한다. 생으로 먹어도 맛있지만, 진가는 건조시켰을 때 드러난다. 이 작고 검은 씨앗은 체로키 사람들의 생존에 필수적이었다. 이들은 1838년 잔인한 겨울 동안 캐롤라니아의 고향에서 오클라호마시 근처의 보호구역으로 강제 이주되었을 때 이 콩을 가지고 왔다. 이 사건은 원주민에 대한 미국 정부의 가장 큰 배신 중 하나였다. 어떤 사람들은 이동 중에 체로키족 5,000명이 사망했다고 추정한다. 체로키족은 이 길을 눈물의 길이라고 불렀고, 이러한 인종 청소 뒤에 이 콩을 눈물의 체로키 길이라고 부르기 시작했다.

미국에는 수많은 이름 있는 가보와 유산 품종이 있다. 그중 다수가 이름만 다른 것이긴 하다! 수천 년 동안 아메리카 원주민들은 콩을 구워 먹어 왔지만, 19세기에 서쪽으로 향하는 마차 기차에서 생존을 위해 먹으면서 '구운 콩'은 미국 요리의 아이콘이 되었다. 먹을 수 있는 모든 말린 콩은 때때로 현지 원주민들과 물물교환했고, 마차 기차가 밤에 쉬는 동안 천천히 요리되어 다음 날 아침과 저녁으로 먹을 수 있었다. 힘든 하루가 평원을 가로질러 굴러가고 나면 마지막으로

할 일은 요리였다. 사람들은 불을 피우고, 콩을 데우고, 다른 음식을 요리하기 위해 준비했다. 네덜란드 오븐이라고 부르는 냄비는 밤새 뜨거운 숯 위에 묻혀 있었다. 구운 콩은 영양가가 높고 값이 쌌다. 이 요리는 가난한 사람들이 간단히 해먹을 수 있었던 음식이었을 뿐 아니라 검소함과 근면함과 동일어였으며, 경건하면서도 동시에 번영의 길로 여겨졌다. 이 요리에는 종종 기름진 돼지고기나 베이컨이 들어간다. 그러니 영국인들이 가장 좋아하는 같은 이름의 통조림 요리(베이크드빈을 말한다[역주])와는 전혀 다른 음식이다.

스타의 탄생

1869년 펜실베이니아주 샤프스버그에서 헨리 존 하인즈(Henry John Heinz)가 자신의 이름을 딴 회사를 설립했다. 회사는 고추냉이 소스를 만드는 것으로 사업을 시작했다. 그런 제품으로 이익을 내려고 했다니, 그가 꽤 빨리 파산했다는 사실은 놀랍지 않다. 그는 굴하지 않고 형과 사촌과 함께 새로운 회사를 설립해 더 시장성 있는 상품인 토마토케첩을 생산했다. 나중에는 자신의 가족 파트너들을 매수했고 우리에게 친숙한 브랜드인 '57' 제품을 생각해냈다. 57은 단순히 그가 좋아한 숫자였다.

네이비 콩(흰색 강낭콩의 다른 이름[역주])은 19세기 초부터 선원들 음식으로 널리 사용되었기 때문에 미국에서 그렇게 이름 붙여졌는데, 프랑스 까치콩과 유사하다. 흰색이고 약간 타원형이며 크기가 작다. 덤불 콩으로 자라며 균일하게 익는 특성 덕분에 기계로 수확하기 쉽다. 19세기 유럽 열강의 제국주의 영향과 군대의 식량 공급의 필요성 때문에 네이비 콩은 극동과 동남아시아 전역에서 재배되었다. 미군은 태평양 전쟁 동안 식량 안보를 매우 걱정했기 때문에 1942년부터 오스트레일리아 사람들이 퀸즐랜드에 주둔한 군대에게 보급할 수 있을 정도로 충분한 양을 기르게 했다. 퀸즐랜드에서는 네이비 콩을 양키 콩이라 불렀다. 오늘날 네이비 콩은 세계적인 상품으로 브라질, 인도, 중국, 미얀마, 멕시코, 미국에서 재배된다. 매년 거래되는 1,800만 톤의 강낭콩의 주요 부분을 차지한다. 하인즈는 네이비 콩을 그의 가장 성공적인 구운 콩 통조림에 사용했다. 하인즈는 1886년 이 제품을 영국으로 수출하기 시작했고, 런던의 포트넘과 메이슨에서 사치품으로 판매했다. 20년 뒤 부자든 가난한 사람이든 모두가 이것을 먹는 것처럼 보였다. 이 제품은 곧 페컴에 있는 공장에서 만들어졌고, 오늘날 세계에서 가장 큰 시장을 형성하고 있다. 영국에서만 하루에 160만 캔의 구운 콩 통조림을 먹는다. 모든 남자, 여자, 아이들이 일 년에 5킬로그램 이상을 먹는 셈이다. 오늘날 영국은 미국에서 매년 50,000톤의 마른 네이비 콩을 수입하여 위건에 있는 공장에 제공하여 구운 콩을 생산한다. 제2차 세계대전 당시 하인즈의 구운 콩은 필수 식품이었고, 제품의 홍보 슬로건은 '콩 하면 하인즈(Beanz Meanz Heinz)'였다. 1967년에 나온 이 문구는 역대 최고의 광고 슬로건으로 뽑힌다.

하인즈 콩은 제쳐두고, 19세기와 20세기는 강낭콩에게 아주 좋은 시기였다. 미국에서 프렌치 콩으로 알려진, 의심할 여지없이 프랑스에서 온 콩이 미국에 처음 소개되었다. 이 콩은 어린 꼬투리를 통째로 먹을 때 가장 맛있었다. 나는 매년 다른 어떤 작물보다 콩을 더 다양한 품종으로 기르는 것 같다. 내가 좋아하는 다년생은 콩들은 이제는 판매되지 않는 품종으로 '맛있다'와 동의어인 사랑스러운 이름들을 가지고 있다. 프랑스에서 온 20세기 품종인 빼빼한 엠퍼러 오브 러시아(Emperor of Russia)는 내가 가장 좋아하는 것이다. 잉글리시 라이더 톱오더폴(English Ryders Top-O'-the-Pole)은 꼬투리가 크고 길고 맛있으며 흰 까치콩 씨앗을 가지고 있는데, 1970년대에 널리 재배되었다가 지금은 어떤 이유에서인지 유행에서 밀려났다.

지난 백 년간 콩 육종에 혁명이 일어났다. 전통 품종들은 종자 카탈로그의 터줏대감으로 남아 있다. 카탈로그에는 재배사들이 씨앗을 구할 수 있는 많은 현대 자연 수분 품종들과 훌륭한 맛이 나고 섬유질이 거의 없는, 일부 좋은 일대잡종이 있다(질긴 섬유질은 많은 유산과 가보 품종의 문제점이다). 나는 현대 품종을 기르고 있지만, 내 관심을 끄는 것은 가보 품종과 오래된 품종들이다. 운 좋게 이탈리아에서 500년 가까이 재배된 파골리 디 라몬이나 3,500년 이상 멕시코 음식 문화의 일부인 블랙 델가도와 같은 진정한 고대 품종을 즐길 수 있었다. 이러한 콩들은 가장 먼 조상들만큼이나 내게 의미가 있다. 그들은 인류 문명 이야기의 연속체를 나타내고, 나는 그러한 이야기와 강하게 연결되어 있다고 느낀다. 알록달록한 콩을 재배하고, 맛있는 식사를 만들고, 아름다운 씨앗에 감탄하는 것은 가족 사진첩을 들여다 보는 듯한 추억과 감정을 불러일으킨다.

옥수수의 색깔

이보게, 옥수수 한 알에서 갈대 하나가 솟아나서

알 500개가 일 년에 세 번 나온다네.

- 기욤 뒤 바르타스(Guillaume Du Bartas, 1544-1590),

《신성한 주와 노동(Divine Weekes and Workes)》

아메리카 원주민인 호피족이 재배하는 옥수수에는 두 가지 흔한 유형이 있다. 파란색과 흰색이다. 나의 사촌인 데니스(Denys)가 준 씨앗으로 처음 호피족의 파란색 옥수수를 처음 길렀을 때부터 줄곧 내 마음속에 이 조용한 농부들을 만나고 싶은 열망이 있었다. 호피족 옥수수는 건조한 곳에서 잘 자라기 때문에 나는 비닐하우스 안에서 길렀고 자라는 내내 물을 자주 주지도 않았다. 이 식물은 손이 많이 안 가는데도 약 2미터 높이까지 잘 자랐다. 줄기가 마르면 옥수숫대를 수확한 뒤, 아름다운 파란색 알을 신나게 벗기고는 갈아서 폴렌타(이탈리아식 옥수수죽[역주])를 만들었다. 하지만 폴렌타를 만들려면 작은 가정용 옥수수 분쇄기가 필요했는데, 영국에서는 쉽게 구할 수 없었다. 미국으로 떠날 시간이었다. 5년을 더 기다려서야 애리조나의 호피족 보호구역으로 처음 여행을 갈 수 있었다. 옥수수 분쇄기를 구하려는 목적도 있었지만 토종 옥수수도 보고 싶었다.

호피 인디언들은 평화로운 민족으로, 긴 역사를 갖고 있지만 종종 문제가 있었다. 유럽인들이 도착하기 전 그들은 이미 수 세기간 나바호족에게 박해를 받고 있었다. 나바호족은 뉴멕시코 동부, 애리조나 북부, 유타 남부에 걸친 광대한 영토를 갖고 있었다. 그 이후 스페인과 다른 유럽 식민주의자들은 호피족을 상대로 인종 청소를 자행했다. 수 세기에 걸친 끔찍한 가뭄으로 상황은 더욱 악화되어 호피족 인구는 감소했다. 오늘날 호피족의 주권 국가는 애리조나 북부의 나바호 자치구 한가운데에 있는 150만 에이커의 보호구역이다. 이들은 매우 개인적인 사람들이고 마을에 온 방문객들에게 글 외에 다른 기록—사진, 영상, 음성 녹음, 그림 그리기—을 허락하지 않는다. 호피족은 수 세기 동안 목가적으로 살아오며 '세 자매'에 의지하여 생계형 식단을 꾸려 왔다. 거의 틀림없이 모든 아메리카 원주민 농부 중에서 가장 기술이 좋으며, 세계에서 가장 도전적이고 사람이 살기 힘든 지역 중 한 곳에서 농업으로 자급자족하는 시스템을 개발했다. 정말이지 뛰어난 능력이다.

옥수수 탐구

9월의 어느 날, 나는 2,500마일의 도로 여행을 하던 중 이글스의 노래 〈테이크 잇 이지(Take it Easy)〉의 유명한 첫 가사에 박제된 애리조나 피닉스의 마을 윈슬로우에 처음으로 방문했다. 그 마을은 주요 철도 중심지로, 시카고와 로스앤젤레스를 오가는 거대한 화물 열차들이 끊이지 않는다. 암트랙 또한 승객들을 위해 이 노선을 사용하고, 포시다 포텔은 마을 역을 겸하고 있다. 개조되지 않은 기차를 취미로 관람하는 사람으로서, 이곳은 내가 와야만 하는 장소였다. 나는 호텔에 체크인을 하고 머리가 여섯 개인 열차가 끄는 화물차가 몇 개인지 세기 시작했다(142개였다). 그때까지만 해도 파란색 호피족 옥수수를 찾는 것이 호텔 레스토랑에서 시작될 줄은 전혀 몰랐다. 그 호텔은 영국인인 존 샤프(John Sharpe)가 운영하고 있었다.

메뉴에는 피키라고 불리는 전통적인 납작한 빵이 있었다. 피키는 파란색 옥수수를 사용해서 만드는 바삭바삭한 형태의 필로 페이스트리(얇은 반죽 시트를 여러 겹 포개 만든 빵역주)와 비슷하다. 존은 그날 밤 부엌에 없었다. 만나고 싶은 사람을 놓친 여정은 이번뿐만이 아닐 것이었다. 나는 그가 호피족 물건 공급자들을 소개해주고, 이를 통해 그들의 놀라운 농작물들에 대해 더 많이 배울 기회를 얻고 싶었다. 그러나 나는 다음 날 아침 산타페로 동쪽으로 여행을 계속해야 했다. 호피족 농부를 만날 수 있을지는 확신하지 못한 채였다.

세렌디피티(우연한 행운역주)는 여전히 나의 충실한 동반자였다. 나는 산타페에서 사촌과 머물렀다. 사촌은 미국 남서부에 있는 많은 인디언 푸에블로(마을)와 지역사회의 의료 기관에서 지역 보건의사로 일하고 있어서, 나를 도와줄 수 있는 사람의 연락처를 알고 있었다. 멜라니 지슬러(Melanie Gisler)는 산타페에 있는 응용 생태학 연구소(Institute of Applied Ecology)의 남서부 프로그램의 책임자이다.

이 연구소는 토착 종과 서식지를 보전하고, 토착 음식 재배에 전념하는 단체이다. 멜라니는 내게 아주 뛰어난 사람을 소개해 주었는데, 테스크 푸에블로의 농업 자원 책임자인 엠지디오 발론(Emigdio Ballon)이다. 테스크 푸에블로는 산타페에서 북쪽으로 몇 마일 떨어진, 원주민 500명이 사는 지역이다.

엠지디오는 참 바쁜 사람이다. 이탈리아로 가는 비행기에 몸을 싣고 슬로우 푸드 회의에 참석하려던 차였는데, 친절하게도 나와 내 아내인 줄리아에게 그가 푸에블로에 재정립하고 있는 농장을 보여주었다. 농부들과 정원사들은 세 자매를 기르고 있었고 그밖에도 칠리, 해바라기, 다양한 배추속 식물과 감자 등 많은 작물이 있었다. 현지에서 약으로 쓰는 허브도 방대하게 자라고 있었다. 그가 우리에게 보여준 것 중 가장 흥미로운 것은 그가 설립한 종자 은행이었다. 그곳에는 많은 수의 지역 품종이 보관되어 있었고, 푸에블로뿐 아니라 더 멀리 떨어진 원주민 지역사회에서 온 다른 종자들도 있었다. 호피족의 리마콩, 노랗고 빨간 얼룩무늬의 강낭콩, 수세기 동안 남서쪽에서 아메리카 원주민들이 재배해온 아나사지 콩(Anasazi bean), 남부 애리조나의 토호노 오덤 부족이 재배한 골든 테라피 콩(Golden Tepary bean)이 있었다.

뉴멕시코의 이 구석진 곳의 기후를 과장하지 않고 말하기란 어려운 일이다. 10월부터 5월까지 서리가 내리고, 식물이 자라기 가장 좋은 시기에는 거의 비가 내리지 않으며, 여름은 잔인하리만치 덥고 짧다. 그래서 지역 품종들은 부지런한 농부들과 세대를 거친 신중한 선택을 통해 극한의 날씨에 적응하게 되었다. 파란색 옥수수와 하얀색 옥수수를 포함해 테스크의 많은 농작물은 호피족에서 기원한다. 푸에블로의 어르신 중 한 사람인 마이클(Michael)은 호피족의 파란색 옥수수가 '좋은 약'이며 건강에 이롭다고 설명해주었다. 그는 거칠게 간 옥수수로 묽은 죽을 만들어서 아침으로 먹었다. 나는 호피족에서 나온 많은 농작물의 씨앗을 아메리카 원주민들이 널리 재배하고 있다는 사실을 마이클로부터 배웠다.

나는 나를 초대해준 엠지디오에게 잘 말해서 종자 은행에서 씨앗을 좀 얻을 수 있기를 바랐지만, 아쉽게도 실패하고 말았다. 그들이 씨앗을 공유하기를 원하지 않아서가 아니라, 새로운 수확물이 아직 정리가 안 된 상태였기 때문이었다. 나는 최선을 다했지만 빈손으로 산타페를 떠나야 했다. 어쨌든 감사하게도 테스크 종자 은행은 아메리카 원주민 품종을 기르고 보존하고자 하는 모든 사람을 위해 존재한다. 이곳은 또한 다른 원주민 지역사회가 자체 종자 은행을 개발하는 데 참고할 수 있도록, 많은 기술이 필요하지 않은 모델로서 역할한다. 단순히 씨앗을 재배하고 보급함으로써 사회적, 문화적으로 중요한 작물들이 살아남을 수 있게 돕는다.

탐험은 계속된다

캐니언 드 셰이로 운전해 가는 길은 멀지만 웅장했다. 이 협곡은 애리조나 북동부 나바호 자치국의 심장부 깊숙한 곳에 자리한 곳이다. 가파른 붉은 절벽과 고대 동굴 거주지가 있는 협곡의 바닥에서 농부들은 수세기 동안 다양한 농작물을 재배해왔다. 이곳의 과수원에서 자라는 복숭아와 다른 씨가 있는 과실들은 17세기 스페인 사람들이 소개하면서 유명해졌고, 나바호의 캐니언 드 셰이는 그 안의 과수원이 1864년 미국 군대에 의해 거의 완전히 파괴되는 것을 보았다. 침입자들이 현지인들을 굶겨 죽이려는 시도라고 봐도 될 정도였다.

옥수수는 약 4,000년 전 북아메리카에서 처음 재배되었다. 그때에도 나바호족의 주식이었고 지금도 그러하다. 나는 그 협곡 바닥의 놀라운 관개 농경지에 펼쳐진 옥수수 밭을 보고 싶었지만 너무 늦었다. 수확이 오래 전 끝난 것이다. 이곳에 머물렀던 짧은 시간 동안 한 명의 농부와도 친구가 되지 못했다. 유럽의 착취와 대량학살의 쓰라린 역사, 나바호족이 참여한 수많은 전쟁, 그리고 그들의 땅을 훔친 것은 당연하게도 둘의 관계에 지울 수 없는 오점을 남겼다. 만약 내가 어떤 아메리카 원주민에게 재배자로서 우리의 공통 관심사에 대해 이야기할 수 있다면 내가 더 할 일이 많았을 테다. 이번 도로 여행, 이번 씨앗 사냥은 순탄하게 흘러가지 않았다. 그러나 이 여행에서 얻은 긍정적인 메시지는 원주민들이 활발하게 농사를 짓고 있고, 자신들의 식량 작물의 문화적 유산을 잘 유지하고 있다는 것이었다. 좋은 소식이었다.

다음 날 아침, 우리는 일찍 출발했다. 우리가 다음 밤을 보낼 목적지인 페이지까지는 차로 몇 시간 밖에 걸리지 않았지만, 우리는 호피족 지역사회 몇 개를 들르고 나바호 자치국을 횡단하고 싶었다. 처음 내린 곳은 캐니언 드 셰이에서 남쪽으로 40여 마일 떨어진 가나도 마을 남서쪽에 있는 허벨이었다. 허벨은 가장 오래된 교역소 중 한 곳으로, 지금은 국가 유적지이지만 원래 백 년이 훨씬 넘는 기간 동안 사업을 해왔고 최상급 나바호 러그와 보석을 사고자 하는 사람들의 메카이다. 교역소를 설립한 존 로렌조 허벨(John Lorenzo Hubbell)이 처음 사업을 시작했을 때, 그는 과수원을 만들고 나바호 지역 품종의 채소뿐 아니라 당시 미국에서 구할 수 있었던 상업 채소 품종들을 여럿 심었다. 나는 하얀색 나바호 사탕옥수수를 살 수 있었는데, 웨일스에서도 잘 자라 단연 내가 항상 좋아하는 채소가 되었다. 달콤하고 풍미가 좋으며 살짝 쪄 먹을 때 가장 맛있다. 정말 기뻤던 것은 손으로 작동하는 중국제 옥수수 분쇄기를 구했다는 것이다. 옥수수 분쇄기는 오늘날에도 직접 옥수수를 가는 것을 즐기는 미국인들의 가정용 부엌에서 필수 도구다. 이제 드디어 꿈에 그리던 토르티야를 만들 수 있을지도 모른다. 하지만 나는 그전에 토종 파란색 옥수수를 찾아야 했다.

2018년 가을 미국 남서부를 가로지르는 이 장거리 자동차 여행을 하면서, 나는 미국 전역에서 유산과 가보 음식을 보존하고 저장하고 알리기 위해 진행하고 있는 멋진 일들을 생각했다. 남서부 토착 요리는 북아메리카에서 가장 오래된 요리다. 16세기 중반 유럽인들이 도착하기 전까지 3,500년이 넘는 시간 동안 약 스무 개의 지역 부족이 다양한 농업 관행과 농작물 개발 접근법을 개발했다. 가장 먼저 멕시코에서 시작되었고, 이후에는 이 미국 지역의 매우 다양하고 가변적인 성장 조건에 맞춰 더 정교해졌다. 나는 이번 여행에서 애리조나, 뉴멕시코, 유타, 네바다의 고지대 벌판을 가로지르면서 한겨울에도 낮에는 20도 중반까지 오르고 여름에는 내내 40도 이상 올라가는데도 일 년 중 팔 개월 동안 걸핏하면 내리는 서리가 농작물에 망칠 수 있다는 것을 상기해야 했다. 비교하다 보면 내가 사는 사우스웨일스 기후가 상당히 온화하게 느껴진다. 미국의 이 지역에서 농작물들이 자라는 시기는 짧으며 성장 환경은 가혹하다. 가장 좋은 시기에도 강우량은 부족하고 가뭄은 아메리카 원주민들이 이곳에서 처음 농사를 짓기 시작한 이후로 농작물과 생계를 망쳐 온 주된 범인이었다. 이 아름다운 지역에 적응한 나의 동료 재배사들의 원예 기술에 경외감이 들 정도였다.

264번 고속도로는 나바호 자치국 남쪽 심장부인 애리조나 북부를 가로지른다. 구불구불한 광대한 평원의 풍경을 오를 때마다 협곡, 능선, 외딴 산이 새롭게 나타났다. 말라붙은 강바닥의 텅 빈 자리 옆에서 자라는 나무의 잎사귀들은 자양분으로 삼기 위해 한여름의 짧은 우기 동안 찾아올 갑작스러운 다음 홍수를 기다리고 있다. 텅 빈 도로는 분지를 가로지르며 쭉 뻗어 있었다. 곧 우리는 부드러운 곡선을 그리는 능선을 올랐다. 정상에 오를 때마다 영원히 이어질 것만 같은 땅의 놀라운 광경을 보게 되었다. 우리가 곧 무너질 것 같은 이동 주택과 낡은 소형 트럭의 정착지인 스팀보트와 제다이토 사이의 경계선을 지날 때, "지금부터는 호피족 보호구역입니다"라고 적힌 안내판은 보이지 않았다. 호피족의 땅은 그 중심에 세 개의 메사(mesa)가 있다. 메사는 스페인어로 '탁자'를 의미한다. 이것은 미국 남서부의 이 멋진 산들을 완벽하게 묘사한다. 넓게 펼쳐진 평평한 정상 아래로는 가파른 측면이 있어 마치 탁자처럼 보이기 때문이다. 메사는 북쪽에서 남쪽으로 뻗어 있고, 각각 수 마일의 평지를 사이에 두고 분리되어 있다.

작은 행운

눈을 깜박이면 당신은 첫 번째 메사가 그리워진다. 수수한 집들 뒤에는 이 산을 좋아하는 민간인들이 살고 있다. 이들이 산을 좋아할 수 있게 여행자들이 그냥 지나가 준다면 말이다. 반대로 두 번째 메사에는 국기와 깃발들로 장식된 학교가 있는데, 그날은 방문객들이 아이들이 전통 춤을 추는 모습을 볼 수 있었다. 따뜻하게 사람들을 환대하는 장소였다.

우리가 메사에 올라 정상으로 차를 몰자 호피족의 장신구와 기념품을 파는 작은 가게들의 행렬이 보였다. 나의 목적지는 문화 센터였다. 나는 점심으로 파란색 부리토를 먹고 그곳에서 씨앗을 좀 찾을 수 있기를 기대했다. 허벨에서처럼 말이다. 계산대에 있던 호피족 아주머니는 도로를 따라 0.5마일(약 0.8킬로미터[역주]) 떨어진 가게에서 파란색 옥수수 씨앗을 파니 그곳으로 가보는 게 가장 좋겠다고 말해주었다. 하지만 그 가게를 찾을 수가 없어서, 우리는 차를 타고 몇 번을 오르내리다가 결국에는 화가 나서 한 기념품 가게 마당에 차를 세웠다. 가게 이름은 '언덕의 끝'이라는 의미의 호피족어인 차쿠르쇼비(Tsakurshovi)였다. 나무로 된 카운터 뒤에 한 미국인이 함께 일하는 호피족 사람과 이야기를 나누고 있었다. 이 미국인의 이름은 조지프 데이(Joseph Day)였는데, 그는 이야기를 마치고 옥수수를 길들이기에 관한 기사를 보고 있었다. 나는 그에게 호피족 씨앗을 파는 가게를 가르쳐줄 수 있는지 물었고, 그는 웃으며 말했다. "제대로 찾아오셨는걸요! 이곳은 관개 시설을 이용해 재배한 옥수수를 파는 가게가 아니에요!"

조지프의 가게는 비공식 문화 센터였다. 그는 캔자스 출신이었는데, 약 20년 전에 이 지역 호피족 사람인 재니스(Janice)를 만나 결혼했다. 그들은 함께 두 번째 메사 위에 있는 그녀의 마을로 돌아왔다. 호피족은 모계 사회로 재산과 상속이 여성의 혈통에 따른다. 재니스의 할머니는 그들의 가게 뒤에서 자연 그 자체로 남은 땅을 경작했었다. 부부가 돌아왔을 때, 재니스는 마을의 어르신들에게 가족 땅을 되찾아 농사를 지을 수 있을지 물었다. 대답은 이러했다. "당연하지. 이것만 기억하렴. 울타리는 없어야 하고 호피족 작물을 재배해야 한다."

재니스가 가게로 들어왔을 때 손에는 밀가루가 잔뜩 묻어 있었다. 그녀는 빵을 굽는 중이었지만, 기꺼이 내게 자신 가지고 있던 파란색 호피족 씨앗과 하얀색 호피족 테파리 콩을 주었다. 나는 너무 기뻤고 너무 고마웠다. 나는 그들에게 내가 어떻게 내 정원에서 호피족 옥수수와 얼룩덜룩한 테파리 콩을 키웠는지 들려줬다. 옥수수는 잘 자랐는데, 키가 매우 컸다. 조지프가 기르는 옥수수는 다 자랐을 때 4피트가 채 되지 않았는데 말이다. 건조한 미국 남서부 깊은 곳에 있는 그의 옥수수 밭은 영국에서 가장 습한 지역 중 하나에 둥지를 틀고 있는 나의 밭과는 달라도 너무 달랐던 것이다!

관개 시설 없이 옥수수를 재배하는 호피족의 전통 방식은 밭을 가로질러 촘촘하게 심은 빽빽한 옥수수 대열과는 완전히 다르다. 호피족은 약 2.5미터 간격을 두고 옥수수를 재배한다. 적은 수분을 최대한 활용하기 위해 땅을 30센티미터 정도 파고 씨앗을 몇 개 심는다. 때때로 옥수수대를 서너 개로 솎기도 한다. 호피족의 옥수수는 습성이 건조한 환경에 완벽하게 적응되어 있다. 식물의 잎은 길고 넓기 때문에 그들이 뿌리를 두고 있는 땅에 그늘을 드리워서 수분 유지가 잘 되도록 한다. 전통적인 옥수수 품종은 유전적 다양성이 상당히 크며, 이는 호피족과 같은 위대한 농부들의 손이 다양한 기후 조건에 맞는 최적의 특성을 선택하는 것이 가능하다는 뜻이다. 호피족의 파란색 옥수수도 예외가 아니다. 옥수수속은 균일하지 않고, 7월과 8월 짧고 불안정한 우기 동안 하늘에서 내리는 비를 제외하면 관개 시설 없이 자랄 수 있다.

매우 귀중하고 희귀한 곳에서 나온 가보 종자를 받자 감정이 조금 북받쳤다. 파란색 옥수수는 여러 품종이 있고 색상은 강청색부터 검은색으로 보일 정도로 어두운 색까지 다양하다. 파란색 토르티야 칩과 밀가루의 인기가 아주 좋기 때문에 상업적으로 개발한 파란색 옥수수는 매우 성공적으로 판매되고 있다. 그러나 이것은 재니스가 내게 준 것과 같은 지역 품종 또는 민속 품종(FV)의 고유성에 위협이 된다.[1] 호피족 농부들은 이렇게 어려운 성장 조건에서는 그들이 가장 좋아하는 품종의 수량을 일정하게 유지하는 것이 어렵다는 것을 알았다. 그래서 많은 사람들이 민속 품종과 유사하거나 식물학적으로 같은 상업 품종을 구매했고 더 나은 작물을 생산할 수 있기를 바랐다. 구매한 종자가 원래 종자와 매우 유사한 것으로 드러나자 농부들은 우선 민속 품종 종자를 재배하는 데 집중했다. 이런 이유로 무수히 많은 토종 품종과 다양한 특성들을 모두 살리는 것은 오르막을 계속 오르는 것처럼 힘든 일이다. 그러나 모든 농부들과 마찬가지로 호피족은 자신들의 땅에 가장 적합한 작물을 경작하기를 원하기 때문에 상업용 품종을 포함해 자신들의 씨앗을 저장하고 지속적으로 개체를 선택하며 살아가고 있다.

호피 농부들은 매우 열성적인 실험가들로 알려져 있다. 다양한 곳에서 온 씨앗을 기르고 비교한다. 그중에는 현대 품종도 있고 다른 토착 농부들이 기른 민속 품종도 있다.[2] 민속 품종을 보다 안정적으로 만드는 특성(예를 들어 30센티미터 깊이에 심어도 발아하는 특성)은 호피 농부들이 싸워야 하는 열악한 토양과 매우 건조한 기후에 적응하며 가지게 된 특수한 것이다. 호피족 사람들에게 옥수수와의 관계는 그들 정체성의 근본이다. 이 관계는 신성하다. 삶을 지탱해주는 지팡이다. 그들에게 농작물의 색깔은 또한 매우 중요한 요소다. 순수한 색을 보이는 이삭에서 나온 씨앗만이 저장되어 다음 계절에 파종된다. 서로 다른 품종을 보존하는 책임은 세대를 이어 전해진다.[3] 오늘날, 호피 보호구역에서는 여전히 서로 다른 열일곱 가지의 옥수수 품종이 재배되고 있다. 호피족의 끊임없는 호기심과 지속적으로 선택하고 재배하면서 실험하는 정신은 수천 년 이어져 온 전통이다. 이런 모습을 보면 초기 농부들이 그들의 농작물을 개선하기 위해 얼마나 노력했는지 상상할 수 있을 것이다.

루스 머레이 언더힐(Ruth Murray Underhill)은 1954년 미국 내무부가 출판한 자신의 책 《푸에블로의 평범한 삶(WorkaDay Life of the Pueblos)》에서 어떻게 중앙아메리카와 북아메리카의 원주민들과 선주민들이 품종의 일관성을 유지하는지 설명했다. 그때 그녀는 호피족 농부들이 어떻게 씨앗에 소유권을 갖게 되는지 관찰했는데, 그녀가 관찰한 바 19가지 품종을 모두 재배하는 농부는 없었다. 씨앗을 나누는 건 아들이 결혼했을 때뿐이었다. 농부는 가장 좋은 씨앗을 신혼부부의 집으로 가져가 며느리의 땅에 심게 한다. 언더힐에 따르면 좋은 품질의 옥수수를 가지고 있는 농부의 아들은 매우 좋은 신랑감인 셈이다!

이 사실을 알고 나자 나는 그 뜨거웠던 9월 오후에 재니스에게 씨앗을 받은 것이 얼마나 행운이었는지 더 잘 이해하게 되었다. 산타페의 테수케 푸에블로에서 종자 은행을 보고 감탄했을 때가 생각났다. 나바호족을 포함해 아메리카 원주민들은 호피족 농부들에게 씨앗을 구했다. 호피족이 최고 품질의 농작물을 생산하고 지역 재배 조건에도 가장 적합했기 때문이다.

진짜 인간이 만든 채소

옥수수를 길들인 이야기와 옥수수의 게놈을 해독한 이야기는 초기 신석기 농부들의 천재성을 가장 주목하게 하는 이야기 중 하나다. 식물학자들은 작물화된 농작물들의 게놈을 조사할 때, 무엇이 야생 부모(식물계의 아담과 이브)인지 알아야 한다. 유전적 다양성이 풍부한 옥수수의 유전자 구성을 해독하는 것은 옥수수가 작물화된 과정을 이해하고 새로운 품종을 육종하는 방법을 개발하기 위해 중요하다.

"옥수수를 작물화한 일은 인공적인 선택과 진화가 낳은 가장 위대한 업적 중 하나다. 중앙 멕시코의 비약한 식물은 인간이 중재한 선택을 통해 세상에서 가장 생산적인 농작물로 바뀌었다. 사실 그 변화들이 너무 커서 현대 옥수수의 진짜 조상을 알아내는 일이 지난 한 세기의 대부분을 잡아먹었다."[4] 유전학자 펑 톈(Feng Tian)은 2009년 코넬대학교에서 재직하는 동안 옥수수를 작물화한 것에 관한 연구 논문의 서문에서 이렇게 적었다. 1930년대까지 과학자들은 옥수수의 야생 부모를 알아낼 수 없었다. 이것은 식물 길들이기에 관한 가장 큰 미스터리 중 하나였다.

옥수수가 속한 벼과 식물을 화본과 식물이라고 부른다. 밀, 쌀,

보리, 귀리, 사탕수수도 포함된다. 옥수수속은 중앙아메리카와 멕시코에서 발견되는 벼과 식물이다. 작물화된 옥수수의 정식 학명은 제아 메이즈 아종 메이즈(Zea mays subsp. mays)이다. 멕시코 최초의 농부들은 1만 년 전, 또는 그보다 더 이전에 어떻게 이토록 다양한 종류의 옥수수를 번식시킬 수 있었을까? 우리가 보게 될 것처럼 아주 짧은 시간에 말이다. 세계에서 가장 중요한 식량 작물 중 하나인 옥수수의 야생 조상은 무엇일까?

다윈이 생물학에 혁명을 일으키기 전까지 진화는 항상 느리고 점진적이라는 잘못된 인식이 오랫동안 사람들을 지배해 왔다. 다윈은 그 생각을 깨트리려 했지만, 사람들의 의견이 바뀌는 데는 수십 년이 걸렸다. 그러나 결국 진실은 사소한 변화가 유전자에 영향력을 끼치면 극적이고 빠른 진화를 이끌어낼 수 있다는 것이다. 이 사실은 마법처럼 갑자기 고고학적 기록에 나타난 옥수수를 이해하기 위해 과학자들 사이에서 가장 활발하게 설명되고 논쟁되었다. 진화적 변화는 느리고 점진적이라는 견해는 20세기까지 지배적이었기 때문에 식물 과학자들은 옥수수의 마법적인 외형을 설명하기 위해 고군분투해야 했다. 어디서부터 찾아야 했을까?

야생 부모를 찾아서

옥수수와 같은 속을 포함하는 다른 야생 벼과가 있다. 테오신트라고 하며, 정식 학명은 Z. 메이즈 아종 파비글루미스(Z. mays subsp.

parviglumis)이다. 과학자들이 제시한 문제는 테오신트와 옥수수는 아마도 같은 속이지만, 유사성은 그뿐이라는 것이었다. 테오신트는 옥수수와 다르게 키가 작고 옥수수대에 달린 옥수수처럼 '이삭'이 없다. 머리는 두 줄로 된 최대 열두 개의 알맹이로 구성되어 있다. 알맹이는 단단한 바깥쪽 줄기를 따라 등넘기를 하듯 교차하며 나 있고, 단단한 줄기는 알맹이를 보호한다. 한편 옥수수는 알맹이가 드러나 있고 최대 스무 줄까지 있다. 19세기 식물학자들은 테오신트가 옥수수와 별로 관련이 없는 것으로 간주하고 테오신트에게 고유의 속인 에우클라에나(Euchlaena)를 부여했다(현재는 모스 식물의 일종으로 분류된다). 유전학자들은 지난 100년 동안 유전학의 최신 발전을 이용해서 이 완전히 다르게 보이는 두 식물이 실제로 어떤 식으로 밀접하게 연관되어 있는지를 이해해왔다.

테오신트와 재배용 옥수수의 큰 형태적 차이를 보고 두 미국인 연구자인 폴 망겔스도르프(Paul Mangelsdorf)와 로버트 리브스(Robert Reeves)는 1938년 논문에서 옥수수가 지금은 멸종된 야생 옥수수를 작물화한 것이고 테오신트는 가마그래스*라고 불리는 일반 작물과 이 상상 속 멸종된 옥수수 사이의 교배종이라는 가설을 발표했다.[5] 망겔스도르프와 리브스가 성공적으로 가마그래스와 옥수수를 교

* 트립사쿰 닥틸로이드(Tripsacum dactyloides)는 일반적으로 가마그래스로 알려져 있다. 아메리카 대륙에서 사료 작물로 널리 재배된다. 메이드아(Maydeae)라는 벼과 족(tribe)의 야생 구성원의 재배용 형제이며, 메이드아과에는 재배용 옥수수도 포함된다. 식물 분류에서 족은 여러 특정한 특성들을 공유하는 식물의 과 또는 하위 과 사이의 추가적인 구분이다.

배했을 때 이 가설은 사실로 확인된 것처럼 보였다. 비록 그 결과 나온 자손은 열매를 맺지 않는 중성이었고, 세상에 나올 수 있었던 것도 식물 실험실의 멋진 작업 환경 덕분이었지만 말이다. 과학적 질문과 회의론의 세계에서 학문적인 주먹다짐이 계속되었지만, 이 일은 그렇게 끝났다. 더 나은 해결책을 생각해낸 사람은 일 년 뒤에 나온 노벨 수상자였다. 조지 비들(George Beadle)은 테오신트와 옥수수가 너무 다르기 때문에 옥수수가 오늘날 존재하기 위해서는 멸종된 친척을 끌어와야 한다는 생각을 받아들이지 못했다. 1939년 발표된 그의 주요 논문인 〈테오신트와 옥수수의 기원(Teosinte and the Origin of Maize)〉에서 그는 만 년 또는 그보다 더 오래전 독창적인 신석기 농부들이 유전적으로 다양한 테오신트의 특성들을 식별하고 선택해서 단시간에 돌연변이를 만들었고, 각 돌연변이가 상대적으로 큰 변화를 낳았을 거라는 가설을 내놓았다.[6] 결국 옥수수가 오늘날 우리 모두가 먹는 현대 품종과 매우 유사해지기까지는 오랜 시간이 걸리지 않았다. 겨우 몇 세대 정도가 걸렸을 것이다. 실제로 비들은 망겔스도르프와 리브스의 연구를 완전히 뒤집어 생각하여 각각 하나의 형질을 통제하는 네 개의 유전자만이 테오신트와 옥수수를 구별한다고 제안했다. 그는 또한 망겔스도르프와 리브스 교배 시도가 의미 없다고 일축했는데, 이 교배가 인간의 큰 개입이 있었기 때문에 성공했고 그렇게 나온 식물이라면 현실 세계에서는 생존할 수 없는 생물이라는 점을 지적했다.

제2차 세계 대전이 끝난 이후, 엄청난 양의 유전학적, 분류학적 연구가 행해졌다. 그로써 지금 과학자들은 모든 옥수수가 멕시코 중남부의 발사스강 계곡에서 테오신테가 작물화된 단일 사건으로 나왔다고 믿고 있다. 내가 보기에, 어쨌든, 그건 꽤 놀라운 생각이다. 약 1만 년 전 신석기 시대의 농부들은 야생 테오신트를 수확하고 더 알맹이가 많은 품종의 씨앗을 선택해서 더 풍성하고 더 맛있는 작물을 길러냈을 것이다. 이 일이 실제로 얼마나 오래 걸렸는지는 지금 최신 유전자 배열 기술로 알아보고 있다. 이 작업은 전 세계의 유전자 은행과 연구 센터 내에 있는 2만 개의 테오신트와 옥수수 토종 품종을 이용한다. 분명한 것은 몇몇 농부들이 대박을 터뜨리기 전까지 많은 세대에 걸쳐 선택할 필요가 없었다는 것이다. 그들의 끈질긴 노력의 결과는 메소아메리카와 남아메리카의 일부 지역에서 수 세대에 걸쳐 농업을 하면서 작물을 선택하는 과정으로 이어졌고, 오늘날 우리가 자주 먹는 수많은 품종을 낳았다. 그런 이야기다.

여러 가지 옥수수

재배용 옥수수에는 여섯 가지 종류가 있다. 그중 가장 오래된 것은 인도 옥수수 또는 경립 옥수수라고 부르는 Z. 메이즈 변종 인듀레이트(Z. mays var. indurate)이다. 이 품종은 단단한 겉깍지와 만화경과도 같은 넓은 색 범위가 특징이다. 가장 일반적인 용도는 과거에도 지금도 호미니(옥수수 죽역주)를 만드는 것이다. 호미니는 닉스타말

화, 즉 알칼리성 용액(수산화나트륨 또는 수산화칼륨)에 담가 끓인 모든 옥수수 알맹이를 의미한다. 수천 년 동안 이 옥수수 죽은 물과 나뭇재를 함께 섞어 만들었고 알맹이를 더 영양가 있고 소화가 잘되게 하는 효과가 있었다. 이 옥수수의 다양한 색깔은 아메리카 원주민 부족 의식과 신앙 체계에 중요한 부분이기도 하다.

흔히 밭 옥수수로 알려진 마치종 옥수수는 학명이 Z. 메이즈 변종 인덴타(Z. mays var. indenta)이다. 주로 사료 작물이나 기름 생산과 같은 식품 가공용, 또는 바이오 연료 등으로 재배된다. 흰색 또는 노란색의 두 가지 색상이 있으며, 알갱이는 단단하면서도 안에 부드러운 녹말을 포함하고 있어서 다 자랐을 때 건조해지면서 씨앗이 톱니 모양으로 움푹 패게 된다. Z. 메이즈 변종 사카라타(Z. mays var. saccharata)와 Z. 메이즈 변종 루고사(Z. mays var. rugosa)는 모두 사탕옥수수의 형태이다. 녹말이 많은 경립 옥수수의 또 다른 유형인 Z. 메이즈 변종 에버라타(Z. mays var. everata)는 겉껍질은 매우 단단하고 내부는 매우 부드러워 팝콘으로 튀겨 먹기에 적당하다. 열을 받으면 알맹이 내부의 수분이 수증기로 변하면서 폭발해 솜털 같은 녹말 덩어리가 뻥 하고 뒤집힌다. 고고학자들은 3,500년 전 뉴멕시코에서 이런 종류의 경립 옥수수가 있었다는 증거를 발견했다. 나는 남부 멕시코에서 북쪽으로 가는 긴 여정에 지친 초기 원주민들이 캠프파이어 옆에서 휴식을 취하면서 갓 튀긴 옥수수를 그릇에 담고 야생 벌집에서 수확한 꿀을 듬뿍 뿌려먹는 모습을 상상해 봤다. 아마도 이것은 미국에서 옥수수를 먹는 가장 오래된 전통이 아닐까? 달게 먹든 짜게 먹든, 팝콘은 옥수수를 가장 맛있게 먹는 방법이 분명하다. 마지막으로 밀가루 옥수수로는 Z. 메이즈 변종 아밀라케아(Z. mays var. amylacea)가 있다. 이 품종은 알맹이가 부드럽고 녹말로 가득 채워져 있어 분쇄하기가 쉬우며 수천 년 동안 아메리카 원주민들의 주식이었다. 대부분은 흰색이지만, 나에게 가장 중요한 파란색을 포함해 몇 가지 다른 색으로도 생산된다.

새로운 태양이 뜬다

호피족 보호구역을 여행하면서 나는 북부 미얀마의 샨주에서의 만남을 떠올렸다. 그 만남은 민속 품종을 위협하는 다른 실존적 위협을 일깨워줬다. 나는 시포 근처에 사는 한 농부 공동체를 세 번 방문했다. 시포는 중국에서 만달레이로 가는 길에 있는 작은 마을이다. 그곳 여성들은 현대 잡종 옥수수가 산처럼 쌓인 더미 옆에서 옥수수 껍질을 벗기고 있었다. 그들은 중국인 중간 상인들이 공급한 씨앗으로 작물을 재배했고, 중간 상인들은 중국인 소비자들을 위해 작물을 보장된 가격으로 주고 있었다.

샨족 농부들은 16세기 초 포르투갈인들이 옥수수를 인도차이나에 소개한 이후 옥수수를 계속 재배해왔다. 결과적으로 이 나라는 색이 다양하고 영양분이 풍부하며 지역에 잘 적응한 지역 품종이 풍부해졌지만, 지금 농부들은 이러한 현대 품종(MV)을 거의 단독으로 재배하고 있다. 점점 줄어들고 있는 민속 품종 작물을 찾을 수 있는 유일한 장소는 시장이었다. 동트기 전 여성들은 배고픈 손님들이 이동 중 아침으로 먹을 수 있도록 지역 품종을 찌고 있었다. 비록 현대 잡종 옥수수만큼 달지는 않지만, 견과류 맛이 나고 맛있었다. 나는 이 책에 등장하는 다른 토종 작물들처럼 샨족의 옥수수가 곧 영원히 사라질까 봐 두렵다. 지역 음식을 풍부하게 하기 위해 지역 품종들을 재배하거나 종자 은행에 보관되지 않는다면 정말로 그렇게 될 수 있다. 하지만 나는 미래 세대를 위한 호피족 옥수수가 안전하다고 확신한다. 호피족 농부들은 이 옥수수들을 열정적으로 기르고 있고 점점 더 많은 미국인들이 이것을 토착 음식 문화의 초석으로 가치 있게 여기고 있는 덕분이다.

포르투갈인들이 식민지 전초기지에 농작물을 심은 순간부터 수 세기에 걸쳐 다양한 옥수수 품종이 적응하고 선택되기 시작했다. 옥수수 품종은 매우 광범위한 기후 조건에 각각 걸맞은 방향으로 적응하기 위해 육종되었다. 오늘날 현대 재배종과 새로운 품종의 유전자 변형 옥수수는 한때 옥수수를 기르기에 가장 적합하지 않다고 여겨졌던 기후에서도 재배가 가능해졌다. 내가 사는 영국 기후도 그중 하나다. 미얀마를 포함한 동남아시아에서 분명히 알 수 있듯이, 이러한 현대 품종들은 수 세기 동안 그들만의 품종을 재배해온 대륙에서 지역 품종의 자리를 차지하고 있다. 우리는 특히 기후 변화와 가뭄으로 고통받는 아프리카의 많은 지역에서 비슷한 일들이 일어나는 것을 본다. 민속 품종 작물이 현대 품종 작물에 비해 가지고 있는 큰 장점 중 하나는 유전적으로 다양하다는 것이다.[7] 이러한 다양성은 단일 식물에도 존재할 수 있다. 이형 접합성으로 알려진 이 특성은 농부들이 작물을 선택할 때 핵심이 된다. 다양성이 크다는 것은 작물이 안정적이라는 의미이며, 매해 수확량 변동이 적다는 뜻이기도 하다. 이론적으로든 현실적으로든 지역 품종을 기르며 저투입 농업을 하는 원주민 농부들은 홍수와 가뭄 같은 예상치 못한 기후 때문에 흉작이 될 위험에 훨씬 덜 시달린다. 또 화학비료, 제초제, 살충제 등 감당할 수 없을 만큼 높은 투자를 해야 할 필요성이 줄어든다. 가장 중요한 것은 농부들이 지역에 이미 잘 적응한 씨앗을 저장하고 신뢰할 수 있는 원천에 접근할 수 있기 때문에 다음 계절에 파종할 때 비용을 거의, 또는 전혀 내지 않아도 된다는 점이다.

현대 농업은 관행적으로 유전적 다양성이 부족한 품종의 농작물로 진행된다. 상대적인 다양성 부족은 곧 이를 재배하는 데 필요한 값비싼 화학 물질 투입이 부족한 경우, 더 많은 수확량 변동성을 경험한다는 것을 의미한다. 산업적 농업이 환경 조건에 더 취약하기 때문이다.[8] 적어도 나는 이런 걸 보면 궁금증이 마구 일어난다. 왜 우리는 대부분 근근이 먹고 사는 토착 농부들이 그들의 전통적이고 신뢰할 수 있는 농업 관행을 포기하고 기후 극단에 가장 취약한 현대 품종 옥수수를 선호하도록 장려하는가?

점점 더 좁은 게놈의 옥수수에 의지하는 재앙적인 농작물 실패의 위험은 이미 미국에서 일어난 적이 있다. 유전자 변형 옥수수 재배가 지속 가능한지에 관해 논쟁이 계속되고 있다. 산업 규모의 생산은 막대한 양의 물과 비료를 사용해 납세자와 환경에 막대한 비용을 안기며 소비되고 있다.[9] 2012년 가뭄은 옥수수 생산에 파괴적인 영향을 끼쳤고, 생산량은 35퍼센트 이상 감소했다. 유전자 변형 옥수수는 또한 수확량이 많고 해충과 질병에 강하다는 과대 광고에도 부응하지 못해 비판을 받고 있다. 주창자들은 통계를 놓고 끝없는 논쟁을 벌이지만, 현실은 세계가 식량 생산을 다양화하지 않는다면, 단 하나의 기후 사건조차 우리 모두에게 재앙이 될 수 있다는 것이다.[10]

텃밭의 익어가는 옥수수들 사이를 거닐며 몇 개를 골라 그 자리에서 먹어볼 때마다, 나는 신대륙에서 정착 농업이 막 시작한 이후로 수없이 행해졌던 행동을 되풀이하고 있는 셈이다. 내게 있어 옥수수는 식물 육종에 관한 흥미롭고 보람 있는 모든 것을 구현하는 씨앗이다. 호피족의 지역 품종인 파란색 옥수수부터 내가 빵을 구울 때 쓰는 옥수수 가루까지. 북미 원주민 문화의 가장 중심에 있는 호피족의 파란색 옥수수는 지금 내 비닐하우스에서 자라고 있다. 그리고 영국의 서늘하고 습한 기후에서 잘 자라도록 개발된 맛있는 '아주 단' 현대 잡종 사탕옥수수와 요리할 때 쓰는 옥수수 기름도 잊지 않는다. 모든 형태의 옥수수는 이제 정말로 세상에 없으면 안 되는 채소다. 오늘날에는 심지어 블루 제이드(Blue Jade)라고 불리는, 자연 수분하는 아주 작은 새로운 사탕옥수수 품종도 있다. 하지만 재니스가 나에게 준 소중한 선물이자 그녀의 가보인 호피족의 파란색 옥수수에 비할 만한 것은, 당연하게도 없다.

두 개의 고급 콩 이야기

어리고 갓 딴 콩을 모아야 한다.

부드러워질 때까지 끓이고, 물기를 빼고,

버터를 약간 넣어서 식탁에 내놓는다.

- 메리 랜돌프(Mary Randolph, 1762-1828),

《버지니아 주부(The Virginia House-Wife, 1824)》

중국에서 만달레이로 가는 길에 있는 작은 마을, 시포의 겨울 아침은 쌀쌀했다. 2015년 2월이었다. 나는 미얀마 북부에 있는 샨주를 여행하고 있었다. 조용히 흐르는 미텡게강 위로 안개가 편안한 이불처럼 내려앉았다. 밝아오는 하늘이 아침 시장 안에 비밀을 감추고 있던 그림자를 몰아냈다. 노점에 매달린 빨간색과 주황색 면 덮개가 부드럽게 펄럭거렸다. 그 아래에서 허리를 구부린 채 다니던 나는 곧 좁은 길들, 부드러운 색, 매운 향, 지역 농산물 더미의 미로 속에서 길을 잃었다. 곳곳에 수박, 파인애플 더미가 있었고 어디에나 칠리, 양파, 야채, 허브, 샐러드용 작물들이 펼쳐져 있었다. 특별히 뭔가를 찾는 것은 아니었지만, 무엇이 있는지 궁금했고 놀라운 일이 생기기를 기대했다.

성난 콩

묘령의 조그마한 부인이 갓 익힌 콩 더미를 팔기 위해 시장 가장자리 길가에 쪼그려 앉아 있는 모습은 겉보기에는 이상할 것이 없었다. 키가 작은 꼬투리 안에는 각각 콩이 세 개씩 들어 있었다. 내가 보기에는 원산지가 페루인 리마콩, 즉 페이즈올루스 루나투스(Phaseolus lunatus) 같았다. 사람들은 한 컵씩 사서는 엄지손가락으로 꼬투리를 밀어 어린 콩을 빼내고 있었다. 그렇게 풋콩(완전히 성숙하지 않은 대두역주)을 먹듯이 먹었다. 시포에서는 이 콩을 이른 아침 이동 중에 간식으로 먹었다. 나의 탐정 코가 씰룩거리기 시작했다. 이 콩은 좀 더 면밀한 검사가 필요했다. 그날 아침에 팔리던 것은 연두색이었고, 껍질에는 붉은 반점이 있었다. 나는 갓 익힌 콩을 먹어 보기 위해 조금 구매했다. 콩에서는 독특한 밤 맛과 고기 같은 식감이 났고, 꽤 맛있었다. 이제 사포 출신 가이드 아 소(Ah Soe)에게 상담할 시간이었다. 그는 내게 이 콩은 샨주 토착종이며 토우 라이 세(Tow Lai Se)라고 불리는데, '성난 콩'이라는 의미라고 했다. 이런 이름이 붙은 이유는 임신한 여성이 콩을 수확하려고 하면 콩을 화나게 해서 더 자라지 않을 것이라는 설화 때문이었다. 이 콩과 관련한 강한 문화적 정체성은 원래 남미에서 온 것으로 추측한다. 매우 흥미롭다. 성난 콩은 분명 샨 문화에 깊이 박혀 있다. 샨족은 대부분 불교 신자이며 믿음과 함께 강력한 물활론 전통을 가지고 있다. 임신에 대한 부정적인 이미지는 월경 중인 여성이 '불결하다'는 믿음을 떠올리게 한다. 아직도 일부 일신교도들은 그렇게 믿는다. 미얀마 북부의 이 지역에 이 콩이 처음 도착한 것은 16세기 초 새로운 해상 무역로가 개설되면서 시작한 세계화의 결과였다. 나는 이 콩이 이미 크기가 비슷한 잠두콩이 들어가는 현지 요리에 완벽하게 녹아들었을 것이리라고 상상해 보았다. 이것은 새로운 음식으로 보이지 않았을 것이다. 강낭콩이 유럽에 온 이야기에서 보았듯이 익숙한 무언가에서 약간 바뀐 정도였을 뿐이다. 지리학자와 식물학자들이 형태학상의 분명한 차이를 인식하기 전까지는 지역 품종으로 여겨졌다. 성난 콩의 눈에 띄는 등장은 내가 샨 전통으로 가는 여행을 시작하는 데 계기가 되어주었다.

나는 씨앗을 좀 구해보려고 노력했지만, 문제가 생겼다. 판매 중인 콩들은 모두 막 따온 어리고 신선한 콩이었고, 다 자란 콩은 찾지 못했던 것이다. 다행이도 아 소가 나를 구하러 왔다. 아 소의 어머니는 열정적인 원예사였고, 지난해에 남겨둔 씨앗을 몇 개 가지고 있을 터였다. 다음 날 아 소는 콩 다섯 개를 가지고 내가 묵고 있는 호텔에 나타났다. 콩은 굉장히 아름다웠다. 내 엄지손가락 만한 크기에 크림색과 빨간색이 멋진 얼룩무늬를 이루고 있었다. 나는 이런 콩을 처음 봤다. 아 소의 가족은 수 세대 동안 이 콩을 길러왔지만, 슬프게도 지금은 그만뒀다고 했다. 농장은 경영 규모를 키웠고 예전 텃밭은 현재 건축 부지가 되었다.

나는 소중한 상자를 가지고 집으로 돌아왔다. 온실의 큰 화분에서 적당한 씨앗을 골라 길렀고 다음 해에 씨앗을 충분히 얻었다. 《잭과 콩나무》의 잭이 좋아할 만한 콩이었다. 콩은 3미터 넘게 자랐고 이후 주렁주렁 매달린 줄기가 내 온실을 점령했다.

샨족 사람들은 이 성난 콩을 분명히 토착종이자 부족 요리와 문화의 본질적인 부분으로 여겼다. 이름 하나만으로도 오랜 역사와 전통적인 믿음과의 강력한 연관성을 암시했다. 버마의 농업에서 리마콩은 오랜 전통과도 같다. 미얀마는 인도와 중국에 모든 종류의 콩을 수출하는 주요 수출국이다. 그중에는 아욱콩으로 알려진 작고 하얀 리마콩 유형도 있다. 이 아욱콩은 전국적으로 많이 판매된다. 가까운 친척인 P. 루나투스 아종 팔라르(P. lunatus subsp. pallar)는 그렇지 않았다. 샨주에서 딱 한 번 판매되는 것을 보았을 뿐이다. 토니 윈치(Tony Winch)는 그의 책 《자라는 음식(Growing Food)》[1]에서 아욱콩이 버마콩이나 랑군콩이라는 이름으로도 통한다고 적었다. 버마와 랑군에서 광범위하게 재배되기 때문이다. 두 종류의 리마콩은 모두 가치가 있지만 그 이유는 서로 달랐다.

시포의 시장에서 내가 발견한 그 콩은 어떻게 샨족 문화의 본질적인 부분이 되었을까? 그리고 내가 의심한 대로 리마콩의 일종이었을까? 나는 말린 성난 콩의 사진을 트위터에 올려 이것이 무엇인지 밝힐 수 있는 사람이 있는지 물었다. 얼마 지나지 않아 슬로베니아에 사는 동료 종자 보존자인 애니 웨퍼(Annie Wafer)가 마을의 한 할머니가 그 콩을 재배해서 시장에서 팔았다고 말해 주었다. 분명 할머니는 그 콩을 미국에 있는 가족을 방문할 때 가지고 온 것이다. 애니는 내가 가지고 있는 콩 P. 루나투스 아종 팔라르가 크리스마스 리마콩(리마콩의 드문 품종으로, 밤 향이 나고 색이 화려해 붙은 이름이다역주)일 수 있다고 말했다. 그리고 그녀가 옳았다. 이것은 미국 슬로푸드(Slow Food USA)의 맛의 방주(사라질 위기에 처한 전세계의 품종을 등재한 목록역주)에 포함되어 있고, 미국 음식 역사의 일부이다.[2] 즉 이 눈부시게 아름답고 맛있는 콩은 지구 반대편인 미얀마와 미국이라는 완전히 다른 두 문화권에 깊숙이 박혀 있다. 도대체 어떻게 그런 일이 가능한 것일까?

독이 있는 부모, 맛있는 자손

리마콩은 콜럼버스가 처음 신대륙에 도착했을 때 이미 남아메리카에서 널리 재배되고 있었다. 조나단 D. 사우어(Jonathan D. Sauer)[3]는 야생 라마콩은 작고 독성이 매우 강하다고 설명한다. 재배용 품종보다 글루코사이드 농도가 최대 20배 더 많기 때문이다. 이 화학물질은 씹거나 물러질 때 신안화수소산으로 분해되는데 사람에게 강한 독이 된다. 따라서 물을 여러 번 갈아가며 장시간 끓이지 않으면 독성이 남아 치명적일 수 있다. 이쯤에서 묻지 않고는 못 배기겠다. 무엇 때문에 남아메리카와 메소아메리카의 토착민들은 이렇게 독성이 있는 식물을 먹으려고 했을까? 분명 많은 죽음과 많은 실험을 겪은 뒤 신석기 시대의 농부들은 이 콩을 먹는 법을 알아냈을 것이다. 신중히 선택해서 글루코사이드가 덜 들어간 품종을 개발했을 것이다. 증거가 더 필요할지 모르겠지만, 이번 사례 역시 우리 먼 조상이 천재라는 증거이다. 오늘날에도 리마콩은 절대 생으로 먹어서는 안 된다. 여전히 글루코사이드를 소량 포함하고 있어서 심각한 복통을 유발할 수 있다. 사실 대부분의 콩들이 그렇다.

야생 리마콩은 중앙아메리카, 특히 태평양 쪽의 과테말라에서 건기와 우기 때 흔히 찾아볼 수 있다. 북쪽으로는 멕시코까지 분포되어 있으며, 벨리즈와 베네수엘라, 푸에르토리코의 외딴 지역에서도 발견된다. 페루와 아르헨티나, 브라질의 안데스 산맥 동부 경사면에서도 서식지가 보고되었지만, 야생 부모가 사는 것으로 보고된 지역 안에서 작물화된 리마콩이 발견되었다는 역사적 기록은 없다. 즉 최초로 작물화된 콩은 자신들을 기른 지역 사회와 함께 대륙을 넘어 이동한 것이다. 한편 지역 주민들은 계속 야생 콩을 먹었을 것이다. 최근 몇 년 동안, 식물 육종가들은 야생 품종을 재배용 품종과 교차 수분해 새로운 품종을 개발할 수 있게 되었다. 어떤 의미에서 그들의 작업은 이주하는 지역 사회들이 스스로 하던 일을 부분적으로 따라하는 것이다.

고고학적 기록에 따르면 리마콩은 본고장의 북부 지역에서 작물화되었다. 바로 멕시코와 푸에르토리코 그리고 서부 지역의 일부로 주로 칠레 북부와 페루다. 그러나 두 지역의 품종은 상당히 다르다. 북쪽에서 온 것들은 미얀마에서 널리 재배되는 흰 아욱콩처럼 더 작은 편이다. 내가 미얀마 시장에서 발견한 더 큰 콩은 지역에서 팔라르라고 부르는데, 이 콩의 부모에 대한 최초의 고고학적 기록은 약

8,500년 전 페루의 기타레로 동굴에서 발견할 수 있다. 사우어는 이 동굴이 계곡 깊은 곳에 있기 때문에 이 종이 자연적으로 존재할 수 없었을 것이라고 주장한다.[4] 관개 시설 농업의 초기 증거 훨씬 전에 토종 야생 부모들은 아마도 중앙 안데스의 일부인 안데스산맥 동쪽에서 온 정착민들에 의해 유입되었을 것이다. 그리고 약 3,500년 뒤에 콩이 작물화되었음을 암시하는 증거가 있다. 이때 이 크고, 하얀색에 붉은 반점이 있는 콩인 P. 루나투스 아종 팔라르가 페루 북부 해안의 와카프리에타라고 불리는 곳에서 계획 농업의 생산물이었다는 고고학적 기록이 있다. 이 콩은 관개 시설이 갖춰진 비옥한 밭에서 상당히 많이 재배되었다. 그 땅이 페루 문명을 먹여 살렸다. 고고학자들이 발굴한 이 시기의 콩들은 자주 독특한 색깔을 보여주는데, 건조한 날씨 때문이다. 팔라르 콩은 고대 페루 도자기의 모티브로도 등장하며, 많은 고고학자들은 이 콩이 잉카 이전 사회에서 중요한 정신적, 문화적 위치를 가지고 있었다고 믿는다. 그렇게 믿는 주된 이유는 먹기에 좋은 음식이었기 때문일 것이다. 그러나 나는 이 콩이 500년 전 샨족에게 전해졌을 때, 샨족 사람들이 그 형이상학적 특성을 확인하고 칭송했다는 것은 의심하지 않는다.

항해하는 콩

콜럼버스에게 매우 친숙했던, 배의 저장고에 실려 운반된 구대륙의 콩은 누에콩 또는 잠두콩으로 알려진 비셔 파바였다. 그가 건조한 카리브해 땅에 있을 때 쓴 최초의 일기에는 아라와크족이 먹은 콩에 대한 언급이 있다. 그는 그 콩이 잠두콩의 일종이라고 생각했지만 생김새는 꽤 달랐다! 슬쩍 보면 리마콩과 잠두콩이 닮았다고 생각할 수 있기 때문에(샨족 사람들도 리마콩을 처음 봤을 때 그랬을 것이라 생각한다) 콜럼버스의 식물학적 실수를 기꺼이 받아들이겠다. 사실 그것은 리마콩의 작은 유형인 아욱콩이었다. 이후 수 세기에 걸쳐 이 흰 콩은 동남아시아의 포르투갈 식민지뿐만 아니라 남유럽 전역에서 널리 재배되었다. 따라서 아욱콩은 16세기 초에 인도를 거쳐 미얀마로 들어왔을 것이다. 하지만 성난 콩은 어떻게 들어온 것일까?

신대륙의 초기 탐험가들과 식민지 개척자들은 콩과 식물을 배에 실었다. 그로써 구대륙과 신대륙의 모든 종류의 콩이 곧 서로의 원산지에서 자라게 됐다. 콜럼버스는 선원들에게 완두콩과 잠두콩을 식량으로 주었다. 그리고 귀국길에 신대륙 콩들을 재공급했다. 포르투갈과 스페인은 16세기 내내 신대륙을 식민지로 만들었으며, 정기적으로 다니는 해상 항로를 개발해 새롭게 영유권을 주장했다. 그 결과 콜럼버스가 도착한 지 불과 10~20년 만에 신대륙 콩들은 서아프리카와 인도 아대륙 전역에서 널리 재배되게 되었다.

리마콩은 콜럼버스의 눈에 처음 띈 순간으로부터 거의 100년이 지나서야 유럽 카탈로그에 실렸다. 아마 수십 년 동안 존재했겠지만, 1591년 아욱콩과 팔라르 콩을 모두 처음으로 식물화로 그린 사람은 네덜란드의 식물학자 마티아스 데 로벨(Matthias de L'Obel, 1538-

1616)이었다.

신대륙의 농작물들이 동아시아로 이동할 수 있는 두 가지 경로가 있었다. 하나는 15세기 말에 포르투갈인들이 이용한 길인데, 이들은 이미 희망봉 주변을 항해함으로써 인도 남부의 교역소로 가는 길을 개척한 상태였다. 만약 그들이 리마콩을 가지고 있었다면, 그것도 아마 아욱콩 유형이었을 것이다. 아욱콩이 남아메리카의 동부와 메소아메리카에서 널리 재배된 것을 보아서는 말이다. 성난 콩이 속한 팔라르 유형은 페루와 칠레에서 재배되었기 때문에 태평양을 가로지르는 두 번째 경로를 통해 마닐라 갈레온을 타고 아시아에 도착했을 것이다. 마닐라 갈레온은 스페인 함대로 1565년부터 1815년까지 스페인의 식민지 필리핀의 주요 항구였던 마닐라와 멕시코 태평양 연안의 아카풀코 사이를 항해했다. 왕복 일 년이 걸리는 여행으로 멕시코의 은과 가톨릭 선교사들을 서쪽에서 아시아 시장으로, 향수, 도자기, 보석, 인도 면화를 동쪽에서 신대륙의 스페인 식민지와 유럽으로 실어 날랐다. 18세기 말 리마콩의 두 종류는 중국과 인도에서 흔한 식량 작물이 되었고, 19세기 초에는 팔라르 유형이 남아프리카와 서부 인도양의 식민지 섬들에 소개되었다. 16세기 중반 미얀마의 많은 민족이 리마콩의 두 종류를 재배해 먹었을 것이라 추정하는 것은 타당하다. 샨족 사람들은 팔라르 유형을 특히 좋아했는데, 아마도 안데스 산맥의 고향을 연상시키는 히말라야의 구릉지대에서 특히 잘 자랐기 때문일 것이다.

원예적으로, 두 종류는 서로 다른 성장 환경을 선호한다. 크기가 더 작은 아욱콩은 극심한 가뭄과 열에 강하기 때문에 미국 남서부의 몇몇 인디언 부족의 주식이 되었다. 반면 성난 콩이나 크리스마스 리마콩은 쾌청한 날씨와 습하며 온화한 기후에서 가장 잘 자라서 미얀마 북부의 샨족에게 사랑받는다. 19세기 후반에 두 종류의 콩 모두 미국의 주요 수출품이 되었고, 캘리포니아는 세계에서 가장 큰 생산 중심지였다. 로스앤젤레스와 그 주변 지역에서 리마콩을 생산하는 농부들은 큰돈을 벌었다. 아욱콩은 지금도 새크라멘토 계곡과 산호아킨 계곡에서 재배되고 있지만, 농부들이 덩굴식물이나 다른 고부가가치 작물들을 재배하면서 생산량은 감소하고 있다.

상업용 리마콩은 흰색인 반면 색이 있는 크리스마스 리마콩은 상업적 가치가 거의 없으며 미국에서 유산 품종으로만 명맥을 유지하고 있다. 미국 서부 주에서는 농산품 시장에서 살 수 있다. 미얀마에서 크리스마스 리마콩의 미래는 위태롭다. 내가 이 콩을 처음 발견했을 때는 시포 시장에서 파는 상인들이 많았는데, 2017년 마지막으로 방문했을 때에는 딱 한 여성만이 김이 모락모락 나는 가마솥 안에 이 콩을 삶아 파는 것을 볼 수 있었다. 습성과 맛이 바뀌면서 성난 콩의 경작은 완전히 중단될 수도 있다. 샨족의 음식과 문화와의 독특한 문화적 관계도 영향이 있을 것이다. 따라서 나는 이것을 재배하게 되어 기쁘고, 다음에 방문하면 샨 음식 문화를 되살리고 유지하는 일을 가치 있게 생각하는 다음 세대 농부들에게 씨앗을 돌려줄 생각이다. 콩의 맛은 나무랄 데가 없다. 애호가들은 전 세계에서 이 콩을 오래도록 재배할 것이다.

내가 기르는 성난 콩은 샨주의 따뜻하고 습한 환경에서 잘 자랐던 만큼, 내 텃밭에서는 비닐하우스 안에서만 잘 자란다. 자매 아욱콩과 마찬가지로 팔라르 콩은 영국 기후를 사랑하지 않고, 때문에 영국 고유 음식 문화에 자리 잡지 못했다. 가까운 친척인 깍지콩 종류인 파세오루스 코키네우스와는 이야기가 다르다. 원산지가 남미인 이 콩은 외형이 매우 비슷하다.*

시원한 콩

덥고 습한 환경에서 잘 자라는 리마콩과 다르게 깍지콩은 조금 더 시원한 기후를 좋아한고, 덕분에 영국에서 잘 자란다. 원산지는 멕시코와 중앙아메리카로, 해발 1,500~2,400미터에서 발견된다. 야생 부모는 9,000년 전 이 지역에서 토착 부족들이 먹었고, 기원전 4,000년에 처음으로 인간에게 작물화된 증거가 있다. 1501~1525년 사이 에르난 코르테스가 도착하기 몇 세기 전에 멕시코에서 널리 재배되고 있었다.[5] 유럽 탐험가들이 신대륙을 식민지로 만들었을 때 그들의 시선을 끈 여러 가지 콩 중에서도 깍지콩은 가장 마지막으로 유럽에 들

* 차이점을 알아내는 가장 쉬운 방법은 덜 자랐을 때 보는 것이다. 리마콩은 깍지콩과 달리 처음 발아할 때 커다란 어린잎 한 쌍을 가지고 있지 않다. 깍지콩의 꼬투리는 훨씬 더 길고 그 안에 씨앗도 더 많다.

어왔다. 이 예쁘고 매력적인 빨간 꽃은 유럽인들을 사로잡았고, 더 스칼렛 러너(The Scarlet Runner)라는 이름을 얻고 처음에는 관상용으로 재배되었다. 꽃을 피우는 데 중점을 두었던 초기 식물은 꼬투리가 더 짧고 덜 맛있었다. 이것이 영국에 처음 소개된 시기에 대해서는 아직도 논쟁이 조금 있다. 소개한 사람은 예수회 사제, 존 제라드였을까? 그는 엘리자베스 1세 치세에 비밀리에 가톨릭을 실천했던 사람인데, 자신의 정원에서 이것들을 막대기에 감아 키웠다고 전해진다. 엘리자베스 1세는 또한 최초로 이름이 붙은 품종인 페인티드 레이디(Painted Lady)에 영감을 준 것으로 알려져 있다. 이 품종은 빨간색과 흰색이 섞인 아름다운 꽃을 피우는데, 보고 있으면 군주의 유명한 하얀색 분과 연지 화장이 떠오른다. 어쩌면 정원사 존 트라데상트(John Tradescant, 1608-1662) 2세가 미국 식민지로 많은 식물 사냥 여행 중에 가져온 씨앗이 찰스 1세의 정원에 이국적인 식물 섹션에 추가된 것일지도 모른다. 이런 의견이 나오는 것은 당시 북미에서 이 콩이 관상용으로 재배되었다는 증거가 있기 때문일 것이다. 오늘날 스칼릿 러너는 미국에서 사용하는 총칭으로, 주로 다년초 화단 식물로 남아 있다.

꽃의 힘

논란의 여지가 없는 것은 영국인들이 깍지콩의 부드러운 꼬투리 때문에 정원에서 집착적으로 가꾼다는 사실이다. 한편 미국인은 지난 반세기 동안에야 가끔 화단에서 정원으로 이 식물을 옮겨왔다. 이 씨앗이 많은 지역 요리의 토대가 되는데도, 유럽 대륙 사람들은 이 식물을 녹색 채소로 무시한다. 프랑스인들은 여전히 껍질콩을 경멸한다. 당신은 프랑스의 어떤 콧대높은 텃밭에서도 먹는 용도로 이것을 기르는 것을 보지 못할 것이다. 깍지를 먹지 않는 콩류라면 몰라도 말이다. 이것은 친척인 아욱콩처럼 유럽의 다른 지역에서 건조시켜 먹는 콩이나 흰강낭콩으로 재배된다.

하지만 나에게 한여름 영국의 텃밭이나 채소밭 하면 떠오르는 전형적인 이미지는 긴 대나무 줄기이다. 대나무 줄기는 덩굴로 덮여 밝은 빨강이나 하얀색 꽃들로 장식되어 있고, 가늘고 빛나는 녹색 콩이 매달려 있다. 8월이 오면 정원사들은 원하는 모두에게 수확물을 한아름씩 떠넘길 것이다. 조금만 재배하는 건 불가능해 보이기 때문이다. 먹다 보면 늘 너무 많이 먹게 된다. 깍지콩을 사랑하는 대부분의 사람들조차 입에 한 알도 더 넣을 수 없을 지경까지 말이다.

나는 특히 맛있는 대륙 유산 품종 두 가지를 기르기를 좋아하는데, 콩깍지보다는 콩 때문이다. 스페인 사람들은 씨앗을 먹기 위해 기른 깍지콩을 '후디온(Judion)'이라고 부른다. 내가 가장 좋아하는 것은 거대한 후디아스 디 바르코 데 아빌라르(Judías Di Barco de Ávilar)으로, 이 콩은 지위를 보호받고 있다. 보이는 것만큼이나 맛있으며 훌륭한 수프나 스튜에 완벽한 재료가 된다. 프랑스인들은 이러한 종류의 콩을 하리코트 블랑(haricot blanc)이라고 부른다. 내가 가장 좋아하는 프랑스 품종은 그로스 드 수아송(Gros de Soissons)이다. 덩굴을 감고 자라는 프랑스 콩 중에 이것과 관련은 없지만 생김새가 같고 이름도 같은 품종이 있다! 이탈리아인들과 그리스인들은 자신들만의 크고 하얀 흰강낭콩을 가지고 있는데, 각 나라의 특색 있는 지역 요리의 한 부분이다. 파시올라 기간테스(Fasiola Gigantes)는 그리스 북부에서 지위를 보호받고 있으며, 많은 그리스 전통 요리법의 기초가 되고 있다. 오늘날 흰색 꽃을 피우는 현대 품종이 많다. 그중에는 차르(Czar)라는 영국 고전 품종이 있는데 꼬투리가 길고 부드러우며, 씨앗은 크고 하얗고 견과류 맛이 나는 것으로 유명하다.

영국의 오랜 전통

매년 특이한 의식이 영국 전국의 마을 회관에서 열린다. 꽃과 농산품 전시회는 적어도 지난 200년 동안 농촌 지역사회가 주최하는 주요 연례 행사였다. 그 모습을 상상해보라.

늦여름의 태양은 마을 회관의 높은 창문을 통해 들어오고, 그 빛이 식탁 위에 가득한 농산물을 비췄다. 식탁은 신성한 조명이 쏟아지는 제단 같았고 과일과 채소를 완벽하게 보여주었다. 긴장감이 가득했다. 다들 예의를 갖추고 있긴 해도 대회는 대회였다. 흘러넘치는 친절함과 공손한 호기심에도 불구하고, 이 행사에서는 겸손한 죽는소리는 차치하고, 수상을 드러내는 장미 리본과 우승컵이 가장 중요했다. 요주의 인물들이 참석했다. 처음으로 정원 가꾸기 작업의 결실을 보여주는 유쾌한 신인들과 성공의 비밀을 무덤까지 가져갈 단련된 고참들이 어깨를 겨루고 있었다. 나를 포함해 모두가 우승을 원했다! 60년 동안 거의 늘 채소밭을 가꾸었지만, 이 계절 행사에 참여한 것은 겨우 두 번째였다. 누구든 나보다 더 완벽하게 채소를 기를 수 있다는 생각을 하기에는 내 자만심이 너무 강하다. 하지만 이번만큼은 마을 사람들이 적극적으로 참여하고 경쟁하는 모습에 기가 눌렸다. 질 좋은 농산품들을 가득 싣고 온 나는 우승하기에 충분하리라고 기대했던 다양한 채소들을 내놓기 시작했다. 그중에는 내가 기른 것 중 가장 길이가 긴 깍지콩도 있었다.

음, 나는 우승하지 못했다. 적어도 그 해에는. 상은 또 노먼(Norman) 씨에게 쉽게 돌아갔다. 그는 약 20년 전 마을로 돌아온 이후 무패 행진을 계속했다. 성공의 비밀은 무엇이었을까? 스테너(Stenner)라는 이름의 콩이었다.

스테너 이야기

깍지콩은 근처에서 자라는 다른 품종과 매우 쉽게 교배한다. 꽃이 벌에 의해 수분되기 때문이다. 그래서 부모의 형질을 그대로 유지하려면 따로 격리하여 길러야 한다. 시민 농장이 있거나 이 좋은 채소를 향한 열정을 공유하는 이웃이 주위에 있다면 쉬운 일이 아니다. 내 경우, 유산 종자 도서관에 보관할 깍지콩을 기를 때, 같은 품종을 기르는 근처 사는 사람들을 설득하려고 노력했다. 의외로 이 일은 쉬워질 수 있다. 동료 깍지콩 애호가들은 경쟁적인 사람들이고, 가장 긴 깍지콩으로 타낸 트로피를 들어 올리고 노먼의 연승을 저지하려는 꿈을 절대 포기하지 않기 때문이다. 내 도서관에 있는 많은 품종 중에 진정한 왕자님이 하나 있다. 바로 노먼의 콩인 스테너다. 스테너는 스테너 자신의 강(綱, 생물 분류 단위[역주])에 속한다. 이 콩은 사우스웨일스에 살았던 웨일스 사람인 브라이튼 스테너(Brython Stenner)가 육종했다. 1970년대 그는 자신의 텃밭에서 기르는 콩 중 아주 잘 알려진 품종 에놀마(Enorma)가 특출나게 길고 좋은 콩깍지를 생산한다는 것을 알아차렸다. 몇 년 동안 신중하게 선택한 끝에 그는 꼬투리가 최대 40센티미터까지 자랄 정도로 아주 길면서 맛도 좋은 콩을 육종해냈다. 스테너 콩은 20년 동안 거의 내내 전국 챔피언으로 자리했고 많은 애호가들이 쇼나 대회를 위해 이 콩을 길렀다. 안타깝게도 스테너 씨는 2002년에 세상을 떠났다. 그의 가족은 그의 남은 씨앗 일부를 HSL에 전달했다. 콩 재배자들은 다른 식물 육종가들과 마찬가지로 결코 만족하지 않는다. 그래서 스테너 콩이 여전히 품평회에 나오고 있는데도 새로운 품종이 만들어지고 있는 것이다. 그중에는 내가 길러본 것 중에 가장 긴 콩도 있는데, 이름도 적절한 제스코 롱운(Jescot Long-Un)이다. 이 콩은 1980년대 영국 남동부의 한 대회 참가자가 육종했다.

나는 2007년 처음 스테너 콩을 키웠는데, 그 해가 내가 대회에 나간 또 다른 해였다. 그때 나는 지역 품평회에서 가장 긴 콩으로 상을 받았다. 2018년 HSL은 내게 다시 그 콩을 길러 씨앗을 얻어달라고 요청했고, 내게 2015년 도서관에 반납했던 작물의 씨앗을 충분히 보내주어서 1킬로미터 이내에 사는 모든 이웃들도 그것을 기를 수 있었다. 마침내 공평한 경쟁의 장이 될 것이라는 기대가 컸다. 우리는 모두 동등한 조건으로 누구의 콩이 가장 긴지 경쟁할 것이었고, 각자의 원예 기술에 따라 탐나는 가장 긴 깍지콩 트로피를 들어 올릴 사람이 정해질 것이었다. 이러한 나의 최선의 계획에도 불구하고 문제가 있었다.

노먼은 전문적인 식물 육종가였다. 20년 전에 그 위대한 사람으로부터 직접 스테너 콩의 씨앗을 얻었는데, 나는 그의 콩이 지난 몇 년 동안 변했는지를 몹시 알고 싶었다. 왜냐하면 그의 콩밭은 다른 품종들이 자라는 밭과 가깝기 때문이다. 나쁜 소식은 성장기 동안 그가 기른 콩의 꼬투리와 내 것을 비교한 결과 명백하게 달랐다는 것이다. 좋은 소식은 노먼의 콩을 자세히 검사해보니 HSL이 보유한 품종의 설명과 같다는 것이었다. 그렇다면 무엇이 문제였을까? 내 콩은 맛있고 길이도 충분했지만, 형태가 달랐다는 것은 내가 유전적 순도를 유지하는 데 분명히 실패했다는 의미였다. 내 정원에서 반 마일 정도 떨어진 곳에서 자라는 다른 품종과 우연히 교차 수분한 것이었다. 먹는 데는 지장이 없었지만, 종자 도서관에 보관하기에는 적합하지 않았다. 운이 좋았던 건지, 판단을 잘했던 건지 노만이 기르는 콩은 내 콩과 같은 운명을 겪지 않았다. 그가 부지런하게 콩을 선택한 덕분에 나는 나중에 그중 일부를 키워서 종자 도서관에 유전적 순수성을 되찾을 수 있을 것이다. 그해 여름 그는 또 다시 트로피를 들고 걸어 나갈 것이고, 나는 모든 이웃들에게 당신들이 불량 콩을 재배하고 있다고 말할 용기가 없었다.

위치 감

채소보다 와인과 더 자주 연관되는 단어는 테루아(terroir)이다. 이 단어는 재배 환경, 장소, 재배 방법 등 작물의 외형, 색상, 습성 그리고 특히 중요하게는 맛을 포함한 여러 가지 명백한 특성들에 영향을 끼치는 모든 환경적 요인을 설명하는 데 사용된다. 이러한 다양한 영향들은 함께 특정 품종의 고유한 특성을 부여한다. 테루아르는 모든 종류의 음식과 음료가 국가나 지역의 문화에서 생산과 독특한 위치를 보호하기 위해 특별한 지위를 부여하는 기초가 된다. 테루아는 프랑스에서 와인으로 시작하여, 프랑스와 전 세계의 와인을 규제하고 보호하는 시스템인 원산지 명칭 통제(AOC)를 만들었다. 테루아는 현재 많은 농작물에 적용되고 있다. 콩, 칠리, 토마토, 특정 유산 밀, 초콜릿, 심지어는 담배에도 적용된다.

그렇다면 이것이 깍지콩의 지위와는 어떤 관련이 있을까? 깍지콩은 다른 품종과 쉽게 교배되는 특성 때문에 설계를 한 것이든 우연이든 교차 수분을 통한 새로운 품종의 탄생이 쉽다. 깍지콩은 19세기에 들어서야 텃밭 작물로 인기를 끌었고, 재배용 품종은 매우 적었다.

스테너 콩의 이야기가 보여주듯이, 우연한 교배나 돌연변이는 전과 다른 무언가를 만들어낸다. 하지만 모든 깍지콩은 현실적으로 매우 밀접한 관련이 있고 영국 전역에서 몇 세대에 걸쳐 계속해서 기른 '가정에서 보관한' 콩은 그들만의 테루아를 가지고 있다. 이것은 내가 사는 영국 사우스웨일스 지역에서 매우 분명하게 나타난다.

이름에 모든 것이 있다

대부분의 깍지콩 씨앗은 보라색이고, 콩마다 정도는 다르지만 검은색 반점이 나 있다. 어떤 품종은 완전히 하얀색 씨앗을 가지고 있기도 하고, 또 어떤 품종은 완전히 검은색인 씨앗을 갖고 있기도 하다. 이러한 변이는 대립 유전자, 즉 주어진 유전자의 변이형에 변형이 생기면 씨앗의 색에 영향을 미친다. 대립 유전자가 우리 눈동자 색에 영향을 주는 것과 같은 방식이다. 사우스웨일스는 축복받게도 특히 검은 씨 가보 품종이 많은 듯하다. 나는 내 친구 리암 개프니(Liam Gaffney)가 사우스웨일스에서 나온 브레콘 블랙(Brecon Black)을 내게 보내줬을 때 처음 검은색 깍지콩을 알게 되었다. 아일랜드 종자 보존 거래소(Irish Seed Savers Exchange)에서 보유하고 있고, 그곳에는 반점이 있기는 하지만 또 다른 사우스웨일스의 가보인 야드스틱(Yardstick)도 있다. 야드스틱도 무척 좋은 콩이다. 이어서 내가 지역 정원사들에게 강연을 했을 때 청중 중 한 사람이 내게 씨앗 한 봉지를 주었다. 열성적인 대회 참가자였던 웨일스 재배사인 앨런 픽턴(Allan

Picton)이 반세기도 더 전에 육종한 콩이었다. 그는 자신이 육종한 이 콩을 그가 살았던 계곡의 이름을 따서 론다 블랙(Rhondda Black)이라고 이름 지었다. 이 콩은 스테너를 낳은 바로 그 콩인 에놀마가 우연히 돌연변이를 일으킨 결과로 나온 것이었다. 20년 뒤 그는 론다 블랙을 더 길고 곧게 뻗은 표본으로 '개선'하고 싶어서 제스코 롱운과 교배시켰다. 길이와 맛 두 마리 토끼를 잡은 이 품종은 스테너에게 확실하게 돈을 벌어줬다.

씨앗이 검은색인 또 다른 콩 중에 한때 이 지역에서 자랐던 더 마이너 빈(The Miners' Bean)이라는 콩이 있다. 슬프게도 지금은 멸종된 것 같지만, 나는 언젠가 이 콩이 여전히 웨일스 계곡의 일부 정원과 시민 농장에서 자라고 있다는 것을 보게 된다 하더라도 놀라지 않을 것 같다. 멀리 갈 것도 없이 사우스웨일스의 내 정원만 보더라도 깍지콩이 영국 정원 생활에 얼마나 깊숙이 들어와 있는지 알 수 있다. HSL는 또 다른 품종인 플럼메릭(Pwlmerick)를 가지고 있다. 이 품종은 이것이 재배되는 작은 마을의 이름을 따서 지어졌는데, 내 정원에서 엎드리면 코 닿을 정도로 가까운 곳이다.

내 종자 도서관은 특정 테루아를 가진 깍지콩으로 가득 차 있다. 생산량이 많고 맛있는 몬태큐트(Montacute) 콩도 그중 하나인데, 이것의 이름을 따 온 서머싯의 장엄한 몬태큐트 하우스(엘리자베스 1세 시대에 지어진 개인 주택역주) 정원에서 수 세대에 걸쳐 재배되고 있다. 농작물의 이름을 지으면, 이 작물은 우리의 일부가 된다. 나는 정원 가꾸기 단체와 지역 사회들이 스스로 저장한 씨앗에서 재배한 콩의 이름을 지어보라고 권한다. 최초의 콩이 어디에서 왔는지와 관계없이, 그들은 수년에 걸쳐 여러 차례 교차 수분을 하면서 유전자를 공유해왔을 것이다. 이러한 콩들은 토종 품종이 된다. 지역적으로 적응했으면서도 자신들이 '자란 곳'에서 계속 자라게 하는 유전적 형질을 가진 품종으로 말이다. 맛이 더 좋든, 꼬투리가 더 길든, 더 짧든, 키가 크든, 일찍 꽃을 피우든 지역 사회와 맺은 연결성과 비교하면 덜 중요하다. 그들을 보존하는 것은 육종하고 선택하는 전통을 계속 이어가는 것이다. 그리고 그 전통은 우리를 가장 먼 조상으로 데려가 준다. 깍지콩의 경우라면, 6,000년 전 메소아메리카의 첫 번째 농부로 데려가 줄 것이다.

매운 맛을 좋아하는 사람들

칠리는 음식이라기보다 마음의 상태다.
칠리 중독은 인생 초기에 형성되고 피해자는 결코 회복되지 않는다.
- 마가렛 커즌스(Margaret Cousins, 1878-1954)의 말로 추정.

나는 한때 '더 조지(The George)'라는 이름의 술집 맞은편에 살았다. 지역 주민 중에는 진짜 매운 칠리를 잘 먹는 능력에 자부심을 가진 동료 정원사 집단이 있었고, 나는 카운티에서 가장 좋고 가장 매운 칠리를 재배하는 것으로 명성이 자자했다. 내 정원에서 자라는 칠리는 종류가 다양했다. 긴 것, 짧은 것, 통통한 것, 얇은 것, 둥근 것, 울퉁불퉁한 것, 빨간 것, 갈색인 것, 노란색인 것까지. 한여름이 되면 나는 새 품종들을 갖게 될 것이고, 술친구들은 먹어보고는 이러쿵저러쿵 비평할 것이다. 하지만 왜 그들 모두는 내 칠리가 매운지 아닌지에만 관심이 있었을까? 그들에게 풍미, 과일 향, 열과 향신료의 섬세함, 그리고 어떤 요리에 가장 잘 어울릴지는 중요하지 않았다. 그들이 관심을 기울이는 것은 아프거나 의학적 도움을 구하지 않고 가장 매운 고추를 먹을 수 있는가 하는 것뿐이었다. 마침내 나의 딜레마를 해결한 것은 레몬 드롭(Lemon Drop)이라는 이름의 칠리였다.

허세가 대가를 치르다

에일 맥주 여러 잔과 작은 접시 네 개가 나란히 놓였다. 각 접시에는 완전히 다른 종류의 칠리가 몇 개씩 담겨 있었다. 첫 번째 칠리는 맛있고, 순하고, 달콤하고, 향이 좋으며, 연필 두께의 녹색 품종(20센티미터 길이)의 튀르키예산 작물로 이름은 시브리 킬 바이버(Sivri Kil Biber)였다. 이 품종은 주로 피클로 먹기 위해 재배된다. 맛을 본 사람들은 이것이 가치가 없다고 경멸하다시피 단언했다. 그 옆에는 작고 둥근 칠리가 있었는데, 색은 연한 빨강이고, 기분 좋게 맵고, 크기는 완두콩보다 크지 않았다. 나는 이 품종을 로드리게스 티니(Rodriguez Tiny)라고 불렀는데, 그 이름을 가진 섬에서만 발견되기 때문이었다. 몇몇은 눈썹을 치켜들고 부드럽게 아삭아삭 씹으며 정중하게 논평했지만, 별것 아니라고 했다. 세 번째 접시에는 진홍색 카옌 칠리가 있었다. 길고, 가늘고, 약간 굽었으며, 과일 맛이 나고 맵다. 길이는 15센티미터다. 나는 이 칠리가 인도네시아의 가장 큰 섬 중 하나인 술라웨시의 미나하사 반도에서 가라는 것을 발견했고, 이것 역시 원산지의 이름을 따서 이름 지었다. 종종 생으로도 먹지만, 주로 말리거나 칠리 파우더를 만들기 위해 재배된다. 관심을 보인 그들은 긍정적으로 논평했지만 나는 충분한 평가를 받고 있지 못하다고 느꼈다. 내게 더 매운 게 있지 않았나?

다음 차례는 레몬 드롭이었다. 약 5센티미터 길이의 밝은 노란색, 약간 울퉁불퉁한, 원뿔 모양의 칠리 한 움큼이 그릇에 매혹적으로 놓여 있었다. 나는 부엌에서 이 작은 녀석을 적당히 사용한다. 강렬한 감귤 향이 있어서 입 안을 마비시키는 열과 향신료가 엎치락뒤치락하며, 첫 한 입을 먹으면 잠시 뒤 그 맛이 치고 올라온다. 술친구들은 앞을 일어날 일을 몰랐다. 나는 알았지만. 친구들은 처음에는 태연한 척했지만, 곧 욕설이 터져 나왔다. 그러고 나서 고통을 잠재우기 위해 맥주를 들이부었다. 하지만 헛수고였다! 보고 있자니 즐거웠고, 내가 바라던 대로 앞으로 누구든 내가 기르는 고추가 얼마나 매운지 물어볼 일은 없을 듯했다. 레몬 드롭은 올바른 요리에 적당히 사용하면 잘 즐길 수 있다. 이 교양 없는 미식가들에게는 그런 즐거움이 없었지만 효과는 있었다.

모든 것이 시작된 곳

칠리 고추는 솔라노사우루스(Solanaceae)과에 속하는 고추속(Capsicum genus)의 일종으로, '상자'를 의미하는 라틴어 캡사(capsa)에서 유래했다. 약 25개의 야생종이 있으며, 그중 다섯 종이 인간 손에 작물화되었다. 나는 이 다섯 종을 다 기른다. 고고학적 기록에 따르면, 순한 고추와 매운 고추 모두 약 7,000년 전 메소아메리카에서 처음 작물화되었다. 메소아메리카는 여전히 가장 널리 재배되는 고추 종인 C. 아늄(C. annuum)이 가장 다양한 지역이다. 덜 자란 열매는 녹색이나 보라색으로 시작해서 다 익으면 주황색, 갈색, 보라색, 빨간색 등 여러 가지 색으로 변한다. 품종 중에는 피망이 있고, 매운 맛이 나는 친척으로는 카옌 고추, 피멘토 고추, 할라페뇨, 세라노 고추가 있다. 대부분은 요리사 취향에 따라 덜 자란 것, 다 자란 것 모두 먹을 수 있다.

C. 푸베센스(C. pubescens)('털이 많다'는 의미이다)는 로코토 피망으로 흔히 불리며 볼리비아 요리에서 중요한 부분이다. 내가 기르는 고추 중에 가장 장식적인 고추이기도 하다. 서늘한 기후에서 가장 잘 자라기 때문에 내 온실에서 완전히 자리 잡았다. 만약 내가 여러 계절에 걸쳐 식물을 계속 자라게 할 수 있을 정도로 능력자라면, 이것은 분재 같은 모습을 띨 것이다. 울퉁불퉁 비틀린 나무껍질이 있는 미니어처 나무처럼 된다. 아름다운 보라색 꽃은 검은 씨앗이 들어 있는 매실 같은 과실을 빚어 낸다. 정말 맛있다. 매우면서도 과일 맛이 난다. 이 품종의 원산지인 볼리비아 안데스 산맥에는 C. 바카툼(C. baccatum)도 자란다. 맵지 않고 과일 맛이 나는 칠리로 사랑스러운 크림색 꽃을 피운다. 이것 역시 페루와 볼리비아 요리에서 중요하다.

네 번째로 작물화된 종은 C. 프루테센스(C. frutescens)로 원시종으로 간주되며, 야생 부모와 큰 차이가 없다. 색이 화려하며, 열매는 작고 곧은 모양에 붉거나 밝은 노란색을 띠어 종종 관상용으로도 재배된다. 맛은 자극적이고 매우며, 새눈고추라는 이름으로 더 잘 알려져 있다. 이후에 쓰겠지만, 타바스코 소스를 만드는 핵심 재료가 되는 매우 유명한 품종이다. 아시아 요리의 한 축으로, 많은 다른 음식 문화에서도 채택되었다. 품종마다 모양은 다양한데, 비숍스 해트

(Bishop's Hat) 품종은 이름에 걸맞은 외형을 가지고 있지만, 특별히 맵지는 않다. 아지 리몬(Ají Limón) 또는 레몬 드롭으로 알려진 품종도 있지만, 내 술친구들을 괴롭혔던 그 매운 칠리는 아니다. 이름은 같지만 전혀 다른 품종이다.

동명의 레몬 드롭은 C. 치넨세(C. chinense)의 다섯 번째 종에 속한다. 유전적으로 C. 프루테센스와 동의어이지만, 식물학자들은 이 두 종을 별개로 취급한다.[1] 중앙아메리카, 유카탄, 카리브해가 원산지인 이 종은 일반적으로 아주 맵고, 유명한 하바네로 칠리와 색이 화려한 드래곤스 브리스(Dragon's Breath), 그리고 트리니다드 모루가 스콜피온(Trinidad Moruga Scorpion) 등 최고의 칠리를 포함한다. 유명한 스카치 보닛(Scotch Bonnet)도 이 종에 속하는 또 하나의 품종이다. 생김새가 비슷한 비숍스 해트와 쉽게 혼동되지만 말이다.

야생 칠리와 재배용 칠리는 쉽게 구분할 수 있다. 식물학적으로 작물화된 고추류 식물은 무수한 모양과 색깔을 가지고 있으며, 완전히 익고 건조시켜도 그 모양과 색이 남는다. 알려진 모든 야생종은 낙엽성 다년생 식물이며, 작고 매운 체리 같은 열매를 가지고 있다. 익으면 땅에 떨어지고, 사람과 달리 칠리에게 열을 주는 캡사이신의 영향을 받지 않는 새들이 많이 먹는다. 새들의 미뢰는 초식동물로부터 스스로를 보호하기 위한 수단으로 식물이 생산하는 화학물질에 면역이 된 것처럼 보인다.

고고학적 증거는 메소아메리카의 부족들이 적어도 10,000년 전에 야생 칠리를 먹었다는 것을 암시하는 반면, 재배용 칠리가 최초로 발견된 것은 기원전 5000년에서 6000년 사이 멕시코 중남부의 테와칸 계곡의 동굴로 거슬러 올라간다.[2] 야생 고추는 다른 많은 작물화된 작물의 부모처럼 교란토양에서 잡초 같이 잘 자라는 식물이다. 이러한 습성은 칠리가 신석기 시대 수렵 채집인들과 함께 번성했다는 것을 의미한다. 수렵 채집인들은 정착지 주변에서 일상적인 활동을 한 그것들이 잘 자라게 했을 것이다. 오늘날 메소아메리카와 남아메리카의 토착민들은 여전히 야생 칠리를 먹고 심는다.[3]

놀라운 발견

1492년 바하마에 도착한 콜럼버스는 아라와크 원주민들이 무엇을 먹는지 보고 충격을 받았다. 식탁에는 그가 전에 본 적 없는 농작물들이 있었는데, 그중에는 아주 매운 열매가 있었다. 그 열매는 불 위에서 계속 끓는 요리의 필수 재료였다. 콜럼버스는 이 스튜를 '고추 수프'라고 불렀다. 그 열매가 인도 남부에서만 자라는 후추인 후추나무(Piper nigrum)와 다른 맛을 냈기 때문에 콜럼버스는 대서양을 횡단하는 항해의 식사에 활기를 불어넣기 위해 챙겨갔다. 아라와크족이 길렀던 것은 십중팔구 타바스코 소스를 만드는 품종과 밀접한 관계가 있을 것이다. 아라와크족은 전형적인 가느다란 카옌 유형도 길렀는데, 맵지만 더 달았다. 고고학적 증거는 아라와크인들이 수백 년 전에 본토에서 이주했을 때 칠리를 가져왔다는 것을 보여준다. 콜럼버스는 칠리의 중요성을 인식했고 이러한 고추들이 남부 인도에서 자라는 후추나무와는 전혀 다른 종이라는 것을 알게 됐다.

콜럼버스의 첫 번째 목표는 후추를 거래하는 더 쉬운 방법을 찾는 것이었다. 그러다 그는 우연히 고향에서도 기를 수 있는 대안을 발견했다. 칠리는 열대 기후에서 번성하는 후추와는 달랐다. 아라와크인들은 그 열매를 아지(aji)라고 불렀고, 콜럼버스와 이 놀라운 새로운 향신료를 받아들인 스페인의 모든 사람들은 이 이름을 채택했다. 아지는 남아메리카 전역에서 자라는 많은 칠리 종류의 일반적인 이름으로 남아 있다.

콜럼버스는 새로운 식량을 가지고 스페인으로 돌아왔는데, 작은 수비대를 남겨 지역 주민들을 화나게 했다. 결과적으로 그들의 울타리는 빻은 아지와 재를 섞어 가득 채운 조롱박으로 폭격을 받았다. 불운한 수비대는 눈에 눈물이 가득 고이는 경험을 해야 했다.[4]

두 번째 신대륙 여행에서 콜럼버스는 현지인들이 향신료로 사용한 고추가 흑후추나 더 저렴한 대용품인 기니후추나무(Aframomum melegueta), 즉 그래인 오브 파라다이스(서부 아프리카 지역 생강과 열매의 씨로, 향신료로 쓰임[역주]) 후추보다 더 풍부하고 가치 있다고 일기에서 언급했다. 기니(Guinea) 또는 기니(Ginnie) 후추라고도 알려진 바로 멜레구에타 고추는 생강과에 속하는 것으로, 아프리카 서해안이 원산지이며 13세기부터 베네치아에서 흑후추의 값싼 대용품으로 사용되었다. 콜럼버스가 이 사실을 알게 된 직후, 포르투갈인들은 제국 전역에 칠리를 퍼뜨리고 있었다. 이것들은 그들이 기니 후추라고 부르는 카옌 종류였다. 포르투갈의 브라질 식민지에서는 기니에서 온 아프리카 노예들이 작은 현지 고추를 말라케타(malaguetas)라고 불렀다. 아마 새눈고추 유형이었을 것이다. 이 모든 것이 상황을 혼란스럽게 만들었다.[5]

스페인은 15세기 말 세계 무대에서 노는 유일한 국가가 아니었다. 포르투갈도 식민지 강국이었고, 많은 대서양 섬, 아프리카와 남아메리카의 넓은 지역, 동남아시아의 전초기지를 점령했을 뿐만 아니라, 인도 고아와 캘커타에도 식민지가 있었다. 포르투갈과 스페인은 비록 무역 배제 협정을 맺었지만, 15세기가 끝나갈 무렵 합리적인 관계를 유지하고 있었다. 그러나 스페인은 배가 거의 없었다. 사실 스페인과 신대륙 사이의 대서양 횡단 활동은 상당히 제한적이었다. 그래서 매우 빠른 속도로 칠리가 전 세계에 퍼진 데에는 포르투갈인들에게 책임이 있다. 그들이 처음 세계적으로 장악한 것은 주로 카옌 유형이었지만, C. 치넨세 품종인 새눈고추와 나가 칠리도 곧 진가를 알아봐 주는 새 집을 찾게 되었다.

코르테스가 1519년 멕시코에 도착했을 때, 그는 아즈텍 사람들이 자신들의 언어인 나우아틀어로 칠리(chili)라고 부르는 많은 다른 고추들을 발견했다. 그래서 '칠리 고추'라는 이름은 그 이후 전 세계적으로 유지되고 있다. 고추를 분류한 최초의 식물학자들은 칠리 고추를 모두 하나의 종으로 분류했다. 다른 많은 채소와 마찬가지로, 이름은 모순되고 혼란스러울 수 있는데, 번개처럼 빠른 고추의 세계 식민지화 덕분에 더 그렇게 되었다.

칠리에 관한 첫 번째 묘사는 1542년 독일의 식물학자이자 의사인 레온하르트 푹스가 출간한 약초서에 나온다. 이 기록은 콜럼버스가 칠리를 발견한 지 반 세기 만에 칠리가 중부 유럽에 알려졌고, 고추의 유통은 코르테스가 멕시코를 정복하기 약 20년 전에 시작되었다는 증거이다.[6] 19세기 말 인도에서 영국의 경제 식물학자로 일했던 조지 와트(George Watt, 1851-1930)는 포르투갈인들이 인도에서 칠리를 수출하고 있으며 기존의 흑후추 무역과 경쟁하고 있다고 주장했다. 인도양과 아라비아만의 항로, 그리고 인도에서 유럽으로 가는 육로를 이용한 최초의 향신료 무역이 있었다. 그 복잡하고 정교한 통신 네트워크 덕분에 포르투갈 식민지에서 처음으로 가져온 새로운 음식들이 몇 년 안에 구대륙의 모든 요리 안에서 성숙하고 동화될 수 있었다.[7]

고추가 아프리카와 아시아로 퍼지는 속도는 많은 식물학자들을 혼란스럽게 만들었다. 고추가 식민지화 되고 거의 300년 뒤에 네덜란드의 식물학자인 니콜라우스 요제프 폰 자킨(Nikolaus Joseph von Jacquin, 1727-1817)이 1776년 카리브해에서 식물을 사냥하던 중 우연히 발견한 한 고추류 식물에 C. 시넨세(C. sinense)라는 이름을 붙였다. 고추가 동양에서 온 것이라고 생각했기 때문이다(sinense는 '중국의'라는 뜻인 sinensis에서 온 말이다. 주로 동아시아 지역을 이른다편집자주). 그리하여 그때쯤 고추는 전 세계적으로 매우 보편적인 작물이 되었다. 사실 이 종은 1957년에야 새로운 철자인 C. 치넨세(C. chinense)으로 공식 분류되었다. 자킨이 내린 잘못된 해석과 구별하기 위해서였을 것이다.[8]

아마 들으면 놀라겠지만, 칠리는 메소아메리카의 다른 농작물인 옥수수, 스쿼시, 콩과 함께 북아메리카로 가지 않았다. 16세기 끄트머리에 스페인 사람들이 지금의 뉴멕시코에 도착하기 전까지 말이다. 남서부의 건조한 환경은 가장 초기에 작물화된 칠리를 재배하기가 어려웠다. 스페인 사람들이 도착하기 수 세기 전에 이미 아메리카 원주민들이 완벽한 관개 시설을 만들어놓았는데도 말이다. 칠리 야생종 C. 아눔 변종 글라브리우스쿨룸(C. annum var. glabriusculum)은 멕시코 북부와 미국 사막이 원산지이며, 애리조나주 남부의 토호노 오담족이 식량으로 찾아 먹었다. 매우 가치 높고, 맛있다. 칠테핀(chiltepín)라고도 부른다.

인디언의 발견

고추가 전 세계로 퍼져나가면서, 우리에게 친숙한 이름으로 지역 요리에서 독특한 자기만의 위치를 얻었다. 모든 종 중에서 가장 성공한 것은 C. 아눔이었다. 인도인들은 그것에 반했고 오늘날 실질적으로 아대륙의 모든 지역은 지역만의 특별한 품종을 가지고 있다. 이것이 내 눈앞에 분명하게 드러난 순간이 있었다. 2019년 초 라자스탄을 가로질러 여행하고 있을 때, 데시(지역) 식량 작물이 얼마나 잘 자라고 있는지 궁금했다. 비카너에 있는 농업 연구소(Agricultural Research Station)의 책임자인 P.S. 셰하왓(P.S. Shekhawat) 박사는 내가 많이 들어본, 문화적으로 중요한 식물 중 하나인 마타니아 칠리(Mathania chilli)가 현대 재배종이 들어오면서 사실상 멸종했다고 말했다.

처음 자를 때 꽃 같은 향이 나는 마타니아 칠리는 요리 품질이 훌륭해 높이 평가된다. 크고 가느다란 열매는 단순히 매운 것 이상의 풍미가 있다. 세대를 걸쳐 라자스타니 요리의 주식인 이것은 비가 거의 오지 않는 환경에서 칠리를 기를 수 있었던 소수의 농부들에게 중요한 작물이었다. 그러나 지금 팔리고 있는 것은 원래 열매의 창백한 모조품에 불과하다. 내가 여행하는 동안 만난 모든 이들이 지난 200년 사이 이 유명한 칠리의 맛이 변했다고 불평했다. 관개 시설과 수확량이 적은 문제로 인해 농부들은 직접 보관하던 씨앗에서 일대잡종으로 전환하고 있다. 일대잡종은 수확량은 더 많지만, 반대로 물은 더 많이 줘야 하고 밤의 낮은 온도에 더 민감해서 기후가 극단적인 지역에서는 덜 튼튼하다. 자가 수정 능력이 있음에도 불구하고 칠리는 교차 수분을 할 수 있다. 즉, 평균 보유 면적이 약 20에이커인 농업 시스템에 새로운 품종이 도입된다는 것은 마타니아 칠리가 현재 대부분 도입된 유전 물질로 구성되어 있다는 것을 의미한다. 현지 시장 판매자들과 이 칠리에 관해 나와 이야기한 모든 농부들이 입을 모아 말했다. 진짜 마타니아는 사라졌다고. 정말 사실일까? 만약 그렇다면, 이것은 내가 수년간 희귀하고 멸종 위기에 처한 지역 품종들을 추적하면서 귀에 못이 박히도록 들은 이야기였다. 이 때문에 나는 낡은 지프차 뒷좌석에서 30분 동안 덜컹거리며 달려서 조드푸르에서 북쪽으로 약 25마일 떨어진 작은 복합 건물의 문에 도착했다. 약간 겁이 났지만 그에 못지않게 호기심이 들었다. 마타니아 마을 근처의 완만한 토지의 고저가 있는 이 시골은 한때 인도 전역에서 인도의 소중한 칠리로 유명했던 지역의 중심이었다.

그 건물은 데비(Devi) 부인 가족의 소유였다. 깨끗한 흙으로 된 안뜰 주변에 하얀색으로 칠한 코브룸의 울타리가 둥글게 세워진 옥수수 밭이 있었다. 우리는 그녀가 자신의 토종 품종 수수로 만든 차파티스(얇은 빵[역주])와 그녀가 기르는 훌륭한 라자스타니 양의 우유로 만든 요구르트 카레를 먹었다. 카레는 근처의 신성한 사막 나무인 프로소피시네라리아(Prosopis cineraria)의 씨앗으로 맛을 냈다. 이 나무를 현지에서는 케지리(Khejri)라고 한다. 단지 한 구석에는 칠리 더미가 작게 있었는데, 십여 개 종류의 식물이 자라는 작은 땅에서 수확한 것이었다. 농부이기도 한 나의 가이드 프리탐 싱(Pritam Singh)은 제정신이 아니었다. 그는 딱 한 번 냄새를 맡고 딱 한 입 먹어보고는 가장 어두운 밤도 밝힐 수 있을 만한 미소를 지으면서 이 칠리가 자신의 어린 시절에 먹었던 것과 같은 맛과 냄새가 난다고 선언했다. 이 칠리는 진짜 토종 품종이다. 나도 냄새를 맡고 먹어봤다. 기똥차게 맛있었다. 데비 부인은 친절하게도 마지막으로 수확한 작물에서 나온 씨앗을 한 움큼 주었다. 그녀는 기억하는 한 언제나 고추를 길러왔다고 말해주었다. 그녀에 앞서 그녀의 어머니도 그러했다. 주변 몇 마일의 땅에서 다른 고추는 생산되지 않았다. 나는 모든 전문가들이 내게 멸종했다고 말한 진정한 마타니아 칠리 품종을 우연히 발견했다고 믿었다. 물론 나는 지금 그것들을 기르고 있다. 씨앗 일부를 데비 부인에게 돌려주었고, 내 생각이 맞는지 확인하기 위해 유전자 검사용으로 비카너에 있는 과학자들에게 식물 표본을 보냈다. 분명히 말해두자면, 내가 기른 첫 번째 작물은 수확이 아주 좋았고, 그 덕분에 많은 내 식사는 활기를 띠었다.

마타니아 칠리는 카옌 유형이다. 나는 이 세상 어디에 있든간에 이 길고 가느다란 카옌 열매와 우연히 마주친다. 그들은 비슷한 요리 특성을 공유할 수 있지만, 그들을 기르는 공동체에게는 모두 독특한 일이다. 그렇다면 어떻게 이런 종류의 고추가 그 이름을 얻게 되었을까? 카옌은 키니아(quiínia)라는 단어에서 유래되었다고 알려져 있다. 이 단어는 지금은 사라진 16세기 포르투갈과 스페인의 식민지 시대에 현재의 프랑스령인 기아나의 일부 지역에 거주하던 투피족의 지금은 사라진 언어다. 그 나라의 수도가 카옌이었다. 17세기 약초학자인 니콜라스 컬페퍼(Nicholas Culpeper, 1616-1654)는 이 고추가 기니 고추와 같은 것이라고 설명했다. 정말 혼란스러운 데다 완전히 틀린 설명이다. 사실 기니 고추라는 이름은 19세기까지 새눈고추 또는 포르투갈인들이 피리피리(Piri-piri)라고 부르는 고추를 묘사하기 위해 사용되었다. 역사적 증거에 따르면, 처음부터 포르투갈인들은 그들의 식민지에 세 가지 칠리 종인 C. 아눔, C. 프루테센스, 그리고 C. 치넨세를 모두 퍼트렸다. 그러나 문화적 선호로 인해 카옌 유형이 인도에서 지배적으로 자랐다. 훨씬 더 매운 새눈고추는 인도네시아의 말레이 부족과 필리핀 그리고 극동 전역에서 선호되었다.

새눈고추 노다지

진정한 지역 품종 고추를 찾는 것은 내 인생에서 가장 큰 기쁨 중 하나이다. 내 종자 도서관에는 전 세계에서 온 십여 개의 새눈고추가 있다. 이 고추 유형은 아프리카의 많은 지역에서 재배되고 있다. 포르투갈인들이 500년도 더 전에 아프리카 동쪽 해안 정착지에 처음으로 소개했다고 한다. 피리피리는 모잠비크 롱가어로 '아주 매운 고추'라는 뜻이다. 중앙아프리카와 동아프리카에서 스와힐러 이름은 페리페리(peri-peri)이다. 피리피리 소스와 맛있는 포르투갈 국민 요리인 피리피리 치킨은 그 기원을 남아프리카의 포르투갈 식민지, 특히 모잠비크에 두고 있다. 지역적인 변화와 함께 이 소스는 남아프리카 전역 어디에서나 찾아볼 수 있게 되었다. 이 작은 고추는 열대 중앙 아프리카에서 온대 남부에 이르는 지역에서 큰 상업적 규모로 재배된다. 나는 이 고추가 케냐의 마사이 마라에서 야생으로 자라는 것을 발견했고, 멀리 탈출해 나이지리아 전역의 협곡과 버려진 땅에서 자라는 것도 보았다. 그러나 나는 이 작은 아름다움을 더 먼 동쪽에서 만났을 때 가장 황홀했다.

싱가포르에 있는 동안 나는 소울메이트라고 할 만한 인물을 발견했다. 게네스 량(Kenneth Liang)이라는 사람이었다. 비록 우리는 공동 제작 계약을 논의하기 위해 만난 사이였지만, 우리는 서로가 작물을 재배하는 열정을 공유하고 있다는 것을 매우 빠르게 깨달았다. 게네스의 작은 정원은 새눈고추의 집이었고, 그 땅은 가족 대대로 내려온 땅이었다. 당연히 이 아주 매운 고추의 표본은 지금 내 도서관에 있다. 포르투갈인들은 1511년 싱가포르의 해안 바로 위에 있는 말라카를 정복했다. 그러고는 그들의 아프리카 식민지에서 재배하기 시작한 바로 그 칠리를 동남아시아의 이 지역으로 가져왔다. 아마도 케네스 고추는 그것의 직계 후손일지 모른다.

새눈고추도 포르투갈인들이 인도양의 섬들로 옮겼다. 2007년에 나는 작고 목가적인 섬인 로드리게스의 고유한 식물의 마지막 생존 사례에 대해 영화를 만들고 있었다. 라모스마니아 로드리게스이(Ramosmania rodriguesii)라는 식물로, 현지에서 카페 마론(Café Marron)으로 알려진 것이었다. 촬영이 끝났고 이제 섬의 수도인 포트 마투린의 시장을 확인하러 갈 차례였다. 그곳에는 항아리가 있었고, 항아리 안에는 피클로 절인 작은 녹색 토종 새눈고추가 있었다. 하지만 이 새눈고추들은 어떻게 그곳까지 간 것일까? 이 섬이 구대륙에 처음 알려진 것은 1509년 포르투갈의 탐험가인 디오고 페르난데스 페레이라(Diogo Fernandes Pereira)가 고아로 가는 도중이었다. 그러나 이 섬의 이름은 또 다른 포르투갈 선원인 디오고 로드리게스(Diogo Rodrigues)에서 유래된 것이다. 그는 1528년 고아에서 집으로 항해하는 중에 이 섬에서 시간을 보냈다. 내 안의 낭만 세포는 디오고나 또 다른 비슷한 사람이 씨앗을 조금 이곳에 남긴 것이 아닐까 하고 바라고, 믿고 있다.

나는 새눈고추와 한층 더 불꽃 튀는 만남을 가진 적이 있다. 말레이시아에서 있었던 일이다. 나는 말레이어로 짜베 라윗(Cabe Rawit)이라고 부르는 이 매운 칠리를 내가 먹을 수 있는지를 감히 시험해보았다. 이 칠리는 어떤 요리에도 향신료로 넣을 수 있게 고안된 조미료인 칠리 파티의 주요 재료다. 동남아시아의 거의 모든 식당 테이블에 있다. 이미 현지 맥주를 너무 많이 마신 탓인지 나는 같이 식사 중인 사람들에게 한 그릇이 아니라 열 그릇도 먹을 수 있다고 장담했다. 음, 첫 번째 접시가 가장 먹기 어려웠지만, 나는 마비된 입과 강철처럼 튼튼한 위로 계속해서 못 믿겠다는 얼굴을 한 웨이터가 테이블로 가져다주는 접시를 꿋꿋이 해치웠다. 그때 내가 몰랐던 것은 그 직원도 식당 손님들, 다른 웨이터들과 함께 나를 두고 내기 돈을 걸었고, 점점 얽힌 현금이 늘어나고 있었다는 것이다. 나는 내가 내기에서 이겼다고 말할 수 있어서 자랑스럽지만, 내 소화관은 끔찍한 대가를 치렀다. 나는 지금도 술에 잔뜩 취해서 칠리를 먹으며 매운 것을 참고 잘 먹는다고 과시하는 일이 수치스럽다. 다시는 그러지 않을 것이다.

나는 프랑스령인 폴리네시아를 여행하는 동안 미얀마에서 우연히 새눈고추가 이룬 생울타리를 발견했다. 작고 과일 맛이 나는 아주 매운 칠리가 있는 작은 농장이었다. 하지만 나게 가장 의미가 있는 것은 포르투갈 남부 타비라의 한 시장에서 사랑스러운 할머니가 내게 한 줌 준, 2.5센티미터 길이의 아름다운 진홍색 칠리다. 맛은 그렇게 다르지 않지만 진짜 피리피리 가보인 칠리로 1942년 포르투갈에 도착한 최초 칠리의 직계 후손이다.

궁극의 조미료

모든 새눈고추 중에서 가장 유명한 것은 틀림없이 타바스코 고추일 것이다. 이것은 콜럼버스가 신대륙에 도착했을 때 발견한 작은 고추들과 매우 가까운 친척이다. 타바스코는 메소아메리카의 정중앙인 멕시코의 최남단에 있는 도시로, 멕시코만에 위치하며 타바스코 고추의 원산지이다. 콜럼버스가 처음 본 섬들에서 카누로 금방 갈 수 있는 지역이다. 그래서 멕시코 남부에 살았고 그 섬들을 식민지로 삼았던 아라와크 부족들이 이 특별한 칠리를 그들의 정원에서 기른 것은 별로 놀라운 일이 아니다. 아라와크인들이 멕시코만을 가로질러 쉽게 무역이 오갈 수 있는 거리에는 에이버리 섬(실제로 섬은 아니고 라파예트 남쪽의 비옥한 해안 지역의 일부이다)도 있다. 1868년 지역 주민인 에드먼드 매킬레니(Edmund McIlhenny)는 한 가지 생각을 떠올렸다. 열성적인 원예가이자 음식 애호가인 그는 다소 싱거운 현지 요리에 활기를 불어넣고 싶어 멕시코 남부에서 걸프만을 건너온, 즙이 유독 많은 작은 칠리의 씨앗을 뿌렸다. 그는 그 열매를 너무 좋아해서 맥일레니 회사(McIlhenny Company)를 설립해 세계에서 가장 잘 알려진 칠리소스가 된 조미료를 생산했다.

타바스코 고추는 야생 부모와 밀접한 관련이 있으며, 가지과의 또 다른 종인 담배와 유전적 연관성이 많다. 안타깝게도 이것은 고약한 병원체인 담배 에치 바이러스(TEV)에 특히 취약했는데, 이 점이 1960년대 맥일레니 회사에게 큰 문제였다. 거의 십 년이 걸려 1970년대 초에 앨라배마의 오번대학교가 새로운 품종인 그린리프 타바스코 고추(Greenleaf Tabasco pepper)를 개발했다. 육종가들은 토종 타바스코 고추에 고유한 특성을 부여하는 모든 요소를 보전하면서도 TEV에 저항력이 상당히 강한 특성을 부여할 수 있었다. 타바스코 소스는 세상을 위해 살아남았다! 감사하게도 원래 고추는 여전히 미국 남부와 멕시코에서 널리 재배되고 있으며, 이것의 야생 부모는 계속 잡초처럼 잘 자라고 있다.

맵기의 문제

모든 종의 칠리는 맵기, 과일맛, 향기의 정도가 다양하다. 맵기는 스코필 척도로 측정이 가능하다.[9] 윌리엄 스코빌(William Scoville, 1865-1942)은 약리학자였는데, 1912년 칠리를 맵게 만드는 물질인 캡사이신을 추출하여 다섯 가지 맛이 나는 패널을 이용해 매운 맛이 더 이상 느껴지지 않을 때까지 물에 희석하는 방법을 고안했다. 단맛이 나는 고추와 매운 고추의 주요한 유전적 차이는 전자가 캡사이신의 생성을 차단하는 단일 열성 돌연변이를 가지고 있다는 것이다. 잡종 스위트 피망은 스코빌 지수(SHU)가 평균적으로 0에 이른다. 내가 말레이시아에서 너무 많이 먹어서 고통받았던 새눈고추는 스코빌 지수가 50,000에서 100,000 사이다. 1세제곱미터의 추출물을 50~100리터 물로 희석해도 내 미뢰가 그 맵기를 감지할 수 있을 정도라는 뜻이다.

세계 곳곳에는 더 매운 칠리를 육종하는 데 집착하는 재배사들이 있다. 가장 성공한 사람들을 영국인과 미국인으로, 기네스북에 오른 최초의 영국 품종은 도싯 나가(Dorset Naga)로 매우 재능 있는 전통적인 식물 육종가인 조이(Joy)와 마이클 미샤우드(Michael Michaud) 부부가 육종했다. 이들은 영국 남서부에서 바다의 봄 씨앗(Sea Spring Seeds)이라는 가게를 운영한다. 2006년 그들이 기른 칠리는 스코빌 지수 923,000 이상을 기록하여 세계에서 가장 매운 칠리로 기록되었다. 미샤우드 부부는 지금 도싯 나가가 1,221,000 스코빌 지수를 기록한다고 주장한다. 나는 높은 스코빌 지수를 주장하는 칠리 재배사들이 '도망간 물고기'의 크기를 부풀리는 어부들과 비슷하다고 감히 말해본다.

더 매운 칠리를 만드는 작업은 계속되고 있지만, 더 높은 수치에 도달하는 것 이외에 다른 어떤 목적이 있는 건지 모르겠다. 이렇게 매운 칠리를 먹는 것은 내가 애써 피하는 일이다. 현재 세계 기록을 보유한 칠리는 퍼커버트(농담이 아니다) 고추 회사(Puckerbutt Pepper

Company-퍼커버트는 '불타는 항문' 정도의 의미다편집자주)의 에드 커리(Ed Currie)가 키운 캐롤라이나 리퍼(Carolina Reaper)이다. 2017년에 확인했을 때, 그것은 평균 1,641,183 스코빌 지수를 기록했고, 최근 도넷 나가의 기록보다 다소 앞섰다. 매년 성인이 된 남성과 여성들은 스스로를 칠리 애호가라고 부르며, 누가 아프거나 쓰러지지 않고 일 분 안에 캐롤라이나 리퍼를 가장 많이 먹는지 경쟁한다. 2017년 기록된 120그램은 지금까지 깨지지 않은 기록으로 남아 있다.[10]

자연스러운 매운맛

챔피언 칠리들은 거의 모두 C. 치넨세 품종이지만, 캐롤라이나 리퍼는 의도적으로 C. 치넨세와 C. 프루테센스를 교차해서 나온 결과다. 이러한 교배는 수 세기 동안 우연의 결과물로써 발생해왔다. 약 15년 전, 아주 매운 칠리를 육종하는 열풍이 본격적으로 시작되기 전에는 세계에서 가장 매운 칠리는 일반적으로 인도 북동부에서 온 것으로 여겨졌다. 이 지역에는 셀 수 없이 많은 토종 품종이 자라는데 모두 비슷하다. 이름을 대자면 나가 졸로키아(Naga Jolokia), 부트 졸로키아(Bhut Jolokia, 스코빌 지수 수치가 100만이다) 그리고 비흐 졸로키아(Bih Jolokia, 졸로키아는 고추를 의미하는 아삼어이다) 등이 있다.

나는 가끔 엄청나게 불같이 매운 칠리를 만났다. 가장 기억에 남는 것은 인도와 가까운 미얀마에서이다. 그 나라의 요리는 지역마다 상당히 다른데, 막상 나는 이를 극도로 매운 요리와 연관 지은 적이 없다. 어느 날 양곤에서 새벽에 거리 시장을 헤매던 중 직접 기른 채소를 판매하는 또 다른 멋진 '할머니'를 발견했다. 판매대에는 빛나는 빨간 고추가 있었다. 그때 내가 받은 충격을 상상해보라. 열매는 약 2인치(약 5센티미터역주)로 껍질은 울퉁불퉁해서 거의 거칠다시피 했다. 꽤 통통했지만 끝으로 갈수록 얇아졌다. 내게 익숙한 나가 유형을 연상시켰다. 나는 코를 킁킁거렸다. 열매는 과즙이 꽤 풍성했고, 엄지 손톱으로 표면을 긁어 즙을 맛보니 맵기 짝이 없었다. 사야만 했다. 그러나 이웃 노점상은 할머니가 외국인으로부터 적절한 이익을 얻어야 한다고 생각했다. 나는 그가 제안한 값을 지불했고 그날 아침 내가 그녀의 가장 좋은 고객이었을 거라고 생각하며 즐거워했다. 나는 분명 진가를 가장 잘 알아본 손님이었다.

씨앗을 집으로 가져왔고 칠리는 아주 잘 자라줬다. 내가 재배해 본 것 중 가장 격렬하게 매운 작물을 풍부하게 생산해냈다. 인도 북동부가 미얀마와 국경을 접하고 있다는 것을 고려하면, 내가 버마 나가(Burmese Naga)라고 이름 지은 이 칠리가 형제인 졸로키아(Jolokia)와 똑같은 불같이 매운 특성을 가지고 있다는 것에 놀라지 말았어야 했다고 생각한다. 비록 이것은 심각하게 매운 칠리 소스의 귀중한 재료이지만, 카레에는 반토막이면 충분하다. 어쩌면 내 오랜 친구들이 조지 술집에서 그것을 시도해보는 꼴을 봐야 할지도 모르겠다.

달콤한 칠리

우리가 슈퍼마켓 진열대에서 화려한 여러 가지 색으로 볼 수 있는 달콤한 피망은 대부분 잡종이다. 그것들은 싱겁고 시시한 요리를 만든다. 그러나 그들의 조상인 전통적으로 크고 순한 고추는 수 세기 동안 중동과 북아프리카의 음식 문화에서 깊게 자리를 잡았었다. 이 처음 도입된 것들에서 피미엔토(pimiento, 피망을 의미하는 스페인어 역주) 유형이 나왔다. 이 유형은 스페인 요리의 핵심 부분이다. 더 작고 둥글며 울퉁불퉁한 품종은 내가 소개한 우크라이나의 것과 같이 많은 튀르키예와 동유럽 음식의 기초 재료이다. 달콤한 고추는 16세기 중반부터 스페인과 이탈리아 사람들이 선호했고, 수 세기 동안 재배되면서 수많은 지역 품종으로 발전해왔다.

국가와 문화는 자신들의 지역 품종에 대해 근거 있는 자부심을 가지고 있으며, 그중 많은 품종이 유럽연합 법에 따라 원산지 지정 보호(DOP) 지위를 가지고 있다. 파드론 고추(Padrón pepper)가 그중 하나이다. 순하지만 가끔 작물 중 매운 것이 섞여 있는 이 품종은 녹색이며 덜 성숙했을 때 요리한다. 지금은 미국에서 재배되고 있지만, 진짜는 스페인 북부 갈라시아 지방의 파드론에 있는 원산지에서만 구할 수 있다. 스페인의 모든 조미료 중에서 가장 유명한 것이 바로 이 달콤하고 매운 피멘톤(pimentón)이다. C. 아눔 유형은 헝가리 요리의 주요 부분인 파프리카의 또 다른 형태다. 그러나 상당한 정당성과 역사를 지닌 스페인 사람들은 자신들의 것이 특별하다고 주장한다. 콜럼버스가 두 번째 신대륙 여행에서 스페인으로 돌아온 1494년 이사벨라 여왕과 페르디난드 왕에게 피멘톤을 줬다는 이야기가 있다. 이 두 왕은 이것이 자기 입에는 너무 맵다고 생각했다. 그러나 과달루페의 수도사들은 다르게 생각했고, 스페인 전역의 다른 수도원에 공유했다. 오늘날 이 향신료는 두 지역에서 재배된다. 하나는 남동쪽 해안의 무르시아이고, 다른 하나는 라 베라(La Vera)라는 이름으로 더 유명한, 스페인 중부 에스트레마두라 지방의 가세레스 지방이다. 콜럼버스는 이곳에서 왕과 여왕에게 처음으로 맛을 보였다고 기록했다.

반면 헝가리어로 '고추'를 뜻하는 파프리카는 동쪽에서 헝가리로 들어온 피멘토 유형의 말린 칠리의 산물이었을 것이다. 투르크족은 18세기 오토맨이 통치하는 동안 간 칠리를 발칸 지역에 소개했다. 그 이전에 그 고추는 장티푸스 치료제로 사용되었고 집을 꾸미는 장식 식물로 가치가 높았다. 1920년대까지 파프리카는 매웠고, 갈아서 쓰는 향신료였다. 헝가리 남부의 세게드에 사는 한 식물 육종가가 우연히 맛이 더 부드럽고 달콤한 열매를 발견했고, 그것이 오늘날 파프리카로 불리는 전형적인 유형이 되었다.

원산지 지정 보호 지위를 가진 또 다른 정말 멋진 피멘톤 종류는 프랑스 남서부의 바스크 지방에 있다. 바스크어로 '빨강'을 뜻하는 고리아(Gorria) 품종처럼 생으로 먹으며, 말리거나 거칠게 갈면 훌륭한 조미료인 피망 데스플레트(Piment d'Espelette)가 된다. 이것은 엄격하게 보호받는 작물이라서 그 지역에서만 상업적으로 재배할 수 있고, 씨앗을 구하기란 쉽지 않다. 나는 운이 좋게도 나처럼 칠리 애호가인 프랑스 친구가 씨앗을 나눠줬다. 나는 이 맵고 달콤한 칠리 고추를 정말로 매우 높게 평가한다. 내 식품 저장실에 언제나 거칠게 간 가루가 저장하고 있다.

모로코에서 휴가를 보내던 중, 나는 또 다른 달콤하면서 매콤한 품종을 발견했다. 그때 나는 알제리 국경과 가까운 동쪽의 거대한 모래 언덕을 탐험하고 있었다. 야자수가 있는 찬란한 오아시스를 가로질러 가는데, 주위에 관개 시설이 갖춰진 작은 밭이 있었다. 밭에는 알팔파, 옥수수, 특용 토마토, 허브가 자라고 있었다. 나는 홈이 세 개 파진, 원뿔 모양의 진홍색 고추를 발견했다. 쥐면 손바닥에 쉽게 들어오는 크기였다. 농부는 이 고추를 평생 길러왔고 진정한 모로코 사막 고추라고 했다. 먹어보니 과일의 훌륭한 단맛이 복잡하게 났다. 충분히 매워서 염소 고기로 만든 타진(스튜의 일종[역주])의 맛을 살려줄 수도 있었다. 건조시켜 거칠게 갈면 훌륭한 조미료가 된다. 모로코 어느 곳에나 있는 이 고추는 우리에게 가장 유명한 알레포 고추와 같은 품종이다.

알레포는 2011년 내전이 일어나기 전까지 수 세기동안 식물 번식과 농업의 중심지였다. 그 해 나는 도시에서 평소처럼 시장을 샅샅이 돌아다니면서 많은 씨앗 가게를 방문했고, 여러 가지 품종의 달콤한 매운 고추를 구매했다. 그중에는 유명한 발라디(Baladi) 또는 알레포라 불리는 고추가 있었다. 익은 열매는 씨를 제거해 건조하며 종종 소금과 기름을 첨가해 최종 상품이 더 붉어 보이게 한다. 그렇게 나온 거친 가루는 시리아 요리의 일부가 된다.

나는 고추가 없는 삶을 상상할 수 없다. 모든 형태의 고추는 눈부시게 아름답다. 고추를 요리에 넣지 않고 지나가는 날은 거의 없다. 고추를 기르는 일이 엄청나게 기쁘다. 나는 늘 해가 뜨자마자 온실 문을 열면서 고추들에게 활기차게 "좋은 아침!"이라고 인사한다. 동료 재배사들과 고추에 대해 이야기하면 대화가 끊이지 않는다. 씨앗 교환회에 참석하면 내 저장고의 씨앗 꾸러미를 동료 애호가들이 채워준다. 나는 그들의 기원과 수많은 문화에서 차지하는 중요성 그리고 그들을 발견했던 많은 멋진 모험들을 떠올리곤 한다.

핼러윈이 아니어도

스쿼시가 땅을 가로질러 팔을 뻗었다는 건
부엌으로 갈 준비가 되었다는 뜻이다.
- 안토니오 프란체스코 도니(Antonio Francesco Doni, 1513-1574),
《호박(La Zucca, c.1541)》

과대평가되고 남용되는 극소수의 채소 중에 불운하게도 내가 먹었으며 가끔 기르는 것이 있다. 그중 1위는 매로다. 어머니가 아직 살아계셨다면 아마 등짝을 때리셨을 것이다. 나는 어머니가 매로를 가득 넣어 만든 음식은 먹기가 매우 두려웠다. 맹탕인데다 맛도 없고, 회색 덩어리를 보면 오래 입어서 낡은 속옷이 생각났다. 한때는 색이 선명한 껍질에 싸여 있었던 그 채소는 이제 양념은 사라져서 없고, 오븐에서 너무 오래 있어서 풍미가 사라진 질긴 다진 고기와 덜 익은 양파와 뒤엉켜 있었다.

이름에서 알 수 있는 것?

매로는 전형적인 영국 작물이다. 통틀어서 여름 호박으로 알려진 쿠쿠르비타 페포(Cucurbita pepo) 종의 여덟 가지 식용 열매 중 하나이다(Cucurbita는 라틴어로 '컵' 또는 '플라스크'를 의미한다). 식물학자 해리 S. 패리스(Harry S. Paris)는 지난 30년 동안 대부분의 시간을 그들을 연구하며 새로운 품종을 만들었고, 다음과 같은 여덟 가지 유형[1]의 목록을 만들어냈다. 매로, 호박, 스캘럽, 도토리 호박, 주키니, 코코젤, 크룩넥 스쿼시, 노란 스쿼시. 마지막 두 개는 불과 150년 전에 식물학자들이 발견한 것으로, 북미 원주민들이 재배했다. 우리가 보게 될 것처럼 이 과에 속한 구성원들의 이름은 수 세기에 걸쳐 혼란으로 가득했다. 우리 엄마가 기르던 거대한 매로는 사실 너무 자란 쿠르젯(영국식 이름으로 프랑스에서는 주키니라고 부른다)이었다. 주키니는 언제 주키니라고 부를 수 있을까? 쿠르젯이라는 단어는 '박'을 의미하는 프랑스 단어 쿠르쥐(courge)의 약칭이다. 주키니라고도 부를 수 있지만, 종자 회사에서는 다른 종류의 여름 호박을 묘사할 때 종종 쿠르젯이라는 용어를 사용한다. 주키니는 박과 스쿼시를 의미하는 이탈리아 단어인 주카(zucca)의 복수형 약칭이다. 정말 중요한 게 맛이라면 이런 구분을 꼭 해야 할까? 독자분들, 내 이야기를 들어달라, 적어도 이 특별한 채소에 진심인 나는 그렇다!

'여름 호박'이라고 알려진 것들은 일찍 익으며 보통은 겨우내 먹을 수 있도록 저장하지 않기 때문에 여름 호박이라 불린다. 피터팬 스쿼시 또는 스캘럽 쿠르젯, 노란 스쿼시, 크룩넥 스쿼시, 코코젤 스쿼시는 모양이 우리가 크루젯 유형이라고 생각하는 것과 다르다. 종자 회사들도 거의 구별하지 않으며, '주키니' 또는 '쿠르젯'이라고 적힌 씨앗 보따리는 이런 유형들을 포함한다.

진정한 주키니는 사실 매우 최근에 나왔다. 처음 기록한 사람은 도메니코 타마로(Domenico Tamaro)이다. 1901년에 나온 자신의 책 《원예(Orticultura)》에서 빨리 익으며 덤불 형태로 자라는 주키니를 나열했다. 열매는 길고 원통형이며 짙은 녹색이고 흰색 반점이 있는데 어릴 때 먹으면 가장 맛있다. 주키니라는 단어는 이전 세기에 이탈리아 요리사들과 정원사들이 덜 자란 모든 여름 호박을 묘사하는 데 사용했지만, 식물학적으로는 완전히 틀린 말이다. 지금도 크게 달라진 것은 없다. 그 예로 이탈리아와 프랑스 이름을 가진 전통적인 '쿠르젯'로 스트리아토 디탈리아(Striato d'Italia)가 있는데, 이것은 코코젤 품종이다. 또 론 드 니스(Ronde de Nice)는 호박 그룹의 구성원이다. 많은 씨앗 상인들이 프랑스 '가보'라고 주장하지만, 토리노에서 온 톤도 디 니차(Tondo di Nizza)와 놀라울 정도로 비슷하다! 분명한 것은 수많은 다른 종류의 덜 성숙한 열매를 이탈리아인들이 500년 이상 무척 즐겨 소비했다는 것이다. 오늘날 다양한 모양과 색상의 수많은 이름의 여름 호박 품종들이 사랑받는 만큼 동시에 미움받고 있다. 우리 어머니가 자식들에게 강제로 먹이기 좋아했던, 영국 원예 박람회 진열대에 계속 나오는 그 거대한 원통형 품종들은 200년 전 영국 육종가들이 신중하게 선택해서 나온 것일 수도 있지만, 오늘날에는 다 익을 때까지 남겨두는 '쿠르젯'에 지나지 않는다.

나는 여름 호박이 다소 지루하다고 생각했지만, 시리아로 씨앗 사냥을 떠났다가 현지에서 육종된 품종을 가지고 집으로 돌아왔을 때 그 생각은 완전히 바뀌었다. 평균적인 유형보다 섬유질이 훨씬 많고 맛도 좋았다! 요즘 나는 다른 호박은 아무것도 키우지 않으며 이 '시리아 쿠르젯'에 대해 끊임없이 전파하고 다닌다. 길이가 12센티미터가 되기 전에 수확하면 무조건 맛있다. 모양은 약간 서양배를 닮았는데, 패리스의 설명에 따르면 이 서양배도 매로 유형이라고 한다. 하지만 너무 커버리면 적어도 내게는 가장 경멸받는 매로가 될 것이다. 이 특정 작물을 기르는 정원사가 부주의하다면 생길 수 있는 문제가 있는데, 눈 깜짝할 사이에 크기가 두 배가 된다는 점이다. 텃밭을 하루나 이틀만 비우기만 해도 너무 많이 자란다. 너무 커버린, 이 아름답고 녹색 반점이 있는 열매는 이제 수프나 퇴비 더미 또는 꽃농산물 박람회의 전시용으로만 쓸 수 있다. 거대한 매로는 전통적인 영국 요리의 기반이지만, 어떠한 가치 있는 작물로서의 매력도 빠르게 잃어가고 있다. 익은 지 며칠 되지 않았을 때 따온 미숙한 열매들은 아직 손바닥으로 쥘 수 있는 크기인데, 그건 또 다른 이야기다.

스쿼시 네 종

10,000년 전 신대륙에서 모든 종류의 스쿼시가 작물화되고 개발되기 시작했다. 그러나 이 채소의 이름은 인간의 실수로 인해 길고 복잡한 역사를 갖게 되었다. 스쿼시라는 이름은 북미 원주민인 알콘킨족의 언어인 아스쿠트 스쿼시(askoot asquash)에서 유래했는데, 번역하면 '생으로 먹다'라는 의미이다. 삶지 않은 쿠르젯은 샐러드와 잘

어울린다. 오늘날 스쿼시는 네 종을 모두 지칭하며 다른 이름인 호박과도 상당히 기준 없이 섞여 쓰인다. 호박(pumpkin)은 그리스어 페폰(pepon)과 라틴어 페포(pepo)에서 유래했다. 페폰은 그리스 의사인 갈렌 (Galen, 기원전 c.129-216)이 익은 오이를 설명하기 위해 처음 사용했다. 나는 로마 시대로 거슬러 올라가는 요리법의 번역을 볼 때 유독 짜증이 난다. 분명 스쿼시가 아닌 열매에도 스쿼시라는 이름을 쓰기 때문이다! 그 이름을 영어식으로 스쿼시라고 부른 사람들은 17세기 초 뉴잉글랜드(알곤퀸 영토)에 도착한 최초의 영국 식민지 개척자들이었다.

우리가 본 바와 같이 C. 페포(C. pepo) 종은 호박이라고 불리는 여름 호박 유형을 포함한다. 그러나 p로 시작하는 단어는 작물화된 스쿼시의 다른 세 종인 C. 막시마(C. maxima), C. 믹스타(C. mixta) 그리고 C. 모샤타(C. moschataa)의 일부 구성원을 설명하는 데 사용되기도 한다. 이번 장에서 나는 '스쿼시'를 쿠쿠르비타의 신대륙 종류의 대부분 유형을 일반적으로 설명하는 단어로 사용하겠다. 스쿼시가 호박이냐 아니냐에 대한 논쟁은 일반 독자뿐 아니라 나 같은 애호가들도 혼란스럽게 한다. 어느 쪽에 대해서도 국제적으로 인정된 정의는 아직 없다. 유형의 대중적인 이름은 뜻이 분명한 식물학적 이름보다 더 의미 있는 문화적인 연관성이 있다. 이것은 네 종이 작물화된 여정을 따라가다 보면 더 명확해진다. 이 네 종은 내가 요리하는 즐거움의 중심이다.

그렇다면 스쿼시는 우리의 집단 음식 문화에 얼마나 중요할까? 우리는 다시 한 번 크리스토퍼 콜럼버스에게 고마워해야 한다. 그는 1492년 탐험에서 스쿼시를 가지고 돌아와 구대륙에 소개했다. 스쿼시의 역사에 대해 쓴 책《뉴욕의 채소(Vegetables of New York, 1928년 출간)》에서 G.P. 반 에셀틴(G.P. Van Eseltine) 교수는 이렇게 말했다. "재배용 쿠쿠르비타의 역사를 전부 다 쓴다면, 구대륙과 신대륙 모두에 있는 열대와 아열대 지역의 농업 발전 이야기의 큰 부분을 차지할 것이다."[2]

콜럼버스가 신대륙을 항해하기 전에 호리병박인 라게나리아 시세라리아(Lagenaria siceraria)는 구대륙에서 널리 재배되는 작물이었다. 이 작물은 용기로 쓰였고 씨앗은 매우 영양가가 높아서 훌륭한 기름을 만들어냈다. 살도 때때로 먹었지만 아메리카 대륙에서 새로 온 것들보다 맛이 한참 못 미쳤다. 그러나 16세기의 식물학자들은 박과 스쿼시를 혼동했고 잘못 분류하고 잘못된 이름을 붙여 상황은 더 악화됐다. 이 부분은 약 200년 뒤에야 바로잡혔다.

아메리카 원주민 부족에 대한 초기 고고학적 기록은 그들이 박과 스쿼시를 둘 다 사용했는데 대부분은 용기로 사용했지만 영양가 있는 씨앗은 쓰기도 했다는 것을 보여준다. 스쿼시와 박은 눈부시게 다양한 색, 모양, 질감을 가지고 있는데, 자유롭게 교배하는 능력 덕분이다. 그러나 두 종 모두 독립적으로 진화하여 서로 교배할 수는 없다. 신대륙에 살았던 신석기 시대 농부들은 토착 야생 스쿼시의 특징을 선택할 수 있었다. 더 굵고, 씨앗이 더 크고, 무엇보다 더 달고, 섬유질이 덜한 스쿼시를 계속 선택했다. 그들은 호리병박을 더 개선하는 데에는 신경을 쓰지 않았거나 아니면 호리병박이 작물화 증상(domestication syndrome)에 덜 반응했던 것 같다. 작물화 증상이란 야생 식물이 재배할 가치가 있는 특성을 획득하는 과정이다. 예를 들어 종자 휴면(種子休眠, 적당한 발아조건에서도 일정 기간 발아하지 않는 현상[역주])의 전부 또는 일부를 잃는 것이 될 수 있는데, 그래야 작물이 더 균일하게 발아하고 열매를 성숙시킬 수 있기 때문이다. 작물화하는 첫 번째 단계에서 중요한 요소는 사람에게 질병이나 죽음을 야기할 수 있는 화학적 방어를 잃거나 손실하는 것이다. 스쿼시의 경우, 작물화하는 두 번째 단계는 이러한 특성을 활용하여 더 큰 열매 크기, 색, 모양, 먹을 수 있는 씨앗과 우리가 더 높게 평가하는 풍미가 많은 살을 선택하는 것이다. 채즙은 매우 독성이 강할 수 있지만, 호리병박은 씨앗을 얻기 위해, 또 용기나 장식품으로 쓰기 위해 신대륙에서 계속 자라고 있다. 분명 먹기 위해 기르는 건 아니다.

폼푼, 멜론, 박

스쿼시를 길들인 이야기는 C. 페포에서 시작한다. 이것의 원산지는 북아메리카로, 수천 년 동안 그곳 토착민들이 재배해왔다. C. 페포의 야생 부모는 많은 면에서 아프리카 토종 박과 비슷했다. 작고, 껍질이 매우 단단하며, 먹으면 쓴맛이 나고 섬유질이 많은 반면 씨앗은 거의 없었다. 사실 오늘날 일부 재배사들 사이에서 계속해서 인기를 끌고 있는 소위 '장식용 박'은 야생 C. 페포와 유전적으로 거의 다르지 않다. 이 쓴맛은 화학적 큐쿠르비타신 때문에 나타나는데, 초식동물에 대한 방어이다. 적은 양으로도 위궤양을 일으킬 수 있고 무심코 먹었다간 죽을 수도 있는 것으로 알려져 있다.

오랜 시간 작물화된 C. 페포는 두 아종을 낳았다. 그중 첫 번째는 C. 페포 아종 페포(C. pepo subsp. pepo)이다. 1493년 콜럼버스가 히스파니올라에서 돌아오는 길에 데려왔고 앞에서 설명한 여덟 가지 여름 호박의 종류의 시작이 되었다. 두 번째는 C. 페포 아종 오비페라(C. pepo subsp. ovifera)이다. 저장할 수 있는 유형인 도토리 호박을 포함하며 내 정원에서 꾸준히 자라고 있다. 검은색에 가까운 짙은 녹색에 깊은 갈비뼈가 있는 열매인 테이블 퀸(Table Queen)은 인기가 좋다. 이 품종은 아이오아 종자 회사 디모인(Des Moines)이 육종한 것으로 1913년 미국에서 처음 판매되었다. 이것은《뉴욕의 채소》[3]에서 노스다코타의 아리카라 부족이 재배하는 것과 동일하지만 더 맛있다고 적혀 있다. 이들 부족은 능숙한 원예가로 식물 육종가가 이것을 '개선하기' 전부터 수 세기 동안 의심의 여지없이 이 종을 길렀다. 이 아종의 또 다른 구성원은 밝은 주황색 표본으로 일반적으로 호박이라고 불리는 것이다. 핼러윈 축제 장식의 중심이자 '호박 파이'의 주재료다. 16세기에는 체계적인 분류 수단이 없었기 때문에 모든 원통형 품종들은 매로나 크룩넥 스쿼시으로 알려졌고 둥근 유형은 호박, 스캘럽, 멜론 또는 도토리 호박으로 불렸다.

신대륙의 첫 번째 스쿼시가 이탈리아에 도착한 지 50년이 지난 뒤, 많은 식물학자들은 페포와 페폰을 모두 사용하여 구대륙이 원산지인 멜론 유형을 묘사했다. 하지만 영어에서는 16세기 후반까지 멜론은 호박을 묘사하는 데 사용되었다! 이후 200년 동안 탐험가와 식물학자들은 호박, 스쿼시, 호리병박을 묘사하는 데 쿠르쥐(Courge)를 사용했다. 쿠르쥐는 이후에 쿠르젯(courgette)으로 영어화되었다. 비록 식물학자들이 이미 다양한 군과 유형의 호로과채소들의 뚜렷한 차이와 특징을 인식하고 있었지만, 모든 형태의 스쿼시 폼페이, 멜론, 박을 계속 쿠르젯이라 불렀다. 칼 린네조차 모든 박과 스쿼시를 쿠쿠르비타속으로 간주했다. 린네가 죽은 뒤 식물학자인 후안 이그나시오 몰리나(Juan Ignacio Molina, 1740-1829)가 드디어 박을 고유의 속인 라게나리아(Lagenaria)로 분류했다. 미국 식물학자 에드워드 루이스 스터티번트[4]는 여름 호박과 겨울 호박의 서로 다른 모양이 이름을 짓는 데 혼란을 주었다고 주장했다. 크고 둥근 것들은 폼푼(pompeon)이라 불렸다. 껍질이 단단하고 겨울 식량으로 보관할 수 있는 것은 박이었고, 작고 둥근 것은 멜론이었다. 박과 스쿼시를 구별하는 가장 쉬운 방법 중 하나는 꽃이다. 박은 꽃이 흰색이고 스쿼시는 노란색이다. 하지만 그걸 깨닫는 데 200년이 넘게 걸렸다. 신대륙의 네 가지 스쿼시도 쉽게 구별할 수 있는 서로 다른 외형을 가지고 있다.* 시작은 느렸다. 당시 많은 채소가 그랬던 것처럼 가난한 사람들에게만 어울린다고 여겨졌기 때문이다. 하지만 스쿼시는 유럽 식단에서 인기 있는 음식이 되었다. 16세기 말까지 영국인들은 크고 껍질이 단단한 스쿼시의 모든 종들을 통틀어 '폼푼 호박'이라고 불렀다. 미국 식민지에서 가져온 것들이었다. 그들은 영국 기후에서 잘 자랐고 이름은 곧 호박으로 바뀌었다. 달콤한 살에 말린 과일과 사과, 향신료를 섞은 다음 페이스트리 반죽 위에 올려 굽는 요리가 인기가 있었다. 그리하여 식민지 미국 요리의 아이콘이 될 호박 파이가 탄생했다. 껍질이 단단한 C. 페포 유형과 대부분 C. 막시마(알곤킨이 재배하는)인 또 다른 껍질이 단단한 종들과 사랑에 빠진 것은 북아메리카를 식민지화하면서 동시에 일어났다. 17세기 미국에서 이것들의 큰 가치는 식물 사료였고 인간은 극한의 상태에서나 먹었다. 초기 식민지 개척자들은 오븐이 없었기 때문에 호박의 윗부분을 잘라내고 씨를 제거한 뒤 우유, 향신료 그리고 꿀처럼 달콤한 것을 섞은 것으로 속을 채운 뒤 뚜껑을 다시 덮었다. 속을 채운 채소를 불의 잿속으로 밀어넣어 천천히 구우면 도톰하고 크림 같은 커스터드가 되었는데, 오늘날 호박 파이 속과 다

* 쿠쿠르비타 페포는 잎이 깊게 갈라지고 가시털이 나며 과경(果梗)에는 다섯 개의 골이 나 있다. 익어갈 때 열매의 밑이 부풀어 오르지 않는다. 껍질은 익으면서 매우 단단해진다. C. 막시마는 잎이 크고 둥글며 패여 있지 않다. 뻣뻣한 털이 나고 가시는 없다. 과경은 둥굴고 골이 없으며 줄기보다 지름이 훨씬 크다. C. 모샤타는 짙은 녹색이며 잎은 은색과 흰색으로 얼룩져 있고 각이 져 있으며 패여 있지 않다. 털은 있고 가시는 없다. C. 믹스타의 잎은 모샤타의 잎과 비슷하지만 더 삐죽삐죽하고 흰 반점이 있다.

르지 않았다. 살은 빵이나 케이크 같은 종류를 만드는 데 쓰거나 발효해서 맥주를 만들었다. 유럽인들은 서쪽으로 이주하면서 스쿼시를 거래하고 재배할 수 있었다. 그렇게 스쿼시는 아메리카 원주민들의 음식 문화의 주요 부분이 되었다.

미국산

C. 페포만이 진정한 여름 호박이다. 즉, 겨울 호박으로 알려진 다른 품종들과 달리 오래 보관할 수 없다. C. 모샤타 종의 두 유형은 다른 겨울 호박처럼 보관 기간이 길며, 미국 음식 문화에서 중요한 위치를 차지하고 있다. 첫 번째 유형인 거대한 크룩넥 스쿼시는 미국에서는 인기가 있지만 그 외에는 잘 알려지지 않았었다. 18세기 초 플로리다에 처음 정착한 세미놀 부족은 이 거대한 크룩넥을 길렀다(이것을 크룩넥 쿠르젯와 혼동하면 안 된다. 그들은 크룩넥 크루젯을 쿠쇼(Cushaw)라고 부른다). 1930년 식물학자 K.J. 팡갈로(K.J. Pangalo)는 이 스쿼시를 별도의 종인 C. 믹스타로 분류했지만, 1950년 전까지는 제대로 기술되지 않았다.[5] 그때까지 그것은 C. 모샤타의 한 품종으로 여겨졌다. 솔직히 말해서 내가 이 종을 다시 기르려면 설득이 조금 필요하다는 것을 인정해야겠다. 왜냐하면 대부분의 다른 크룩넥 스쿼시만큼 맛이 좋지 않기 때문이다. 이것은 크고 맛있는 씨앗으로 더 사랑받으며, 씨앗은 멕시코와 과테말라에서 인기 있는 간식이다.

C. 모샤타의 또 다른 유형은 버터넛 스쿼시이다. 이제 쿠르젯의

인기를 따라 잡아 세계적인 음식 현상이 되고 있다. 나는 이것을 사랑으로 기른다. C. 모샤타는 메소아메리카 대부분의 습윤 저지대가 원산지다. 연관 있는 야생 품종은 아직 발견되지 않았지만, 버터넛 스쿼시는 적어도 4,000년 전에 관개 시설을 갖춘 농장에서 재배되고 있었다. 페루 북부 해안 사막 지역인 와카 프리에타에서 발견된 가장 오래된 고고학적 기록이 바로 이 시기의 것이다. 그 지역의 토착 부족들은 옥수수를 재배하기 전에 스쿼시를 재배했던 것으로 보인다. 이후 고고학적 발견을 보면 그 열매가 문화적으로 큰 의미가 있었다는 것이 분명하다. 왜냐하면 2세기에서 8세기 사이에 이 지역의 모체(Moche, 페루 모체 계곡에서 번영한 문화[역주]) 도예가들이 실물 크기의 클론을 생산했기 때문이다. C. 모샤타는 3,500년 전 이미 멕시코 북동부 해안 지역에서 널리 재배되고 있었다. 유럽 식민지화 이전에 미국 남서부 푸에블로 지역의 음식 문화의 일부였다는 증거도 있다.[6] 16세기에 스페인 사람들이 도착하면서 다양한 품종이 서인도 식민지와 플로리다에서 각각 겨울 호박 선호도 일 위가 되는 데까지 오래 걸리지 않았다. 17세기 말까지 그것들은 뉴잉글랜드에서 널리 재배되었다. 당신도 짐작하겠지만, 호박으로 알려져 있었다. 오늘날 호박 통조림과 상업용 호박 파이 대부분은 버터넛이나 크룩넷 스쿼시인 C. 모샤타 품종들로 만들어진다. 진짜 호박인 C. 페포는 사우어가 쓴 것처럼 "아무도 먹지 않고 핼러윈 호박등이 된다".

버터넛과 크룩넥

C. 모샤타의 두 가지 유형 중 버터넛 스쿼시는 원산지가 매우 다양하다. 지난 세기 매우 현대적인 육종의 대상이 되었고 오늘날 미국 스쿼시 생산을 지배하고 있다. 내 생각에 일부 거대한 크룩넥 품종은 맛보다는 외형 때문에 더 길러지는 것 같다. 예를 들어 내가 기르는 펜실베니아 더치 크룩넥(Pennsylvania Dutch Crookneck)은 맛은 별로 없지만 웅장하게 생겼다. 이것은 '오래 저장할 수 있는 채소'로, 1834년 종자 상인인 찰스 메이슨 호비(Charles Mason Hovey)가 처음 판매한 캐나다 크룩넥과 같은 초기 미국 품종들과 함께 미국인들 겨울 식단의 중요한 부분이 되었다. C. 모샤타의 모든 종류는 덥고 습한 조건에서 잘 자라기 때문에 영국 날씨와는 잘 맞지 않는다. 그러나 버터넛 스쿼시의 현대적인 일대잡종은 슈퍼마켓 통로에 널려 있고, 많은 종자 카탈로그에서도 몇 가지 소개되어 있다. 카탈로그에는 추운 기후에서 잘 자라도록 육종되었고 요리 품질이 훌륭하다고 소개되어 있다. 하지만 일대잡종 스쿼시가 맛있긴 해도 저장한 씨앗에서 유형대로 다시 자라지 않기 때문에 나는 기르지 않는다. 운이 좋게도 내가 가장 좋아하는 버터넛인 월섬(Waltham)은 1960년대 미국 매사추세츠에서 전통적으로 육종한 품종이기 때문에 씨앗을 보관할 수 있어서 문제가 되지 않는다!

세계를 점령하다

내가 기르는 스쿼시의 네 번째 종은 단연코 가장 맛있는 C. 막시마의 겨울 스쿼시들이다. 이것들의 야생 부모는 아르헨티나와 우르과이의 리오 데 라 플라타 지역의 토착종인 잡초처럼 잘 자라는 개척자 C. 안드레아나(C. andreana)로 추정된다. 이 작물의 사회적, 문화적 중요성은 히스패닉 이전의 아르헨티나에서 가장 처음 사용되던 시기로 거슬러 올라간다. 당시 이 종은 아르헨티나에 살았던 과라니 인디언의 주요 작물 중 하나였다.[7] 약 1,500년 된 열매가 통째로 아르헨티나 북서부의 산악 지방인 살타에서 발견되었다. 다음에 발견된 장소는 페루였다. 인간이 작물로서 기른 건 남아메리카의 온대 지역으로 한정되었다. 다른 세 종은 16세기 초 스페인 사람들이 도착했을 때 북아메리카 대륙 전역에서 재배되고 있었다. 스페인 사람들은 C. 막시마를 가지고 왔는데, C. 막시마는 다른 스쿼시 종들과 달리 시원한 기후에서 잘 자란다. 이것은 아메리카 원주민들의 요리에 빠르게 자리잡았다. 곧 식단에 적어도 한 종의 스쿼시를 포함하지 않는 부족이 없게 되었다. 살, 꽃, 씨까지 다 먹었다. 16세기 말까지 많은 형태의 스쿼시를 북미 전역의 유럽 식민지 어디에서나 볼 수 있었다.

C. 막시마의 초기 품종은 크기와 모양이 다양했다. 어떤 것은 쿠르젯, 덜 자란 여름 호박처럼 먹었다. 대부분은 익었을 때 잘 보관하면 6개월 이상 저장할 수 있었다. 거대하게 자라는 것도 있었다. 16세기에 초기 스페인 탐험가들은 볼리비아의 아마존 강 상류를 여행할

때 사람이 혼자 들지 못할 정도로 큰 스쿼시를 발견했다고 전해진다.

내가 기르는 스쿼시 중에서 가장 장식적이고 가장 맛있는 것은 터크스 터번(Turk's Turban)이다. 이름이 곧 이 품종을 완벽하게 묘사한다. 껍질은 주황색과 빨간색이고 사람 머리 크기의 열매 위에는 튀어나온 '단추'가 달려 있다. 종종 녹색 줄무늬가 있어서 내게는 모든 스쿼시 중 가장 사랑스러워 보이는데, 취향에 따라 가장 못생겼다고 생각할 수도 있다. 1978년 동식물학자인 J. 몰리나(J. Molina)는 "끝이 큰 유두처럼 튀어나온 타원형 열매로 과육은 달콤하고 맛은 고구마와 다르지 않다"라고 설명했다.[8] 19세기 중반에 일부 분류학자들은 이 거대한 스쿼시가 C. 막시마 터비나포미스(C. maxima Turbinaformis)로 따로 분류되어야 한다고 제안했다. 안타깝게도 내 겸손한 의견으로는 이 제안은 절대 채택되지 않을 것이다. 만약 내가 다른 것도 길렀더라면, 내 아내는 행복했을지도 모르겠다. 그럼에도 불구하고 매년 다른 종과 마찬가지로 교차 수분을 피하기 위해 나는 C. 막시마 품종인 터크스 터번만 기른다. 내게 일 등이다.

터크스 터번뿐 아니라 색이 매우 다채로운, 시카고 워티드 허바드(Chicago Warted Hubbard)라는 품종이 있다. 유산 종자 도서관이 보관하며, 내가 순서 매긴 좋은 스쿼시 목록의 상위권에 있다. 과거에 상업용으로 재배됐다. 일리노이드에서 온 이 품종은 짙은 녹색이고 울퉁불퉁하며 둥글납작하고 크다. 일리노이드에서 1894년에 처음 판매되었다. 이것의 이름은 이것이 두 종류의 서로 다른 C. 막시마 사이에서 나온 잡종임을 말해준다. 허바드 스쿼시는 축구공 크기까지 커질 수 있으며 약간 중국식 등불과 모양이 비슷하다. 거의 200년 동안 가장 인기 있었던 스쿼시 중 하나로, 1830년대 이것을 처음 재배한 매사추세츠주 마블헤드의 엘리자베스 허바드(Elizabeth Hubbard) 부인의 이름을 땄다.

나는 C. 막시마 미국 품종 몇 가지를 좋아한다. 그중에는 오리건 홈스테드 스위트미트(Oregon Homestead Sweetmeat)가 있다. 이 분류되지 않은 유형은 이름에서 기원뿐 아니라 맛까지도 완벽하게 파악할 수 있다. C. 막시마는 이탈리아인들이 받아들인 마지막 스쿼시 과였고, 이탈리아에는 몇 안 되는 지역 품종이 있다. 그중 포 밸리의 롬바르디아 지역에서 나온 치오자 디 마리나(Marina di Chioggia)는 내가 가장 좋아하는 품종이다. 외형은 화려하고, 크기는 축구공만 하며, 껍질은 사마귀가 난 것처럼 울퉁불퉁하고 진한 녹색이다. 껍질은 맛있는 음식을 만들 수 있는 진한 주황색 과육을 감추고 있다. 일본의 스쿼시 유산에는 매우 다양한 품종이 있는데, 18세기 신대륙에서 건너온 C. 막시마의 토종 남미 유형에서 육종된 것들이다. 사실 가장 특이하게 생긴 몇몇 스쿼시는 일본에서 매우 인기가 좋다. 틀림없이 북미와 남부 유럽에서만큼 일본 음식 문화에서도 중요한 부분이다. 내 텃밭에서 자라는 일반적인 일본 품종으로는 우치키 쿠리(Uchiki Kuri, 쿠리는 일본어로 '밤'이다)와 카보차(Kabocha)가 있다.

자라고 자란다

C. 막시마의 거대한 표본을 기르는 것은 지난 500년 동안 많은 사람들에게 일종의 강박관념이었다. 그러나 또 한 번, 게으른 언론인들과 씨앗 상인들은 종종 '거대한 호박' 또는 '세계에서 가장 큰 호박'을 언급한다. 기네스북에 따르면 가장 큰 표본은 2016년에 등록된 기록으로 독일 루드비히스부르크의 마티아스 빌레민스(Mathias Willemijns)가 재배했다. 무게는 1,190.49킬로그램으로 소형차 한 대 크기다.[9] 먹을 수 없는 거대한 괴물이 아니라 호박이라는 게 놀랍다.

이 장을 마치면서 나는 짜증나는 주제로 돌아가야 한다고 느낀다. 호박을 진짜 호박이라고 부를 수 있는 때는 언제인가? '스쿼시'라는 단어가 일반적으로 사용된 이후로 대부분 논평가들이 동의한 것이 있다. 바로 모든 호박은 스쿼시의 일종이지만 오직 한 종류의 스쿼시만이 호박이라고 불릴 수 있다는 것이다. 식물학자 W.F 자일스(W.F. Giles)는 1943년 5월 〈왕립 원예 협회 저널(Journal of the Royal Horticultural Society)〉에 서로 다른 호로과채소를 구분하고 이름 짓는 문제에 대해 다섯 쪽을 할애했다.[10] 미국에서 일반적인 분류는 식물 분류와 일치하지 않는다. 우리가 본 바와 같이 호박은 영국인들이 모든 종류의 스쿼시를 일반적으로 부르기 위해 고안해낸 단어다. 아메리카 원주민 단어를 영어화한 이 단어는 북미에서 재배되는 모든 종류의 호로과채소를 설명한다.

나는 데이비드 랜드레스(David Landreth)로부터 단서를 얻는다.

그는 자신의 형제인 커스버트(Cuthbert)와 함께 1784년에 그들의 이름을 딴 종자 회사를 설립했다. 미국에 세워진 최초의 종자 회사 중 하나로, 미국의 유산과 가보 채소 품종을 알리는 기관의 상징이다. 데이비드는 호박과 스쿼시의 차이를 완벽하게 묘사한다. "실질적인 목적이라면 농부가 확인하는 게 가장 좋다. 완전히 다 자랐을 때 엄지손톱으로 껍질을 찌를 수 있으면 호박이고, 그럴 수 없으면 스쿼시다. 스쿼시 껍질은 다 자라면 나무처럼 단단해지기 때문이다." 호박이라는 식물학적 이름으로 통하는 스쿼시 유형이 딱 하나 있다. 바로 해리 패리스가 확인한 그것이다. 이것은 껍질이 부드러운 여름 호박으로 C. 페포 종에 속한다. 소위 호박으로 불리는 것 중 가장 유명한 것은 잭 오 랜턴(Jack O' Lantern)으로 사우어가 지적한 것처럼 껍질이 단단한 C. 페포 품종이다. 그러나 그 껍질은 호박이라고 부를 수 있을 정도로 단단하지 않다. 뭐, 그렇다.

이게 정말 아무것도 아닌 일에 큰 소란을 피우는 것일까? 크게 보면 그럴지도 모른다. 하지만 내게는 우리가 농작물에 이름을 짓는 방식은 우리가 그것들과 관계를 맺는 핵심이다. 그들이 불리는 이름은 나뿐만 아니라 직접 농작물을 기르며 강한 연대감을 느끼는 모든 이들에게 중요하다. 당신에게는 호박인 것이 내게는 스쿼시일 수 있다. 그러니 이름 때문에 싸우지 말고 그들이 작물화된 이야기에서 갖는 독특한 위치를 즐기고, 먹고 얼굴을 조각하고 부지런히 농사를 지어 거대한 크기를 만들어내고, 무엇보다도 그 살과 씨앗과 꽃을 즐기자.

그리고 마침내 - 희망의 씨앗

건강법을 하나 소개한다. 허기를 양념 삼아라.

- 토마스 투서(Thomas Tusser, 1524-1580),

《좋은 농사의 오백 가지 핵심

(Five Hundred Points of Good Husbandry, 1573)》

내가 1970년대 말 데본에서 몇 에이커의 가족 농장에서 채소를 재배하기 시작했을 때, 누구도 붉은 브뤼셀 싹이나 노란색 쿠르젯을 사는 데 관심이 없었다. 그것들이 '유기농'이라는 사실을 의심스러워 하는 사람도 몇 있었다. 매서운 겨울이 두 번 지나고, 쌀쌀한 저녁 늦게까지 새싹을 따서 다음날 지역 시장에서 1~2파운드를 받고 채소를 파는 즐거움은 사라졌다. 생계보다는 좋아서 기르는 편이 나았다. 나는 그때 내 자신을 세상을 녹색으로 바꾸는 히피 혁명의 참여자로 보았다. 하지만 나는 재배자 중 한 사람이었을 뿐이다. 그 당시 지속가능한 방식으로 식량을 재배하려는 사람들은 대체로 무시당했다. 대중은 전혀 관심이 없는 것처럼 보였다. 수십 년이 지나서야 진짜로 태도가 바뀌기 시작했다.

세월을 거스르다

우리가 보아온 것처럼 채소는 다양한 이유로 사라지거나 멸종되었다. 단지 서식지가 사라져서 때문만은 아니다. 많은 경우 그것들은 단순히 요리 재료로서 인기가 떨어지거나 상업적으로 포기되면서 희생되었다. 우리는 오늘날 우리를 먹여 살리는 데 이진법을 사용한 대가를 치르고 있다. 어떤 대가를 치러서라도 환경은 고려하지 않고 가능한 한 싸게 수확량을 증가시키려고 한다. 질보다 양이 우선시된 결과, 우리는 우리 부모님과 조부모님들이 즐기던 것보다 영양가 낮은 음식을 먹고 있다. 인기 있는 채소들의 많은 현대 품종들은 더 잘 자라고, 수확량도 많고, 병충해에도 더 강하지만, 먹어보면 대체로 맛은 떨어진다. 우리는 덜 익고 맛없는 음식을 사고 먹는 데 익숙해졌다. 판매자들은 반대로 말할 테지만 말이다.

그러나 오늘날 품질, 영양 가치, 기원은 핵심 요소가 되어 대중 의견의 변화를 주도하고 있다. 우리는 지금 음식을 생산하는 전통적인 방식을 다시 배우는 중이다. 전 세계에서 농부들이 수백만 년 동안 개발해온 방식 말이다. 지난 세기 동안 무시되고 폄하되었지만, 지속가능하고 총체적이며 포괄적인 식량 생산 모델은 더 이상 선택 사항이 아니라 필수이다. 내가 기억하기로 전통 품종들은 처음으로 인기를 얻고 있다. 소비자들은 지속가능한 방식으로 자란 음식의 맛을 경험하고 있고 더 많이 요구한다. 세계가 음식 문화를 중시하고 그것을 되살리고 지원하려고 한다는 설득력 있는 증거가 있다. 대표적인 예가 인도이다. 나는 인도에서 이 변화의 선두에 있는 농민들의 전통과 지식을 직접 목격했다.

25년 전만 해도 지구를 먹여 살리는 방법에 관한 연구와 발전은 기술적 해결책에 집중되었다. 인구는 급증하고 기후 문제라는 문제에 직면해 있었다. 지금은 점점 더 많은 사람들이 생물 다양성과 지속가능하고 전통적인 형식의 농업의 진정한 가치를 인식하고 존중하고 있다.

이 인식은 농부들이 가지고 있는 비길 데 없는 지식과 그들이 그들의 농작물과 관련하여 가져야 하는 권리에도 똑같이 적용된다. 농부의 전문성은 그 어느 때보다 존중받고 있다. 나는 수천 년 동안 쌓인 이해와 실천을 물려주고 있는 이들의 발아래에 앉아 가르침을 받고 있다. 그들은 세상을 먹여 살리는 해결책의 기본적인 부분이다.

지속 가능하며 합리적인 가격의 채소의 미래

오늘날 내가 보는 진짜 위험은 사람들 사이의 간극이 커져가는 것이다. 어떤 사람들은 유기농으로 기른, 지속적으로 생산 가능한 건강한 음식을 먹는데, 어떤 사람들은 가장 저렴하고 가장 질이 낮은, 대부분 가공되어 건강에 좋지 않은 음식만 먹을 수 있다. 사회가 직면한 주요 과제 중 하나는 수입에 관계없이 누구나 저렴하게 영양가 있는 음식을 먹을 수 있도록 하는 것이다. 새로운 세대의 매우 단호한 재배사들은 재생 원예를 받아들이고 이 문제를 해결하기 위한 과제에 착수했다. 그들은 내게 희망을 준다. 왜냐하면 과일과 채소를 유기농으로 기르면 더 적은 투입비가 들어 간접비가 내려가기 때문이다. 그뿐만 아니라 상품용 채소 농원과 다양한 농작물을 재배하는 소규모 원예 기업들은 에이커당 약 2만 파운드의 순수익을 창출할 수 있다. 대규모 집약 원예보다 열 배 더 높다. 채소 정기 배송 서비스를 통해 지역 소비자들은 재배사가 수확한 신선한 작물을 매주 공급받을 수 있다. 농산물 직판장과 직매장에서 사람들은 농부들과 관계를 맺고 그들의 일을 이해할 수 있고, 이런 기회는 대중의 인식을 변화시킨다. 이렇게 받은 음식은 슈퍼마켓 상품보다 늘 가치가 높다. 규모가 커지고 공급망이 단순해지면 비용이 더 절감될 것이다. 슈퍼마켓 패권은 도전에 직면했다. 매일 더 많은 사람들이 지역에서 재배한 음식이 더 저렴하다는 사실을 발견하고 있다.

내가 존경하는 신세대 재배사들은 지속 가능한 식량 생산에 전념하며 농작물 품종의 다양성과 풍부함을 즐긴다. 그중 다수는 수 세기 동안 우리 식단의 일부였다. 우리는 현대 식량 생산의 부당함으로 인해 식량 공급에 대한 실존적인 위협에 직면할 수도 있지만, 이 위기의 해결책은 우리 손에 달려 있다. 이 책을 통해 우리가 재배하는 것과 잃어버린 관계를 재정립하고 강화하는 것에 대한 나의 흥미를 공유했기를 바란다. 전체론적인 접근을 취해 이러한 문제들을 해결하고, 과학 연구, 인간의 독창성, 살아 있는 세계에 대한 민감성이 제공하는 최고의 것을 이용하자. 그로서 우리는 정말로 인류에게 필요한 다양하고 건강하고 지속 가능한 식단을 제공할 수 있다.

단일 문화 정책의 형세가 불리해지고 있다. 흥미로운 연구는 이제 더 다양한 작물을 기르는 국가들이 지구 온난화의 많은 영향을 완화할 수 있다는 것을 보여준다. 다양성이 높을수록 가뭄이든 홍수든 극단적인 기후 상황에서 수확의 안정성이 커진다.[1] 전 세계적으로 지속 가능한 농업의 '밑에서부터 시작하는' 혁명은 점점 더 많은 관심을 얻고 있다. 농부들은 노동에 대해 가장 적은 보상을 받으며, 대부분의 이익은 유통업자와 소매업자의 손으로 흘러간다. 현재의 지속 불가능하고 불평등한 식량 생산 모델 역시 도전을 받고 있다. 농부들은 더 효과적으로 협력해 생산, 유통, 판매에 대한 통제권을 되찾으려 하고 있다. 그렇게 지속 가능하고 수익성 있는 사업을 구축하고 우리를 건강하게 해주는 식량을 재배하는 협력자가 되려 한다. 오늘날 지구는 스스로를 먹여 살릴 수 있는 능력 이상을 가지고 있다. 2차 세계대전 이후 우리가 보아온 불신 받는 패러다임은 식량 생산 접근을 뒷받침해왔다. 앞으로는 반드시 계속해서 엄격하게 규제되고, 도전받고, 개혁되어야 한다.

아마추어 정원사들도 잊지 말자. 그들이 창턱 화분에서 허브를 수확하든, 개인 정원이나 시민 농장에서 기른 것을 먹든, 이들도 해결책의 일부다. 영국에는 백만 에이커 이상의 정원이 있고, 이것은 농작물을 기르는 데 쓰는 모든 땅의 8퍼센트를 차지한다. 상업적인 유기농 경작지와 거의 비율이 같다. 이 땅은 식물, 야생 동물, 식량 생산을 위한 생물학적으로 가장 다양한 공간이 될 수 있다. 지역 품종과 문화적으로 중요한 작물의 씨앗을 보관하고 기르는 장소가 될 수 있다.

식물 육종의 역사는 원주민들의 유전자원을 남용하고 착취한 이야기로 가득하다. 독특한 민속 품종을 도용한 것만큼 사악한 일은 없다. 이 품종들은 현대 품종들을 육종하는 기반을 형성했고, 그 현대 품종들은 종자 생산자의 지적 재산으로 주장되고 있다. 그 부모 품종을 세대를 거쳐 기른 농부들은 인정받거나 경제적 보상을 받지 않았다. 유전자 변형이 많이 된 이러한 현대 품종들은 종종 원주민 농부에게 다시 비싼 값으로 팔린다. 농부는 씨앗을 저장할 수 없다. 종자 생산자의 지적 재산권을 침해할 수 있기 때문이다. 이 비뚤어진 상황은 마침내 도전을 받고 있다. 종자 은행과 관련 기관들은 식용 작물 종을 늘 보관하고 있어서 재배자가 전체를 손실했을 경우 채울 수 있도록 돌려줄 수 있다. 종자 도서관은 유산 및 가보 품종들의 살아 있는 수집품을 보관하며 재배사가 그것들을 유지할 수 있도록 공유하거나 대여해준다. 그리고 새로운 품종을 개발하는 식물 육종가들은 UN 및 국제 종자 연맹(International Seed Federation) 등의 조직들과 다수의 의전에 사인해 모든 사람의 이익을 위해 유전 물질을 만들고 보존하는 데 존중하고 있다. 이제 마침내 농작물의 유전 다양성을 보존하고 강화하는 것의 중요성이 기후 변화와 싸우고 세계를 먹여 살리는 데 꼭 필요한 것으로 인식되고 있다. 전통적인 품종들은 더 가치가 높아지고 있다. 식물 육종가들에게 귀중한 유전자원일 뿐만 아니라 식량안보 해결에도 중요하기 때문이다.

오늘날 씨앗을 포함해 유전 물질을 국가 간에 옮기는 것은 매우 엄격하게 규제된다. 내가 이 책을 쓰기 시작했을 때, 유럽 연합 안에서 국경을 넘어 채소 씨앗을 자유롭게 옮길 수 있었다. 지금은 많은 서류와 자격증이 있어야만 가능하다. 세계적으로 그러하다. 기업들은 더 이상 토종 가보 품종과 토착 품종을 수집해서 집으로 가져온 뒤 길러서 상업적으로 이용할 수 없다.

비록 채소 씨앗이 토종 품종을 파괴할 수 있는 병원균과 벌레를 가지고 들어오는 건 아니지만, 나는 씨앗을 집으로 가져오는 것에 매우 조심스럽다. 인증된 상업용 채소 씨앗은 세관을 통해 허가를 받아야 하지만, 민속 품종 관련 의전에는 적용되지 않는다.* 국경을 넘어 씨앗을 가져오는 것은 고도의 규제를 받지만 항상 단속을 받는 것은 아니다. 그것이 때때로 내게 도움이 되지 않았다고 말한다면 거짓말일 것이다. 나는 유산과 가보 품종 씨앗에 대해 나만의 엄격한 원칙을 따르고 있다. 가능하면 항상 내게 씨앗을 준 사람에게 씨앗을 돌려준다. 씨앗을 다른 이들과 공유하기 전에 늘 씨앗을 준 사람의 허락을 구한다. 이것은 우리 음식 순환의 중요한 실증이다. 나는 절대 상업적

* 생물다양성협약(CBD)은 유전자 식물 물질의 보존과 지속 가능한 사용을 위한 최초의 국제 다자간 조약으로, 1992년 UN이 초안을 만들었다. 생물다양성협약 제15조는 국가가 자신들의 유전 자원에 대해 주권을 갖지만, 사전에 동의한 상호 합의에 의해 서로 접근과 이익이 공유돼야 한다고 명시하고 있다. 식량농업식물유전자원국제조약(ITPGRFA)은 국제연합식량농업기구(FAO)에 의해 채택되어 2004년에 발효되었다. 이 조약은 유전 자원을 받는 이가 유전 자원에 대한 지적 재산권을 주장하는 것을 막고, 기증자와 받는 이가 운영할 수 있는 법적 틀인 표준 물질 양도 각서(SMTA)를 제공한다.

으로 악용될 수 있는 씨앗은 공유하지 않는다. 그런 씨앗은 내게만 빌려준 것이기 때문이다. 내가 소유한 게 아니다.

나의 다음 씨앗 사냥 여행은 재배사들이 지역 품종을 유지하도록 격려하는 데 집중할 것이다. 또 그들이 원산지에서 드물고 멸종 위기에 처한 품종들의 생존을 보장하는 방법을 찾고 있는 신세대 식물 육종가들로부터 무언가를 배우도록 격려할 것이다. 물론 만약 심각하게 사라질 위기에 처한 품종을 발견하거나 훌륭하고 맛있는 지역 채소의 씨앗을 받아 시도해보게 된다면, 나는 아마도 여행 가방의 구석에 몇 개 넣을 것이다. 영국에 도착했을 때 내가 그것을 세관에 신고할지는 노코멘트하겠다.

* * *

우리는 지난 세기 과일과 채소의 모든 품종 중 90퍼센트를 잃었을지 모르지만, 식물 육종가들은 거의 모든 유형의 농작물에서 수백 가지의 새로운 품종을 계속 개발하고 있으며 그중 많은 것이 세계 식량 안보에 도움을 주고 있다. 하지만 나에게 미래 식량 공급의 진정한 영웅은 재배사, 농부, 그리고 종자 도서관이다. 이들은 전 세계 지역 품종을 회복하고 복원하며 옹호한다. 유전적 다양성이 재앙적일 수준으로 감소했지만, 그럼에도 불구하고 식물 유전학의 발전과 식용 식물의 야생 식물에 초점을 맞춰 새로운 품종을 창조하는 것을 보면 무척 흥미롭다. 내가 텃밭에서 경이로운 것들을 기르고 그것들을 먹는 즐거움을 누릴 수 있는 것은 재배사들과 육종가들, 지역 사회가 그들 자아의 핵심인 음식을 보존하기 위해서 취한 일련의 행동 덕분이다. 나는 우리가 이제 땅과 씨앗과 생산물과 더 의미 있는 관계로 돌아가는 여정에 있기를 바란다. 앞으로도 그러기를 바란다.

감사의 말

내게 무언가를 기르고 싶은 욕구를 심어주신, 지금은 돌아가신 어머니에게 감사함을 전한다. 엄마는 독단적이고 때로는 부주의한 정원사였지만, 엄마가 땅과 맺은 관계는 탯줄과 같았고, 나와 내 형제들은 엄마의 탯줄을 통해 농작물을 기르는 사랑을 전해 받으며 자랐다. '방과 후 남기'라는 계몽적인 접근법을 가진 인류학적 교육에도 고맙다. 담이 쳐진 학교 정원에서 시간을 보내면서 원예학 정설에 대해 의문을 갖고, 식물 재배에 관한 광범위한 선택지와 접근법을 수용하는 열망을 키울 수 있었다. 한평생을 정원에서 보내고, 반평생을 씨앗을 수집하고 보관하며 보냈지만, 이 책은 2013년에서야 시작되었다. 한 오랜 친구가 내가 카메라 뒤에서 나와 세계를 여행하며 채소 뒤에 숨겨진 이야기들을 파헤치는 것을 좋아할 것 같다고 생각한 덕분이다. 내가 즐겁게 기르고 씨앗을 저장하는 그 채소들의 이야기 말이다. 방송사들이 우리의 비전을 공유하지 않는다는 것을 받아들이는 데 또 사 년이 걸렸다. 하지만 그렇다고 해서 나는 다음 사 년 동안 내가 항상 하고 싶었던 일을 하며 보내는 데 주저하지 않았다. 늘 하고 싶었던 일이란 글을 통해서 우리가 기르고 먹는 것과 우리가 맺은 관계가 어떻게 왜 이렇게 형성되었는지에 관한 나의 호기심을 공유하는 것이었다.

지난 몇 년간 매우 즐거운 여행을 했다. 많은 것을 배운 덕에 나의 움직임이 크게 변했고, 잊을 수 없는 모험을 했다. 모든 면에서 친구, 가족, 동료들에게 감사하다. 폴 매니아스(Paul Manias)에게 감사하다. 그는 씨앗 이야기를 파헤치는 나의 세계에 사람들이 관심을 가져줄 것이라 믿었고 내가 이 여정을 시작하게 해줬다. 마크 굴드(Mark Gould)는 창의성과 낙관주의로 영감을 주었고 계속해서 이 분야를 다룰 TV 시리즈가 생길 것이라고 믿어주었다. 좋은 친구이자 역사학자인 윌 데이비스(Will Davies)는 연구로 가는 그의 길을 공유해주고 초안을 세우는 데 도움을 주었다. 닐 피어스(Neil Fearis)는 이 책의 한 단어 한 단어를 꼼꼼히 읽어주었고, 우리가 학교에 같이 다녔을 때 내가 국어 시간에 배웠어야 했던 것들을 빨간 펜으로 거침없이 표기해주었다. 브로 도허티(Broo Doherty)는 격려, 조언, 지도를 해주었다. 토머스 스테들러(Thomas Stäedler)는 야생 토마토에 관한 지식과 전문성을 공유해주었다. 스벤드 에릭 닐슨(Svend Erik Nielsen)은 완두콩의 기원에 대한 호기심을 공유해주었다. 가든 오가닉(Garden Organic)의 동료인 브루스 패터슨(Bruce Paterson)도 고맙다. 좋아하는 친구이자 작가인 앤드류 테일러(Andrew Taylor)는 출판계에 관한 모든 문제에 관해 내가 기댈 수 있는 멘토이자 믿을 만한 자문인이 되어주었다. 테일러 덕분에 나 자신을 믿고 계속 쓸 수 있었다. 폴린 리(Pauline Lee)는 그녀의 귀중한 초기 연구를 남겨주었다.

내 아들 제시(Jesse)와 친구 로저 무어(Roger Moore), 데이비드 허트(David Hutt), 콜린 루크(Colin Luke)는 시간을 들여 초안과 스케치를 여러 번 읽어주었다. 내가 한 귀로 흘리긴 했지만 많은 조언을 해줘서 고맙다. 필리파(Phillipa)와 벡스 힉슨(Bex Higson)은 열심히 인용문을 찾아주었다. 모든 훌륭한 편집자들이 그러하듯이 무나 레얄(Muna Reyal)은 책이 더 나아지는 데 도움을 주었다. 레얄뿐 아니라 함께 일한 영감을 준 편집팀인 영국 첼시 그린(Chelsea Green) 출판사의 맷 하슬럼(Matt Haslum), 알렉스 스튜어트(Alex Stewart), 로지 볼드윈(Rosie Baldwin) 그리고 하르시타 랄와니(Harshita Lalwani)에게도 고맙다. 교열교정 담당자인 캐롤라인 웨스트(Caroline West)도 잊을 수 없다. 법의학적 심문에 가까운 원고 교정은 과거 영어 작문 숙제를 떠올리게 했지만 많은 도움이 되었다. 나의 에이전트인 소니아 랜드(Sonia Land)는 우리가 원예학적 실패와 성공을 논의하지 않을 때 나를 어둠 속에서 집중하게 해줬다. 나의 또 다른 아들 제이크(Jake)는 식물 생태학 교수로서 참을성 있고 부지런하게 식물학 지식을 공유해주었고, 내가 과학적으로 정도를 걸을 수 있도록 옆에서 최선을 다해주었다.

완두콩을 육종한 자신의 모험을 공유해준 알렌 카플레어(Alan Kapuler)와 자신들의 잡지에서 내용을 발취할 수 있도록 허락해준 카디프 동식물 연구가 협회에게 감사를 보낸다. 특히 유산 종자 도서관인 가든 오가닉 자선 단체에서 '가장 중요한 인물'인 카트리나 펜턴(Catrina Fenton)과 그녀가 이끄는 놀라운 팀에게도 고맙다. 그들은 내 끝없는 요청에 씨앗뿐만 아니라 지식까지 지원하고 공급하고 허락해주었다. 레이첼 크로우(Rachel Crow)와 루시 셰퍼드(Lucy Shepherd)에게도 고맙다.

내가 지혜를 구했던 모든 이들에게 감사하다. 만약 실수가 있다면, 사과해야 할 사람은 나다. 모든 역사학적, 식물학적 지식에 관한 오류는 전적으로 내 책임이다.

무엇보다도 사랑하는 줄리아에게 고맙다. 나를 믿어주고, 매일 격려해주었다. 수정판이 나올 때마다 원고를 읽어주고, 내가 하고 싶은 말이 무엇이고 그것을 어떻게 써 내려가야 할지 옆에서 인내심을 가지고 내가 생각할 수 있게 도와주었다. 그녀의 귀중하고 정직하며 타협하지 않는 논평과 관찰 덕분에 이 책이 세상에 나올 수 있었다.

용어

- 가보

일반적으로 우연히 발생하여 여러 세대 동안 특정 장소나 사람 또는 둘 다에 뿌리를 두는 채소 품종을 의미한다. 이 용어는 상업적으로 부활한 오래된 품종이나 전통 품종을 설명할 때도 넓게 사용된다.

- 개방형 수분

동물이나 바람에 의해 수분하는 식물을 의미한다. 이러한 품종들을 '고정 형'이라고 하는데, 자손이 부모와 동일하다는 것을 의미한다.

- 게놈

유기체의 DNA 총량으로 모든 유전자를 포함한다.

- 고식물학

고고학의 하위 분야로 보존된 식물 유적을 조사하여 인간 과거의 측면을 해석한다.

- 교차 수분

종의 한 품종(또는 개체)가 다른 품종(또는 개체)과 수분한 결과. 서로 다른 두 품종의 유전 물질이 결합하여 새로운 품종이 탄생하는데, 그 품종은 양쪽 부모에게서 물려받은 특징을 가지고 있다.

- 기원의 중심

작물화된 식물이든 야생이든 식물 종이 처음으로 고유한 특성을 개발한 지리적 영역을 의미한다.

- 다년생

이 년 이상 사는 채소.

- 다형성

한 종의 개체군에서 둘 이상의 다른 형태가 발생하는 것으로 선택적 표현형이라고도 한다.

- 단일 계통

단일 조상 유기체 또는 단일 DNA 서열에서 파생된 유기체 그룹 또는 DNA 서열을 의미한다.

- 대립 유전자

염색체 안에서 같은 위치(유전자 부위)에 있는 유전자의 변이형을 부르는 이름이다. 식물학적으로 **이배체**로 묘사되는 채소는 각 위치에 두 개의 대립 유전자를 가지고 있으며 각각의 부모로부터 하나씩 물려받은 것이다. 각각의 대립 유전자 쌍은 특정 유전자의 **유전자형**을 나타내며, 만약 특정 위치의 대립 유전자가 동일할 경우 **동형 접합체**로, 다를 경우에는 **이형 접합체**로 설명된다. 유전자는 또한 **표현형**으로 알려진 유기체의 외관에 기여한다.

- 돌연변이

DNA 복제 오류 또는 DNA 손상으로 인해 자연적으로 발생한 유기체의 DNA 서열 변화를 의미한다. 돌연변이는 새로운 재배종을 만들기 위해 화학 물질이나 방사선을 사용해 식물 육종가가 의도적으로 만들어낼 수 있다.

- 동족 번식 식물

자가 수정이 가능하여 스스로 수분할 수 있어서 동족 번식하는 종. 자가 수분 식물이라고도 알려져 있다. 이 유형의 가장 일반적인 **자가 수분** 또는 **교배가 가능한** 채소에는 완두콩, 커먼빈, 대부분의 토마토가 있다. 자가 수분하는 많은 꽃은 벌과 같은 수분 매개자의 작용으로 교차 수분할 수도 있다.

- 메소아메리카

중앙아메리카 지역으로 멕시코 중부에서 남쪽으로 뻗어 있으며 코스타리카, 니카라과, 온두라스, 과테말라, 벨리즈를 포함한다. 작물화된 식물의 다양성을 보유하고 있는 세계에서 가장 중요한 중심지이다.

- 비옥한 초승달 지대

서남아시아 지역으로 티그리스, 유프라테스, 요르단 강의 계곡과 그와 인접한 언덕 지대를 의미한다. 정착 농업이 시작한 세계적인 기원 중 한 곳이다.

- 신석기 시대

인간 문화 발전 시대로 농업에 기반을 두고 자급자족 문화를 채택한 것이 특징이다.

- 유산

재배 장소와 사용 방법이 문화적으로 중요한 과일이나 채소를 의미한다. 이 단어는 유전자 은행이나 종자 도서관에 보관된 일부 예전 상업 품종을 설명하는 데도 사용된다. 많은 유산 품종이 상업적으로 다시 판매되고 있다.

- 유전자 변형 식품(GMF)

유전 공학 기술을 사용하여 DNA에 변화를 준 식물을 의미한다. 특정 특성을 도입해서 DNA를 변형하는데, 그러한 특성으로는 특정 제초제나 살충제에 대한 저항성 등이 있다.

- 유전자 이입

반복되는 이종 교배를 통해 한 종(또는 품종)의 유전자가 다른 종(또는 품종)의 게놈으로 들어가는 과정.

- 유전자 지도 작성

종의 염색체에서 유전자의 위치를 결정하는 과정.

- 유전자 편집

게놈 편집이라고도 한다. 유기체의 게놈 안의 특정 위치에서 유전자를 대체하기 위해 DNA가 삽입, 수정, 삭제 또는 사용되는 과정을 의미한다. 외래 유전자를 게놈에 삽입하는 유전 공학의 다른 형태와는 다르다.

- 유전자 흐름

유전자의 대립 유전자가 한 개체에서 다른 개체로 전달되는 것으로, 예를 들어 교차 혼성화(이종 교배)를 통해 진행된다.

- 이종 교배

이계 교배라고도 하며, 먼 친척을 포함해 서로 다른 개체가 수정한 결과이다(잡종화와 비교). 서로 다른 종 사이의 이종 교배의 결과가 가장 중요한 채소 군은 배추과 채소들이다.

- 일년생

같은 해에 씨앗과 꽃에서 자라는 채소.

- 이년생

재배하고 꽃을 피우고 씨를 뿌리고 죽는 데 이 년이 걸리는 채소.

- 이질성

품종 또는 종이 유전적으로 결정된 가변성을 특성이나 속성(예를 들어 개화 기간, 질병 저항성, 종자 크기)에서 드러내고, 그것이 식물 육종가의 관심을 끄는 경우.

- 작물화

식물이 재배하고 이용하는 데 적응되도록 인간이 선택하는 과정의 결과.

- 작물화 증후군

작물화된 식물이 야생 조상과 구별되는 전형적인 특성들.

- 잡종

일대잡종과 같은 특정 특성을 가진 재배종을 만들어 내기 위해 다양한 품종(또는 종)의 식물을 고의적으로 교배한 결과물. 자연 교잡은 하나 이상의 동일한 종에 속하는 두 개의 다른 개체군 또는 그룹의 개체들이 교배할 때 발생한다. 이때 동일한 종은 하나 이상의 유전적 특성에 기초하여 구별할 수 있다.

- 재배종

식물을 접목하여 육종했거나, 우연히 또는 고의적으로 나온 돌연변이나 잡종화의 결과로 나온 재배 품종. 모든 일대잡종 채소는 재배종으로 일반적으로 씨앗에서 같은 특질의 식물을 낳지 않는다. 이것이 지속적으로 존재하려면 전적으로 인간의 중

재가 있어야 한다. '경작된' 땅이 계속적인 인간의 행동이 없으면 야생 상태로 되돌아가는 것과 같다.

- 클론

번식된 개체와 유전적으로 동일한 유기체. 예를 들어 마늘쪽에서 자란 마늘은 원래 구근의 클론이다.

- 토종

특정 지리적 영역에서 자생하는(자연적으로 진화한) 종을 말한다.

- 토종 품종

지역적으로 구별되고 잠재적으로 적응된 농작물의 개체군. 종종 전통적인 농업 시스템과 관련이 있다.

- 표현형

종의 관찰 가능한 특성 또는 특징으로 물리적 형태 또는 구조(형태학)를 포함한다.

- 품종

여기서는 같은 종의 다른 품종들이 우연히 교배해 나온 식물의 대안적인 형태를 의미한다. 재배종과 달리 품종은 일반적으로 의도적으로 번식하지 않으며 보통은 인간의 개입 없이 똑같은 특질의 자손을 낳는다. 즉, 자손은 부모와 동일하며 고유한 특성과 특질을 공유한다.

- 형태학

식물의 구조, 형태, 물리적 특징.

- DNA 지문 또는 DNA 바코드

DNA를 기반으로 개별 유기체의 정체성을 결정하는 과정. 유전자 또는 게놈의 일부에서 나온 DNA의 짧은 부분(서열)을 유전자 열람 전용 도서관에 있는 유사한 서열과 비교한다. 이를 통해 식물 과학자들은 품종을 식별한다. 또 그 품종이 독특하고 구별되는지 아니면 동일한 종의 다른 분류 품종과 같은지를 결정할 수 있다.

참고 문헌

들어가며

1. 바빌로프가 '다양성 중심지'를 정리한 중요한 연구: N. I. Vavilov, Origin and Geography of Cultivated Plants, trans. Doris Löve (Cambridge, U.K.: Cambridge University Press, 1992).
2. 다양성 중심지가 얼마나 많이 존재하는가에 관한 흥미로운 기사: K. Kris Hirst, 'The Eight Founder Crops and the Origins of Agriculture', ThoughtCo, 31 August 2018, https://www.thoughtco.com/founder-crops-origins-of-agriculture-171203.
3. Amanda J. Landon, 'The "How" of the Three Sisters: The Origins of Agriculture in Mesoamerica and the Human Niche', Nebraska Anthropologist 23 (2008): 40; Paul Gepts, 'Crop Domestication as a Long-Term Selection Experiment', Plant Breeding Reviews 24, no.2 (2004): 1-44.

1부 - 동쪽에서 온 손님

1. Meet the Romans with Mary Beard, Episode 1, 'All Roads Lead to Rome', Lion TV, first broadcast on BBC Television 2012.

- 완두콩 네 개의 이야기 또는 네 편의 믿기 힘든 이야기

1. Tony Winch, Growing Food: A Guide to Food Production (Herefordshire, U.K.: Clouds Books, 2014): 160-61.
2. Norman F. Weeden, 'Domestication of Pea (Pisum sativum L.): The Case of the Abyssinian Pea', Frontiers in Plant Science 9, (2018): 515, https://doi.org/10.3389/fpls.2018.00515.including groups a-1, a-2, b, c, and d as identified by Kwon et al. (2012).

3. 칼린 완두콩에 관한 더 많은 정보: 'Carlin Peas, a Northern Tradition', Heritage and History, 5 April 2010, https://www.heritageandhistory.com/contents1a/2010/04/carlin-peas-a-northern-tradition.
4. Quackwriter, 'Mr Grimstone and the Revitalised Mummy Pea', The Quack Doctor, 14 January 2014, http://thequackdoctor.com/index.php/mr-grimstone-and-the-revitalised-mummy-pea.
5. Jonathan D. Sauer, Historical Geography of Crop Plants: A select roster (Boca Raton, FA: CRC Press, 1993): 67-69.

• 집을 멀리 떠나온 누에콩

1. Dorian Q. Fuller, George Willcox and Robin G. Allaby, 'Early Agricultural Pathways: Moving Outside the "Core Area" Hypothesis in Southwest Asia', Journal of Experimental Botany 63, no. 2 (January 2012): 617-33, https://doi.org/10.1093/jxb/err307.
2. Valentina Caracuta et al., '14,000-Year-Old Seeds Indicate the Levantine Origin of the Lost Progenitor of Faba Bean', Scientific Reports 6 (November 2016): 37399, https://doi.org/10.1038/srep37399.
3. Oleg Kosterin, 'The "Lost Ancestor" of the Broad Bean (Vicia faba L.) and the Origin of Plant Cultivation in the Near East' [in Russian], Vavilov Journal of Genetics and Breeding 18, no. 4 (2014): 831-40, https://doi.org/10.18699/VJ15.118.
4. Fuller, Willcox and Allaby, 'Early Agricultural Pathways': 617-33.
5. 식물 이름 어원에 관한 더 많은 정보: 'Fava (n.)', Etymology Online, last accessed 14 March 2022, https://www.etymonline.com/word/fava.
6. 카르나 여신에 관한 더 많은 정보: 'Carna', The Obscure Goddess Online Dictionary, last accessed 14 March 2022, http://www.thaliatook.com/OGOD/carna.php.

• 주황색만 있는 건 아니다

1. O. Banga, 'Origin and Distribution of the Western Cultivated Carrot', Wageningen, no. 222 (1964): 357-70.

2. Nikolai Ivanovich Vavilov, 'Studies on the Origin of Cultivated Plants', Bulletin of Applied Botany and Plant Breeding, no.1 (1926).
3. John Stolarczyk and Jules Janick, 'Carrot: History and Iconography', Chronica Horticulturae 51, no. 2 (2011): 16.
4. Kassia St Clair, The Secret Lives of Colour (London: John Murray, 2016): 88.
5. Banga, 'Origin and Distribution': 357-70.
6. P.R. Ellis et al., 'Exploitation of the Resistance to Carrot Fly in the Wild Carrot Species Daucus capillifolius', Annals of Applied Biology 122, no. 1 (February 1993): 79-91.

• 웨일스 리크를 찾아서

1. Christopher D. Preston, David A. Pearman, and Allan R. Hall, 'Archaeophytes in Britain', Botanical Journal of the Linnean Society 145, no. 3 (July 2004): 257-94.
2. Yann Lovelock, The Vegetable Book: An Unnatural History (London, U.K.: George Allen & Unwin, 1972): 158.
3. Eleanor Vachell, 'The Leek: The National Emblem of Wales', Transactions of the Cardiff Naturalists' Society 3, (1993): 26.
4. James L. Brewster, Onions and Other Vegetable Alliums (Wallingford, U.K.: CABI, 2008).
5. Lovelock, The Vegetable Book, 158.
6. Lovelock, The Vegetable Book, 158.
7. 이 발견의 25주년을 알리는 기사: Fred Searle, 'Breeders Celebrate 25th Anniversary of First Hybrid Leek', Fresh Produce, 5 October 2018, http://www.fruitnet.com/fpj/article/176813/breeders-celebrate-25th-anniversary-of-first-hybrid-leek.

• 카우리스, 크람베, 브라스케

1. Lorenzo Maggioni, 'Domestication of Brassica oleracea L.', (PhD diss., Swedish University of Agricultural Sciences, 2015), 74, https://pub.epsilon.slu.

se/12424/1/maggioni_l_150720.pdf.

2. Rebecca Rupp, How Carrots Won the Trojan War: Curious (but True) Stories of Common Vegetables (North Adams, MA: Storey, 2011): 67.
3. Johannes Helm, 'Morphologisch-taxonomische Gliederung der Kultursippen von Brassica oleracea L.', Die Kulturpflanze 11 (1963): 92-210.
4. J.T.B. Syme, 'Brassica Oleracea', English Botany 1, no. 3 (1863): 130-33.
5. N.D. Mitchell, 'The Status of Brassica oleracea L. Subsp. Oleracea (Wild Cabbage) in the British Isles', Watsonia 11 (1976): 97-103.
6. Edward Lewis Sturtevant, Sturtevant's Edible Plants of the World, ed. U.P. Hedrick (Geneva, NY: New York Agricultural Research Station, 1919), https://www.swsbm.com/Ephemera/Sturtevants_Edible_Plants.pdf.
7. Rupp, How Carrots Won the Trojan War: 71.
8. Lee B. Smith and Graham J. King. 'The Distribution of BoCAL-a Alleles in Brassica oleracea Is Consistent with a Genetic Model for Curd Development and Domestication of the Cauliflower', Molecular Breeding 6 (2000): 603-13, https://doi.org/10.1023/A:1011370525688.
9. Lovelock, The Vegetable Book, 72.

- 높이 솟은 뾰족한 줄기

1. Alfred W. Kidner, Asparagus (London, U.K.: Faber, 1959): 19.
2. Sutton & Sons, The Culture of Vegetables and Flowers: From Seeds and Roots (Reading, U.K.: Sutton & Sons, 1884): 7.
3. Kidner, Asparagus, 21.
4. 관련 이야기와 미국 아스파라거스에 관한 더 많은 정보: Ruth Lyon, 'Stalking Diederick's Asparagus', Asparagus Lover, last accessed 14 March 2022, https://www.asparagus-lover.com/diedericks-asparagus.html.
5. Kidner, Asparagus, 25.
6. 이 주제와 관련한 더 많은 읽을거리: Rachel Dring, 'Asparagus: Draining Peru Dry', Sustainable Food Trust, 17 April, 2014, https://sustainablefoodtrust.org/

articles/asparagus-draining-dry.

7. Peter G. Falloon, 'The Need for Asparagus Breeding in New Zealand', New Zealand Journal of Experimental Agriculture 10, no. 1 (January 1982): 101-9, https://doi.org/10.1080/03015521.1982.10427851.
8. Another great source of information on all things asparagus: http://www.britishasparagusfestival.co.uk.

• 잎사귀를 위하여

1. I.M. de Vries, 'Origin and Domestication of Lactuca sativa L.', Genetic Resources and Crop Evolution 44, no. 2 (April 1997): 165-74, https://doi.org/10.1023/A:1008611200727.
2. Ludwig Keimer, Die Gartenpflanzen im alten Agypten. Band I [Garden plants in ancient Egypt: Volume 1] (Hamburg, Germany: Hoffman und Campe Verlag, 1924), 187.
3. Lovelock, The Vegetable Book, 125.
4. Jack R. Harlan, 'Lettuce and the Sycomore: Sex and Romance in Ancient Egypt', Economic Botany 40 (January 1986): 4-15, https://doi.org/10.1007/BF02858936.
5. P.H. Oswald, 'Historical Records of Lactuca serriola L. and L. virosa L. in Britain with Special Reference to Cambridgeshire', Watsonia 23 (2000): 149-59.
6. Robert James Griesbach, 150 Years of Research at the United States Department of Agriculture: Plant Introduction and Breeding (Beltsville, MD: USDA, 2013), https://www.ars.usda.gov/ARSUserFiles/oc/np/150YearsofResearchatUSDA/150YearsofResearchatUSDA.pdf.
7. 이 주제에 관한 더 많은 정보: 'Lettuce "Great Lakes"', Seedaholic, last accessed 14 March 2022, http://www.seedaholic.com/lettuce-great-lakes.html.
8. H.A. Jones, 'Pollination and Life History Studies of Lettuce (Lactuca sativa L.)', Hilgardia 2, no. 13 (April 1927): 425-79, https://doi.org/ 10.3733/hilg.v02n13p425.

9. Lovelock, The Vegetable Book, 90.

• 마늘아 고맙다

1. Ahmed Nasser Al-Bakri et al., 'The State of Plant Genetic Resources for Food and Agriculture in Oman', (Directorate General of Agriculture and Livestock Research, 2008): 13, https://doi.org/10.13140/RG.2.2.27934.33609.
2. T. Etoh and P.W. Simon, 'Diversity, Fertility and Seed Production of Garlic Allium' in Allium Crop Science: Recent Advances, ed. H.D. Rabinowitch and L. Currah (New York: CABI, 2002): 101, https://doi.org/10.1079/9780851995106.0000.
3. K. Kris Hirst, 'Garlic Domestication - Where Did It Come from and When?', ThoughtCo., updated 28 July 2019, https://www.thoughtco.com/garlic-domestication-where-and-when-169374.
4. Larry D. Lawson 'Garlic: A Review of Its Medicinal Effects and Indicated Active Compounds', Phytomedicines of Europe. American Chemical Society(1998): 176-209.
5. R.S. Rivlin, 'Historical Perspective on the Use of Garlic', Journal of Nutrition 131, no. 3 (2001): 952S.
6. 이 주제에 관한 더 많은 정보: http://www.krishna.com/why-no-garlic-or-onions.
7. Philipp W. Simon, 'The Origins and Distribution of Garlic: How Many Garlics Are There?' USDA Agricultural Research Service, updated 3 March 2020, https://www.ars.usda.gov/midwest-area/madison-wi/vegetable-crops-research/docs/simon-garlic-origins.
8. Simon, 'The Origins and Distribution of Garlic'.
9. Alessandro Bozzini, 'Discovery of an Italian Fertile Tetraploid Line of Garlic', Economic Botany 45, no. 3 (1991): 436-38.

2부: 서부에서 오다

1. Richard S. MacNeish, Antoinette Nelken-Terner and Irmgard Weitlaner Johnson,

The Prehistory of the Tehuacán Valley (Austin, TX: University of Texas Press, 1967): 220-23; James F. Hancock, Plant Evolution and the Origin of Crop Science, 2nd ed. (Wallingford, U.K.: CABI Publishing, 2004): 157.

2. John M. Kingsbury, 'Christopher Columbus as a Botanist', Arnoldia 52, no. 2 (1992), http://www.arnoldia.arboretum.harvard.edu/pdf/articles/1992-52-2-christopher-columbus-as-a-botanist.pdf.

- 단순한 과일 이상

1. Nicolas Ranc et al., 'A Clarified Position for Solanum lycopersicum Var. cerasiforme in the Evolutionary History of Tomatoes (Solanaceae)', BMC Plant Biology 8, no. 1 (2008): 130, http://doi.org/10.1186/1471-2229-8-130.
2. Jose Blanca et al., 'Variation Revealed by SNP Genotyping and Morphology Provides Insight into the Origin of the Tomato', PLOS ONE 7, no. 10 (2012): e48198, https://doi.org/10.1371/journal.pone.0048198.
3. Sauer, Historical Geography of Crop Plants: 156.
4. J.A. Jenkins, 'The Origin of the Cultivated Tomato', Economic Botany 2, no. 4 (1948): 379-92.
5. Sauer, Historical Geography of Crop Plants, 157.
6. The first recipe for 'katsup' appeared in Eliza Smith, The Compleat Housewife, or, Accomplished Gentlewoman's Companion (London: Pemberton, 1727), https://archive.org/details/2711361R.nlm.nih.gov/mode/2up.
7. David Gentilcore, Pomodoro!: A History of the Tomato in Italy (New York: Columbia University Press, 2010): 11.
8. 토마토의 여러 가지 꽃과 잎에 관한 훌륭한 설명: 'Exploring Tomato Flower Structure', Seed Savers Exchange (blog), 18 April 2016, https://blog.seedsavers.org/blog/exploring-tomato-flower-structure.
9. 'Fine Tomatoes', American Agriculturist (October 1869), 362. 트로피 토마토에 관한 더 자세한 설명: https://www.biodiversitylibrary.org/item/245834#page/1/mode/1up
10. Liberty Hyde Bailey, The Survival of the Unlike: A Collection of Evolution

Essays Suggested by the Study of Domestic Plants (USA: Palala Press, 1897): 1858-954.

11. 'Global Tomato Seed Market Analysis & Outlook 2019-2024 - The Intensification of Hybrid Seed Usage across Emerging Economics Is Driving Growth', Business Wire, 3 April 2019, https://www.businesswire.com/news/home/20190403005336/en/Global-Tomato-Seed-Market-Analysis-Outlook-2019-2024---The-Intensification-of-Hybrid-Seed-Usage-across-Emerging-Economics-is-Driving-Growth---ResearchAndMarkets.com.
12. R.A. Jones and S.J. Scott, 'Improvement of Tomato Flavor by Genetically Increasing Sugar and Acid Contents', Euphytica 32, no. 3 (1983): 845-55.

• 흔하지 않은 콩

1. 이 콩과 지역 사회가 이 콩으로 어떻게 지속 가능한 사업 모델을 구축 했는지에 관해 당신이 궁금할 수 있는 모든 것: Conzorzio per la Tuteladel Fagilo di Lamon della Ballata Bellunese IGP [Consortiumfor the Protection of the Lamon Bean of the Belluno Valley], last updated 2013, http://www.fagiolodilamon.it.
2. 이 시가 실린 책: Ken Albala, Beans: A History (London: Bloomsbury, 2007): 120.
3. Lawrence Kaplan, 'What Is the Origin of the Common Bean?', Economic Botany 35, no. 2 (April 1981): 240-54, https://doi.org/10.1007/BF02858692.
4. Paul Gepts, 'Origin and Evolution of Common Bean: Past Events and Recent Trends', Hortscience 33, no. 7, (December 1998): 1124-30, https://doi.org/10.21273/HORTSCI.33.7.1124; Paul Gepts, 'Phaseolus vulgaris(Beans)', Encyclopedia of Genetics (December 2001): 1444-45, https://doi.org/10.1006/rwgn.2001.1749.
5. Kaplan, 'What Is the Origin of the Common Bean?': 240-54.
6. Albala, Beans: 118.
7. The Herbal or Generall Historie of Plants by John Gerarde can be found online T https://archive.org/details/mobot31753000817749/

mode/1up?ref=ol&view=theater. The Second Booke of the Historie of Plants Chapter 490, 1038-1042
8. Albala, Beans: 125.

- 옥수수의 색깔

1. Daniela Soleri and David A. Cleveland, 'Hopi Crop Diversity and Change', Journal of Ethnobiology 13, no. 2 (1993): 209.
2. Daniela Soleri and Steven E. Smith, 'Morphological and Phenological Comparisons of Two Hopi Maize Varieties Conserved in situ and ex situ', Economic Botany 49 (January 1995): 56-77, https://doi.org/10.1007/BF02862278.
3. William L. Brown, E.G. Anderson and Roy Tuchawena Jr, 'Observations on Three Varieties of Hopi Maize', American Journal of Botany 39, no. 8 (October 1952): 597-609, https://doi.org/10.2307/2438708.
4. Feng Tian, Natalie M. Stevens and Edward S. Buckler IV, 'Tracking Footprints of Maize Domestication and Evidence for a Massive Sweep on Chromosome 10', PNAS 106, supplement 1 (16 June 2009): 9875, https://doi.org/10.1073/pnas.0901122106.
5. P.C. Mangelsdorf and R.G. Reeves, 'The Origin of Maize', PNAS 24, no. 8 (15 August 1938): 304-6, https://doi.org/10.1073/pnas.24.8.303.
6. G.W. Beadle, 'Teosinte and the Origin of Maize', Journal of Heredity 30, no. 6 (1939): 245-47, https://doi.org/10.1093/oxfordjournals.jhered.a104728.
7. David A. Cleveland, Daniela Soleri and Steven E. Smith, 'Do Folk Crop Varieties Have a Role in Sustainable Agriculture? Incorporating Folk Varieties into the Development of Locally Based Agriculture may be the Best Approach', BioSience 44, no. 11 (December 1994): 743, https://doi.org/10.2307/1312583.
8. Jock R. Anderson, Peter B.R. Hazell, and Lloyd T. Evans, 'Variability of Cereal Yields: Sources of Change and Implications for Agricultural Research and Policy', Food Policy 12, no. 3 (August 1987): 199-212, https://doi.

org/10.1016/0306-9192(77)90021-5.

9. 단일 작물 및 바이오 연료로서 옥수수가 직면한 도전과 복잡성에 대해 자세히 알아보기 좋은 출발점: Jonathan Foley, 'It's Time to Rethink America's Corn System', Scientific American, 5 March 2013, https://www.scientificamerican.com/article/time-to-rethink-corn.
10. Tian, Stevens and Buckler, 'Tracking Footprints of Maize Domestication': 9984.

- 두 개의 고급 콩 이야기

1. Winch, Growing Food: 174-77.
2. Sara Roahen, 'Christmas Lima Beans', Slow Food USA, 20 February 2018, https:// slowfoodusa.org/christmas-lima-beans.
3. Sauer, Historical Geography of Crop Plants, 77-80.
4. Sauer, Historical Geography of Crop Plants, 77-80.
5. Kenneth F. Kipple, A Moveable Feast: Ten Millennia of Food Globalization (New York: Cambridge University Press, 2007): 115.

- 매운 맛을 좋아하는 사람들

1. B. Pickersgill, C.B. Heiser Jr and J. McNeill, 'Numerical Taxonomic Studies on Variation and Domestication in Some Species of Capsium', in eds. J.G. Hawkes, R.N. Lester and A.D. Skelding, The Diversity of Crop Plants (London: Academic Press, 1983): 679-700.
2. Linda Perry et al., 'Starch Fossils and the Domestication and Dispersal of Chili Peppers (Capsicum ssp. L.) in the Americas', Science 315, no. 5814 (February 2007): 986-88, https://doi.org/10.1126/science.1136914; Barbara Pickersgill, 'Domestication of Plants in the Americas: Insights from Mendelian and Molecular Genetics', Annals of Botany 100, no. 5 (August 2007): 925-40, https://doi.org/10.1093/aob/mcm193.
3. Carl O. Sauer, Agricultural Origins and Dispersals, (The American Geographical Society, 1952): 71.

4. 재미있는 이야기의 더 자세한 내용: Jonathan Sauer, Historical Geography of Crop Plants (CRC Press, 1993): 160.
5. Jean Andrews, 'Diffusion of Mesoamerican Food Complex to Southeastern Europe', Geographical Review 83, no. 2 (April 1993): 194-204, https://doiorg/10.2307/215257.
6. Andrews, 'Diffusion of Mesoamerican Food': 195.
7. Andrews, 'Diffusion of Mesoamerican Food': 194-204.
8. Paul W. Bosland and Jit. B. Baral, 'Unravelling the Species Dilemma in Capsicum frutescens and C. chinense (Solanaceae): A Multiple Evidence Approach Using Morphology, Molecular Analysis, and Sexual Compatability', Journal of the American Society of Horticultural Science 129, no. 6 (2004): 826-32, http://doi.org/10.21273/JASHS.129.6.0826.
9. 다양한 칠리의 맵기와 맵기 수치에 관한 더 많은 정보: 'The Scoville Scale', Alinmentarium, last accessed 14 March 2022, https://www.alimentarium.org/en/magazine/infographics/scoville-scale.
10. 사람들이 칠리를 먹으며 바보 같은 짓을 하는 다소 불쾌한 영상: 'Competitive Eaters Take on World's Hottest Pepper', Now This News, 23 May 2018, https://nowthisnews.com/videos/food/competitive-eaters-take-on-worlds-hottest-pepper.

- 핼러윈이 아니어도

1. H.S. Paris, 'A Proposed Subspecific Classification for Cucurbita pepo', Phytologia 61 (1986): 133-38.
2. U.P Hendrick, The Vegetables of New York, vol. 4, (Albany, NY: New York Agricultural Experiment Station, 1928): 3.
3. Hendrick, The Vegetables of New York: 47
4. Sturtevant, Edible Plants of the World: 245.
5. Thomas W. Whitaker and G.W. Bohn, 'The Taxonomy, Genetics, Production and Use of the Cultivated Species of Cucurbita', Economic Botany 4, no. 1 (January 1950): 52-81.

6. Sauer, Historical Geography of Crop Plants: 49.
7. Lorenzo Raimundo Parodi and Angel Marzocca, 'Relaciones de la agricultura prehispanica con la agricultura Argentina acutal: Observaciones generales sobre la domesticacion de las plantas, agricultura precolombina y colonial en Latino América: orígenes y promotores' [Relations of pre-Hispanic agriculture with current Argentine agriculture: General observations on the domestication of plants, pre-Columbian and colonial agriculture in Latin America: origins and promoters], Ann. Nac. Agron.y Vet.Buenos Aries I (1935): 115-37.
8. Giovanni Ignacio Molina, Saggio sulla Storia Naturale de Chili, vol. 1 (Bolgna: Nella Stamperia, 1782): for an English translation, see The Geographical, Natural and Civil History of Chile (Cambridge: 1809).
9. 'Heaviest Pumpkin', Guinness World Records, last accessed 14 March 2022, https://www.guinnessworldrecords.com/world-records/heaviest-pumpkin.
10. W.F. Giles 'Gourds, Marrows, Pumpkins and Squashes', Journal of the Royal Horticultural Society LXVIII, part 5, (1943).

- 그리고 마침내-희망의 씨앗

1. Delphine Renard and David Tilman, 'National Food Production Stabilized by Crop Diversity', Nature 571 (2019): 257-60, https://doi.org/10.1038/s41586-019-1316-y.

찾아보기

*인명을 전부 기재하는 경우 **성**을 기준으로 분류했다.

*하위 항목은 상위 항목과 관련된 내용이다.

ㄴ

ㄷ

ㄹ

ㅁ

ㅅ

ㅇ

ㅈ

ㅊ

ㅎ

채소 여행기

1판 1쇄 발행 2023년 6월 30일

감 수 | 애덤 알렉산더
번 역 | 최지은
발 행 인 | 김길수
발 행 처 | ㈜영진닷컴
주 소 | ㈜08507 서울 금천구 가산디지털1로 128
STX-V타워 4층 401호
등 록 | 2007. 4. 27. 제16-4189호

ISBN | 978-89-314-6901-1